한 권으로 끝내는 교과서

실험 관찰

# 한 권으로 끝내는 교과서 실험관찰 3·4학년 (개정판)

**글** | 양일호(한국교원대학교 초등교육과 교수)

　　　과학 창의와 탐구 R&D 연구소 _ 김순미, 김은애, 김지영, 남지연, 박상현, 송윤미, 이소리, 이순주, 임성만, 정선희, 홍은주

**그림** | 엄병도, 최영아, 김상은

**사진촬영** | 조옥희, 문선옥, 이우헌, 이종근

**사진협조** | 기상청, 다음커뮤니케이션, 매일경제TV(mbn), 창조자연사박물관, 서대문자연사박물관, 서울대공원, 한국무역협회, 한국항공우주연구원,

　　　　　한국섬유기술연구소, 농촌진흥청, 생태사진가 안숙자님, 산악인 이승창님, 송남초등학교 유은상 선생님, 파라다이스 스파 도고, 테마동물원 쥬쥬

　　　　　블로거 _ 김봉수님, 김호진님, 남명현님, 박병윤님, 박철현님, 홍명호님

**1판 1쇄 발행** | 2010년 2월 25일 **2판 3쇄 발행** | 2017년 10월 16일

**펴낸이** | 김영곤 **펴낸곳** | ㈜북이십일 아울북

**이사** | 이유남 **에듀콘텐츠팀장** | 김수경

**에듀콘텐츠팀** | 김지혜 탁수진 이명선 유하은

**아동마케팅본부장** | 신정숙 **아동마케팅팀** | 변유경 김미정 김은지 **아동영업팀** | 김창훈 오하나 임우섭

**소셜콘텐츠팀** | 김경애 한아름 백윤진

**디자인** | 손성희

**주소** | (413-120)경기도 파주시 회동길 201

**전화** | 031-955-2100(대표), 031-955-2730(내용문의)

**홈페이지** | www.book21.com

**출판등록** | 2000년 5월 6일 제406-2003-061호

ISBN 978-89-509-5631-8

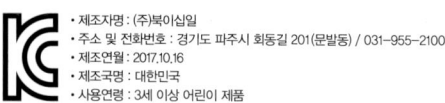

· 제조자명 : ㈜북이십일

· 주소 및 전화번호 : 경기도 파주시 회동길 201(문발동) / 031-955-2100

· 제조연월 : 2017.10.16

· 제조국명 : 대한민국

· 사용연령 : 3세 이상 어린이 제품

한 권으로 끝내는

교 과 서

NEW 개정 교과서 실험관찰 **170**개 완벽 정리!

실험 동영상

실험 관찰

양일호(한국교원대학교 교수) 지음

아울북

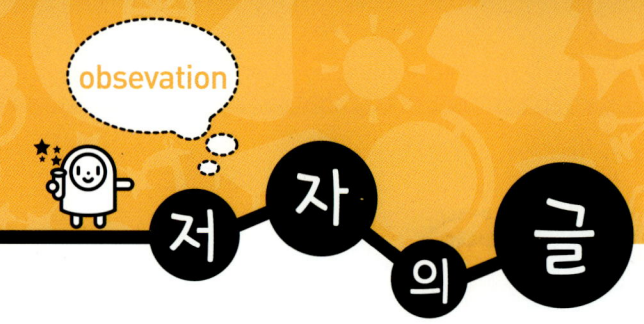
# 직접 보거나 관찰하지 않고
# 탐구할 수 있을까?

세상에는 참으로 놀라운 현상이 많습니다. 햇볕 쨍쨍했던 하늘에 갑자기 비가 쏟아지기도 하고, 창밖에 놓아둔 유리컵에 밤사이 서리가 내리기도 하며, 어떤 식물은 잘 자라고, 어떤 식물은 잘 자라지 않기도 하며, 날마다 달의 모양이 바뀌기도 합니다. 어떻게 보면 당연한 현상일 수도 있지만 그 현상이 생기게 된 원리를 이해하고 '왜 이런 일이 생겼을까' 탐구하다 보면 여러분도 자연의 신비를 느낄 수 있을 것입니다.

뉴턴은 사과가 땅으로 떨어지는 것을 보고 '왜 땅으로 떨어지는 것일까?'를 고민하여 중력의 원리를 발견하였습니다. 다윈은 갈라파고스 섬에 살고 있는 핀치새가 남미에 있는 새들과 부리의 크기나 모양이 다르다는 점을 관찰하고 자연 선택설을 주장하게 되었고, 케플러는 화성의 궤도 관측 자료를 보던 중 태양 가까이 가면 속도가 빨라지고 태양에서 멀어지면 속도가 느려지는 것을 관찰하고 '왜 화성은 원의 궤도에서 벗어나는 것일까? 왜 공전 속도가 달라지는 것일까?'를 고민하면서 화성의 타원 궤도를 발견하게 된 것입니다.

탐구는 이렇게 '왜 그럴까?' '어떻게 하면 할 수 있을까?' '만약 그렇다면 어떻게 될까?'와 같은 사고를 가지고 해답을 찾아가는 과정입니다. 그 해답을 찾기 위해

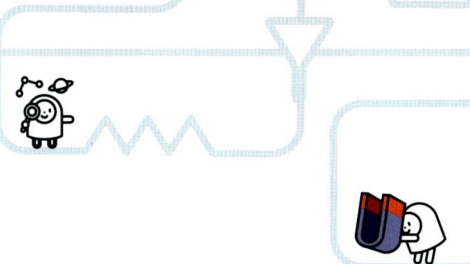

서는 우리 주변의 사물이나 자연 현상을 자세히 관찰해보고, 끊임없이 사고해야 합니다. 그렇게 보면 이 세상에는 신기하지 않은 것이 없습니다.

〈교과서 실험관찰〉은 여러분이 관찰하고 실험하면서 탐구할 수 있도록 안내하는 친절한 안내 길잡이가 될 것이라 생각합니다. 보기만 해도 겁나던 과학 실험이나 교과서에 있지만 하기 어려웠던 실험을 한 단계 한 단계 따라가기만 해도 쉽게 이해할 수 있도록 설명되어 여러분의 탐구에 활력을 불어 넣어 줄 수 있을 것입니다. 과학 개념, 탐구요소, 실험 방법, 실험에서 나온 결과, 알게 된 점, 신기한 과학 이야기 등 어려운 개념도 자세히 풀이하여 설명하고, '과학자의 눈'으로 자세히 알아보고 싶은 점에 대해 전문적인 설명도 겸하고 있기 때문에 과학을 어렵게 느끼는 친구들도 흥미와 호기심을 갖고 도전할 수 있을 것이라 생각합니다.

〈교과서 실험관찰〉을 통해 여러 친구들이 과학자와 같은 탐구를 맛보고, 자연의 신비로움을 경험할 수 있기를 기대해 봅니다.

2014년 7월
양 일 호

# 이 책의 차례

# 지구와 우주

# 물질

## 에너지

# 이 책의 활용법

### 소주제(표제어)

생명, 지구와 우주, 물질, 에너지의 총 4영역을 다시 10개의 중분류로 나누었고, 그 속에서 또 다시 40개의 소분류(표제어)로 나누어 주제를 선별하였습니다. 좀 더 구체적인 과학 주제를 알 수 있습니다.

### 핵심 질문

표제어 별로 중요한 핵심 질문을 제시함으로써 무엇을 알아야 하는지 알 수 있습니다.

### 실험 동영상

주요 실험의 이해를 돕기 위해 동영상으로 실험 과정 및 결과를 확인할 수 있습니다.

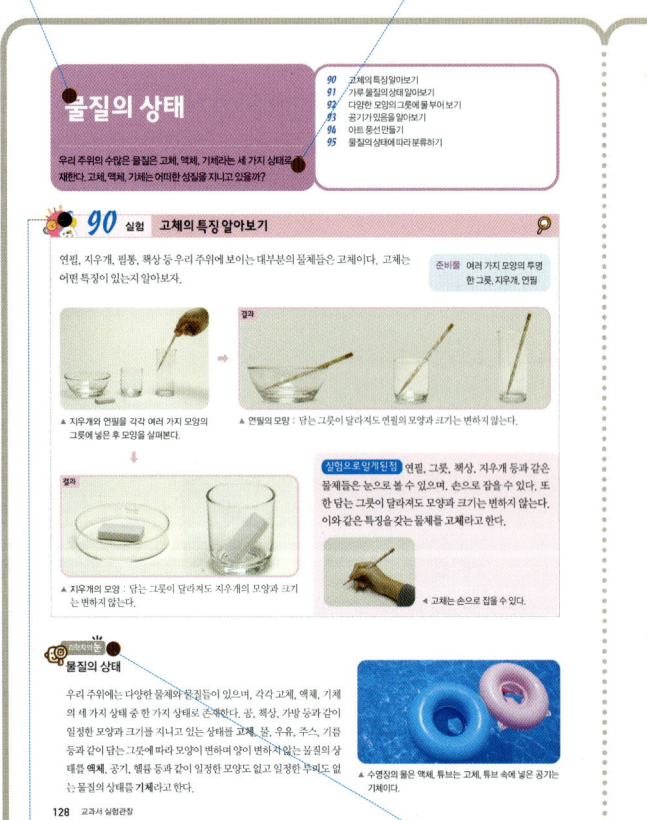

### 탐구 활동 번호와 분류

초등 3, 4학년의 개정 교과서에서 다루는 170개의 주요 탐구 활동 주제를 알 수 있으며, 각 주제마다 번호를 부여하고, 실험, 관찰, 조사로 분류하였습니다.

### 과학자의 눈

탐구 활동과 관련된 확장된 개념을 다루고 있어 심화 학습을 할 수 있습니다.

### 알게 된 점

실험, 관찰, 조사로 알 수 있는 점을 명확하게 정리해두었습니다.

## 탐구 요소

관찰, 예상, 분류, 변인통제 등 탐구 활동을 할 때 필요한 탐구 요소를 아이콘으로 나타내었습니다.

## 색인

4영역의 대분류와 중분류를 나타내고 있습니다.

## 주의

탐구 활동을 할 때 주의해야 할 점을 다루고 있습니다.

## 과학의 광장

관련 지식이나 재미있는 과학 상식에 관한 이야기를 쉽게 읽을 수 있습니다.

---

## 일러두기

### 🧪 탐구 활동 주제 선정

〈교과서 실험관찰〉의 탐구 주제를 선정하기 위해서 초등 교과서에서 다루고 있는 실험과 관찰의 내용을 모두 선별하여 정리한 다음, 과학의 4영역인 생명, 지구와 우주, 물질, 에너지를 기준으로 구분하였습니다.

### 🧪 탐구 활동 주제 배열 및 표기

크게 생명, 지구와 우주, 물질, 에너지의 4영역으로 나누고, 그 속에서 각 영역별로 비슷한 내용의 주제를 묶어서 배열하였습니다. 탐구 활동의 종류는 크게 '실험, 관찰, 조사'로 나누어 탐구의 방향을 제시하였습니다.

### 🧪 탐구 요소의 구성

교육과정에서 제시하는 탐구 요소를 기준으로 하여 '관찰, 분류, 측정, 예상, 추리, 의사소통, 변인통제, 자료변환 및 해석'으로 구분하여 아이콘화 하였습니다.

### 💿 부록 DVD

실험 과정 및 결과를 동영상으로 생생히 경험할 수 있도록 하였습니다.

# 실험 관찰 파헤치기

**● 탐구 요소란?**

개정 교과서에서는 '과학의 탐구 활동'이 강화되었습니다. 그러면서 과학의 지식을 아는 것이 아니라 과학을 하는 방법이 중요하게 되었습니다. 탐구를 하는 방법은 다양하지만, 그 형태에서 공통적으로 사용되는 과정이 있습니다. 이를 '탐구 과정'이라고 합니다. 우리나라 교육과정에서 제시하는 탐구 요소는 다음과 같습니다.

## 관찰

탐구의 가장 기본적인 단계로, 모든 감각과 도구(현미경, 망원경 등)를 사용해서 문제와 관련된 정보를 얻는 과정입니다.

## 추리

관찰한 내용을 해석하고, 설명하는 단계입니다.
예) 얼음물이 있는 유리컵 표면에 맺힌 물방울은 공기 속의 수증기로 추리할 수도 있고, 공기 중의 산소와 수소의 결합이라고 추리할 수도 있다.

## 분류

목적을 가지고 사물의 공통점이나 한 조건에 따라서 묶거나 구분하는 것입니다.
예) 날개가 있다 _ 나비, 부엉이
　　날개가 없다 _ 호랑이, 사람

## 의사소통

탐구한 내용을 친구들에게 발표하고, 서로의 생각을 주고 받는 것입니다.
예) "화산 활동의 피해"를 조사하고, 화산 활동의 이로운 점은 없는지 등의 생각을 발표한다.

## 측정

자, 온도계 등을 사용해서 관찰하고, 수량화하는 활동을 말합니다.
예) 늘어난 용수철의 길이를 자를 이용해 잰다.

## 변인통제

실험, 조사에 영향을 주는 여러 조건을 확인하고, 탐구하고자 하는 것 이외에 다른 조건을 모두 같게 하는 것입니다.
예) 화단 흙과 운동장 흙의 부식양을 비교할 때, 흙의 종류가 다른 것 이외에 흙의 양, 물의 양 등은 같게 한다.

## 예상

관찰이나 측정한 내용을 바탕으로 나중에 일어날 현상에 대해 미리 판단하는 것입니다.
예) 손으로 무게를 어림해보고, 저울로 무게를 확인한다.

## 자료변환 및 해석

자료변환은 측정 결과로 얻은 자료를 기록하고, 해석할 수 있도록 표나 그래프 등으로 나타내는 활동을 말합니다.
자료해석은 얻은 자료를 분석하고 예상이나 추리를 통해 연관시켜 의미나 관계를 찾는 과정을 말합니다.

## ● 자유 탐구란?

개정된 교육과정의 가장 중요한 특징 중의 하나가 매 학년별로 6차시의 '자유 탐구'가 강화되었다는 것입니다. '자유 탐구'는 쉽게 말해, 학생 스스로 '탐구할 주제를 정하고, 탐구하고, 보고서를 작성하여, 발표까지' 하는 것으로, 자기 주도적 탐구 학습을 말합니다. 탐구는 크게 다음과 같이 6단계로 나눌 수 있습니다.

**1 단계 · 탐구 주제 정하기**

선생님이 제시한 큰 주제에 대해 학생들이 브레인스토밍을 합니다.
그리고 탐구하고 싶은 소주제를 자유롭게 발표하고, 같은 주제를 선택한 학생들끼리 소집단을 구성합니다.

**2 단계 · 탐구 계획 세우기**

구성원끼리 선택한 과제를 해결하기 위한 계획을 세우는 단계입니다.
"누가 무엇을 할지?", "알고 싶은 내용은 무엇인지?", "필요한 정보를 어디서 얻을 수 있는지?" 등의 계획을 세웁니다.

**3 단계 · 탐구 실행하기**

모은 정보를 수집하고, 분석하고, 결론을 도출해보는 실행 단계입니다.
수집한 정보를 정리하고, 보고할 내용의 아이디어를 교환하고, 토론합니다.

**4 단계 · 탐구 보고서 만들기**

수집한 정보와 구성원끼리 토론한 내용을 가지고 최종 보고서를 작성하는 단계입니다. 주요 아이디어와 결론은 물론, 수집한 정보와 자료의 출처 및 자료 수집 방법 등이 포함되어야 합니다.

**5 단계 · 탐구 결과 발표하기**

작성한 보고서를 발표하는 단계입니다.
발표는 시청각 자료, 토론, 그림, 퀴즈, 형식 등 다양한 방법으로 할 수 있습니다.

**6 단계 · 평가**

지금까지 내용을 평가하는 단계입니다. 탐구 주제, 절차, 창의성, 참여 정도, 발표 방법의 창의성 등이 평가되지만, 학생들이 얼마나 자기 주도적으로 탐구를 했느냐를 주안점으로 평가됩니다.

생 명

start!

'생명'은 생물을 연구 대상으로 하는 자연과학입니다. 생물은 생명을 가지고 있는 것을 말하며 보통 동물, 식물, 미생물 혹은 균류로 나눕니다. 생명은 이들의 구조, 기능, 생장, 서식, 진화, 분류 등을 탐구합니다. 지구 위의 모든 생물을 파헤쳐 봅시다.

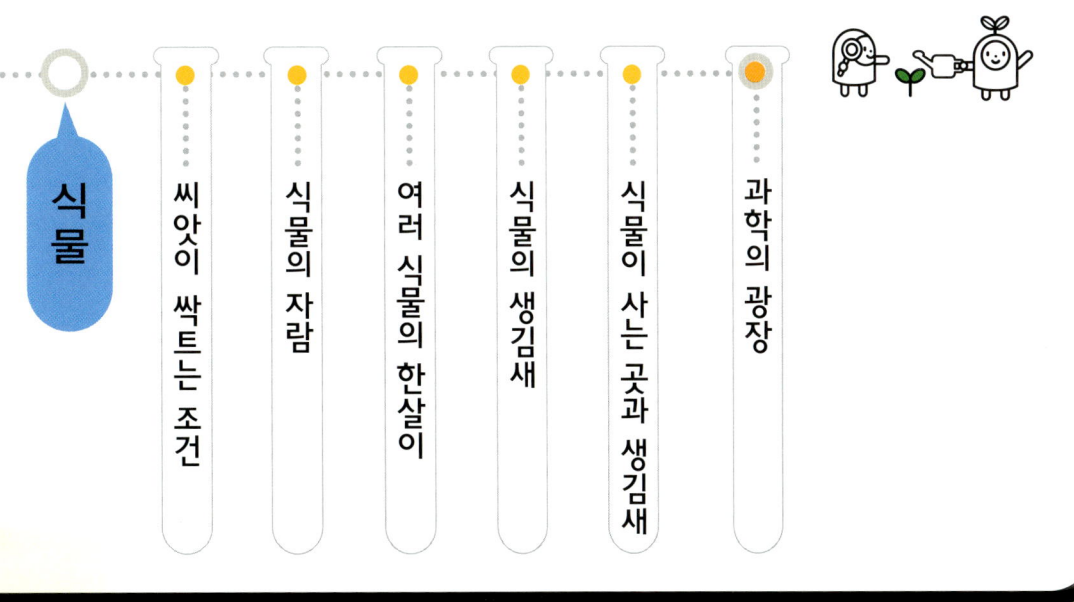

식물

# 배추흰나비의 한살이

동물들은 어떻게 번식할까? 동물들은 한살이 과정에서 어떤 변화를 거치게 될까?

 **1** 조사 **한살이 관찰 계획 세우기**

한살이를 관찰하고 싶은 동물을 선택하여 한살이 관찰 계획을 세우고 계획서를 작성해보자.

**준비물** 관찰 계획서, 다양한 동물 사진

### 한살이 관찰 계획 순서

① 한살이 기간을 고려해 어떤 동물을 기를지 결정한다.

② 자신이 정한 동물을 어디 가면 구할 수 있을지 구입처를 찾아본다.

③ 한살이를 관찰할 동물이 어떤 먹이를 먹는지, 먹이는 어떻게 구해야 할지 찾아본다.

④ 기를 장소를 정하고, 사육장을 어떻게 꾸밀지, 어떤 준비물이 필요할지 생각한다.

⑤ 사육장 청소는 어떻게 할 것인지 결정한다.

### 〈한살이 관찰 계획서 예시 1〉

| 동물 이름 | 사슴벌레 |
|---|---|
| 관찰 기간 | 2~3년 (사슴벌레의 알에서 성충이 되는 데 2~3년이 걸린다.) |
| 구입 방법 | 직접 채집 또는 애완 곤충 전문점 |
| 기를 장소 | 거실 베란다 |
| 먹이 | 젤리, 과일 |
| 사육장 꾸밀 때 필요한 것 | 사슴벌레 애벌레, 발효톱밥, 먹이, 사육장, 모기장, 놀잇감 등 |

### 〈한살이 관찰 계획서 예시 2〉

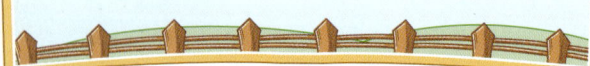

- 동물 이름 : 햄스터
- 구입 방법 : 애완 동물 판매점
- 기를 장소 : 거실 베란다
- 먹 이 : 마트에서 파는 햄스터용 먹이
- 사육장 청소 : 자주 똥을 치워주고 깨끗한 물로 교환해 준다. 한 달에 한 번 바닥에 깔린 톱밥을 바꾸어 준다.
- 기 타 : 운동을 할 수 있도록 사육장 안에 쳇바퀴를 넣어 준다.

**조사로 알게된 점** 한살이를 관찰할 동물을 정할 때에는 기를 장소, 구입처, 먹이나 소모품의 비용, 한살이 기간 등을 고려하여 결정해야 한다.

### 과학자의 눈 한살이 관찰이 비교적 쉬운 동물

한살이를 관찰하기에 적합한 동물은 가격이 저렴하고 먹이를 구하기가 쉬우며 한살이 기간이 짧고, 집에서 키우기에 성체의 크기가 크지 않아야 한다. 한살이 관찰이 비교적 쉬운 동물들은 고양이, 십자매, 햄스터, 송사리, 배추흰나비, 개미, 장수풍뎅이와 같은 동물들이다. 특히 장수풍뎅이와 햄스터는 성체의 크기가 작고, 키울 동물과 톱밥, 먹이와 사육장 등만 있으면 간단히 키울 수 있다. 그밖에 십자매도 성질이 온순하며 체질이 튼튼하여 기르기 좋은 동물 중 하나이다.

동물의 암컷이 낳은 둥근 모양의 물질로 일정한 시간이 지나면 새끼나 애벌레로 부화하는 것을 **알**이라고 한다. **애벌레**는 알에서 나와 아직 다 자라지 않은 어린 벌레를 말한다. 동물의 알과 애벌레를 관찰하기 위해 직접 배추흰나비 알을 채집해보자. 또, 배추흰나비의 먹이에 대해서도 조사해보자.

**준비물** 필기도구, 돋보기, 관찰 기록장

생명·동물

### 배추흰나비 알, 애벌레 채집 방법

배추흰나비 알

배추흰나비 애벌레

▶ 배춧잎 뒷면을 뒤집어 보면 배추흰나비 알이나 애벌레를 찾을 수 있다. 특히 배추흰나비가 앉았다 날아간 곳을 살펴보면 쉽게 찾을 수 있다.

▶ 배추흰나비의 알을 채집할 수 있는 곳
 • 양배추, 배추 등 먹이가 많은 곳
 • 따뜻하고 바람이 잘 통하는 곳
 • 천적의 눈에 띄지 않는 곳

### 배추흰나비 애벌레의 먹이

양배추

케일

무

▶ 배추흰나비 애벌레는 배추, 무, 케일, 양배추, 갓, 유채 등의 식물을 먹이로 하며, 성충은 무, 엉겅퀴, 개망초, 고들빼기, 개갓냉이, 멍석딸기, 아욱 등의 꽃에 모인다.

**조사로 알게된 점** 배추흰나비는 배추, 무, 케일, 양배추 등의 식물의 잎에 알을 낳는다. 이 잎들에서 배추흰나비가 앉았다 날아간 곳을 자세히 살펴보면 알을 찾을 수 있다.

 과학자의 눈

### 곤충

곤충은 척추가 없는 무척추동물 중에서 절지동물에 해당된다. 곤충의 몸은 머리, 가슴, 배의 세 부분으로 구분되며, 머리에는 1쌍의 더듬이와 눈이 있다. 가슴에는 3쌍의 다리와 2쌍의 날개가 있고 배는 마디로 되어 있는 것이 특징이다. 곤충에는 나비, 딱정벌레, 매미, 잠자리, 벌, 메뚜기, 하루살이 등이 있다.

나비

벌

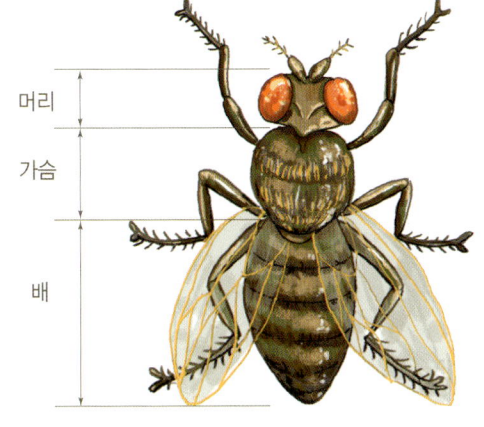

머리
가슴
배

초파리

배추흰나비가 잘 자랄 수 있는 환경에 따라 사육장을 직접 꾸며보자.

**준비물** 플라스틱 수조, 방충망, 고무줄, 화장지, 알루미늄 호일, 스프레이

① 배추흰나비 알이 붙어 있는 배춧잎을 준비한다. 알은 손으로 만지지 않는다.

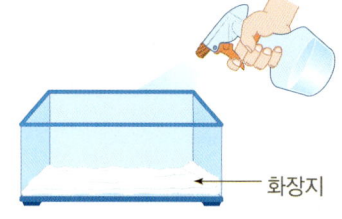

② 수조 바닥에 화장지를 깔고 스프레이로 물을 조금 뿌린다.

③ 배춧잎의 잎자루를 물에 적신 화장지로 싼다.

④ 알루미늄 호일로 화장지를 싼다.

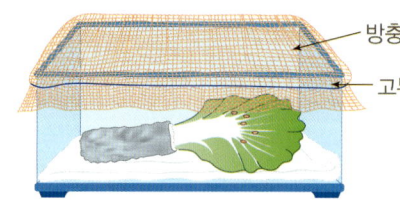

⑤ 수조의 윗부분에 방충망을 씌우고 고무줄로 고정시킨 후 햇빛이 직접 닿지 않고 바람이 잘 통하는 곳에 두고 관찰한다.

**주의** 알에서 애벌레가 나온 후 새로운 잎으로 갈아줄 때에는 애벌레 주변의 잎을 가위로 잘라서 잎과 애벌레를 함께 새로운 잎으로 옮겨준다.

**실험으로알게된점** 배추흰나비 사육장을 꾸밀 때에는 배추흰나비가 좋아하는 환경과 먹이를 제공해야 한다. 배춧잎 뒷면에 있는 배추흰나비 알 또는 애벌레를 채집하여 배춧잎 통째로 사육장에 넣고, 통풍이 잘 되도록 방충망을 씌운다. 그리고 햇빛이 직접 닿지 않고 바람이 잘 통하는 곳에 두고 애벌레가 자라는 모습을 관찰한다.

**과학자의눈**
## 나비 표본 만들기

① 나비를 젖은 솜 위에 일주일 정도 놓아둔다.

② 나비 몸체가 부드러워지면 쉽게 양 날개가 펼쳐진다.

③ 홈이 파인 나무판 사이에 나비의 몸체를 놓는다.

④ 위치가 정확히 중앙에 왔는지 확인한다.

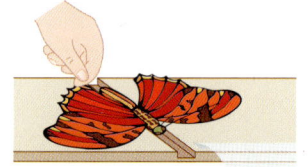

⑤ 날개를 펴서 대략적인 위치를 잡는다.

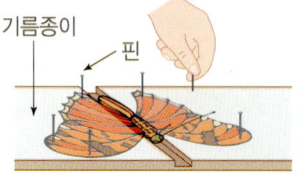

⑥ 기름종이로 덮고 날개의 위치를 핀으로 고정한다.

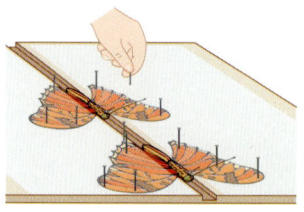

⑦ 날개가 손상되지 않도록 주의하면서 나머지 핀으로 나비를 고정한다.

⑧ 날개를 편 표본은 항온기에 일주일 이상 두고 건조시켜 말리면 완성된다.

시간이 지나면 배추흰나비 알에서 껍질을 뚫고 애벌레가 나온다. 알에서 애벌레가 나오는 부화 과정을 관찰하고 알과 애벌레의 특징을 비교해보자.

**준비물** 필기도구, 돋보기, 자, 색연필, 관찰 기록장

생명 · 동물

### 알의 부화 과정

> 알을 낳은 지 5~7일이면 애벌레가 깨어나며, 애벌레가 알에서 완전히 기어나오는 데 걸리는 시간은 약 10분 정도이다.

▲ 배추흰나비 알

▲ 껍질에 구멍을 낸다.

▲ 껍질 밖으로 나온다.

▲ 껍질을 갉아먹는다.

### 알과 애벌레의 생김새와 구조

노란색의 원추형이다.

알

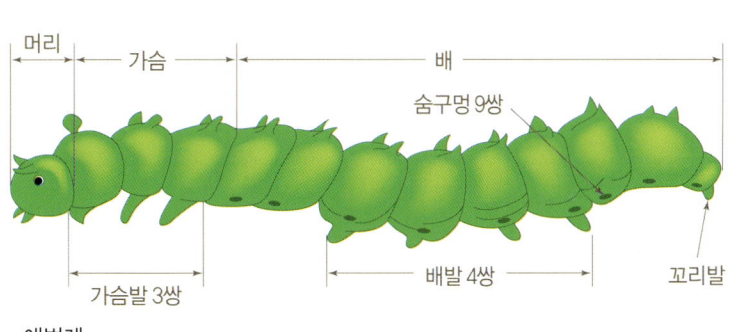

머리 / 가슴 / 배 / 숨구멍 9쌍 / 가슴발 3쌍 / 배발 4쌍 / 꼬리발

애벌레

### 〈알과 애벌레의 비교〉

| 구분 | 배추흰나비의 알 | 배추흰나비의 애벌레 |
|---|---|---|
| 특징 | • 알의 크기는 1mm 정도이다.<br>• 줄무늬가 있고 옥수수와 같은 원추형이다.<br>• 갓 낳은 알의 색깔은 연한 연두색이지만, 시간이 지나면서 짙은 노란색으로 바뀐다. | • 몸에 털이 빽빽하게 나 있고 부드럽다.<br>• 긴 원통 모양이며, 고리 모양의 마디가 있다.<br>• 머리, 가슴, 배의 3부분으로 구분된다.<br>• 가슴에는 3쌍의 다리가 있다.<br>• 배에는 9쌍의 숨구멍이 있고, 빨판 형태의 배발이 5쌍 있다.<br>• 갓 나온 애벌레는 노란색이지만, 애벌레가 먹이를 먹기 시작하면 먹이와 같은 짙은 녹색으로 바뀐다. |

**관찰로 알게된 점** 배추흰나비 알의 크기는 1mm 정도이며 옥수수 모양을 하고 있다. 알을 낳은 지 5~7일이면 부화하고 알 껍질을 뚫고 나온 뒤 애벌레는 자신의 알 껍질을 갉아먹는다. 그 이유는 껍질의 영양분을 흡수하고, 자신의 흔적을 없애 천적으로부터 자신을 보호하기 위해서이다. 애벌레는 머리, 가슴, 배로 구분되는데, 처음에는 노란색이지만 자라면서 점차 먹이와 같은 녹색으로 색깔이 바뀐다.

알에서 부화한 애벌레는 먹이를 먹으며 자란다. 자라는 동안 어떤 변화가 나타나는지 알아보기 위해 배추흰나비 애벌레가 자라는 모습을 관찰해보자.

**준비물** 필기도구, 돋보기, 자, 색연필, 관찰 기록장

▲ 1회 허물벗기를 한 애벌레(2령) : 크기 4~8mm
애벌레가 움직이지 않고 가만히 있을 때는 허물벗기를 준비하고 있는 것이다.

▲ 2회 허물벗기를 한 애벌레(3령) : 크기 8~12mm
애벌레는 먹이를 먹고 허물을 벗으며 자란다.

▲ 4회 허물벗기를 한 애벌레(5령) : 크기 16~30mm
애벌레 상태로 약 15일이 지나면 먹는 것을 중단하여 몸의 색깔이 맑아지며, 번데기가 되기 위해 안전한 곳을 찾는다.

▲ 3회 허물벗기를 한 애벌레(4령) : 크기 12~16mm
애벌레의 껍질은 단단한 키틴질로 되어 있기 때문에 더 크게 자라기 위해서는 껍질을 벗어야 한다. 이런 과정을 허물벗기라고 한다.

**관찰로 알게된 점** 곤충의 애벌레는 성장 과정에서 4차례의 잠을 자게 되며, 잠을 자고 나면 허물벗기(탈피)를 하고 몸집도 커지게 된다. 한잠 잘 때마다 1령, 2령, 3령, 4령으로 부른다. 잠은 24시간 자며, 4령이 되었을 때 몸을 붙일 수 있는 나뭇가지를 사육장에 넣어 주면 애벌레는 나뭇가지에 올라가 번데기가 된다. 4령이 되면 애벌레는 3cm정도의 크기가 된다.

**과학자의 눈**
## 애벌레가 살아남는 방법

애벌레는 작고 약해서 새나 쥐, 다른 곤충들의 먹잇감이 되기 쉽다. 따라서 자신을 잡아먹으려는 천적으로부터 자신의 몸을 보호하기 위해 애벌레는 다양한 방법을 사용하게 된다. 배추흰나비 애벌레는 몸 색깔을 주변과 비슷하게 하여 천적의 눈에 띄지 않게 하는 보호색을 사용하며, 자나방 애벌레나 잠자리가지나방 애벌레는 나뭇가지나 나뭇잎 모양과 비슷하게 만들어 천적의 눈을 피한다. 이러한 방법을 **의태**라고 한다. 한편, 천적이 공격할 때 몸에서 고약한 냄새를 내뿜어 먹는 것을 포기하도록 하기도 하는데 호랑나비 애벌레는 냄새 풍기기의 명수이다. 또 노랑쐐기나방 애벌레는 몸이 독이 있는 털로 덮여 있어 자신의 몸을 보호하며, 팔랑나비나 주머니나방 등의 애벌레는 풀잎이나 나뭇잎 등을 이용하여 집을 짓고 그 속에 들어가 몸을 숨긴다.

잠자리가지나방 애벌레

노랑쐐기나방 애벌레

다 자란 애벌레는 안전한 곳을 찾아 번데기가 될 준비를 한다. 배추흰나비의 애벌레가 번데기가 되는 과정과 번데기의 생김새를 관찰해보자.

**준비물** 필기도구, 돋보기, 자, 색연필, 관찰 기록장

생명 · 동물

## 번데기가 되는 과정

▲ 먹는 것을 중단하고, 안전한 곳을 찾는다.

▲ 입에서 실을 내어 몸을 고정시킨다.

▲ 허물을 벗어 뒤로 보낸다.

▲ 주변의 색과 닮아간다.

◀ 허물이 벗어지고 나면 번데기가 된다. 몸 한가운데를 감은 실 외에도 배 끝에는 실로 만든 발판이 있어서 번데기가 되기 전에 발판에 갈퀴를 걸어 몸을 지탱한다.

### 〈번데기의 생김새와 특징〉

| 구분 | 배추흰나비의 번데기 |
|---|---|
| 겉모양 | • 표면이 딱딱하다.<br>• 머리, 가슴, 배의 구분이 뚜렷하지 않다.<br>• 가슴에 띠실과 숨구멍이 있다. |
| 색깔 | • 초록색에서 연한 갈색으로 변한다.<br>• 시간이 지나면서 표면이 투명해진다. |
| 크기 | • 번데기의 길이는 25mm 정도이다. |
| 변화 | • 시간이 지나면 투명해진 표면 사이로 번데기 속 나비가 보인다.<br>• 나비 날개의 무늬와 눈이 보인다. |

### 번데기의 구조

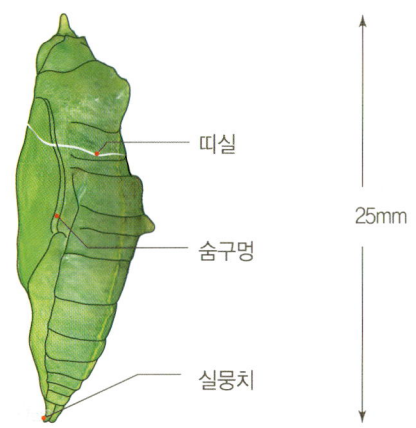

띠실
숨구멍
실뭉치
25mm

**관찰로 알게된 점** 안전한 곳을 찾아 자리를 잡고 입에서 실을 토해 낸 애벌레는 몸을 단단히 고정시키고 번데기가 되기 시작한다. 애벌레가 번데기가 되기까지 걸리는 시간은 약 15 ~ 20일 정도이다. 번데기가 되면 차차 주변의 색과 비슷하게 변해간다. 시간이 지나면 번데기의 표면이 투명해지면서 번데기 속 나비 날개의 무늬와 눈이 보인다.

배추흰나비 애벌레와 번데기를 관찰하고, 겉모양, 움직임, 먹이, 크기 등 차이점을 비교해 보자.

**준비물** 필기도구, 돋보기, 자, 색연필, 관찰 기록장

계속 먹는다.

빨판 형태의 배발을 이용해 움직인다.

녹색이며 털이 있고 부드럽다.

허물을 벗으며 30mm 까지 자란다.

애벌레

아무 것도 먹지 않는다.

몸을 실로 묶고 움직이지 않는다.

주변의 색과 비슷 하며 털이 없고 딱 딱하다.

약 25mm 정도이며, 자라지 않는다.

번데기

**관찰로 알게된 점** 배추흰나비의 애벌레 표면은 부드러운 털로 덮여 있지만 번데기 표면은 딱딱하다. 애벌레는 계속해서 먹이를 먹지만 번데기는 아무것도 먹지 않는다. 애벌레는 계속 성장하지만 성충이 되기 전 번데기는 더 이상 성장하지 않고 움직이지 않는다.

### 과학자의 눈 곤충의 우화

번데기는 완전 탈바꿈을 하는 곤충의 성장 단계 중 하나이다. 애벌레는 3~5번의 허물벗기(탈피)를 거쳐 성장하며, 번데기 과정 에서 성충의 모습을 갖추게 된다. 시간이 지나면 번데기에서 성충이 나오는데 이를 **우화**라고 한다.

**매미의 우화 과정**

▲ 등이 먼저 갈라진다.

▲ 머리가 허물 밖으로 나온다.

▲ 앞다리가 허물 밖으로 나온다.

 ▲ 앞다리가 허물 밖으로 나온다.

 ▲ 몸이 다 나오고 날개를 펴서 말린다.

**사슴벌레의 우화 과정**

▲ 등이 먼저 갈라진다.

▲ 날개가 허물 밖으로 나온다.

▲ 머리가 허물 밖으로 나온다.

▲ 몸이 다 나오고 날개 를 펴서 말린다.

번데기가 된지 일주일 정도가 지나면 번데기의 등이 갈라지면서 나비가 나오기 시작한다.
번데기에서 배추흰나비가 나오는 과정과 배추흰나비 성충의 모습을 관찰해보자.

**준비물** 필기도구, 돋보기, 자, 색연필, 관찰 기록장, 곤충 도감

## 성충이 되는 모습

▲ 번데기가 된다.

▲ 번데기 표면이 투명해지고 날개의 무늬와 눈이 보인다.

▲ 등이 갈라지고 머리와 가슴이 나온다.

▲ 배추흰나비 성충은 구겨진 날개를 펴고 말려서 날아간다.

▲ 갓 나온 배추흰나비의 날개는 구겨지고 젖어 있어 날지 못한다.

▲ 날개와 배가 나온다.

### 〈성충의 생김새와 특징〉

| 구분 | 배추흰나비의 성충 |
|------|------------------|
| 겉모양 | • 머리, 가슴, 배의 세 부분으로 구분된다.<br>• 날개는 비늘로 덮여 있고 몸에는 털이 있다.<br>• 머리에는 1쌍의 더듬이, 1쌍의 겹눈, 1개의 긴 대롱 모양의 입이 있다.<br>• 가슴에는 2쌍의 날개와 3쌍의 다리가 있다.<br>• 배는 마디로 되어 있다. |
| 색깔 | • 날개는 흰색에 검은 무늬가 있다.<br>• 눈은 검은색이다. |
| 변화 | • 무, 엉겅퀴, 개망초, 고들빼기, 개갓냉이, 명석딸기, 아욱 등 꽃의 꿀을 빨아먹는다.<br>• 습지에서 물을 마신다. |

### 나비의 구조

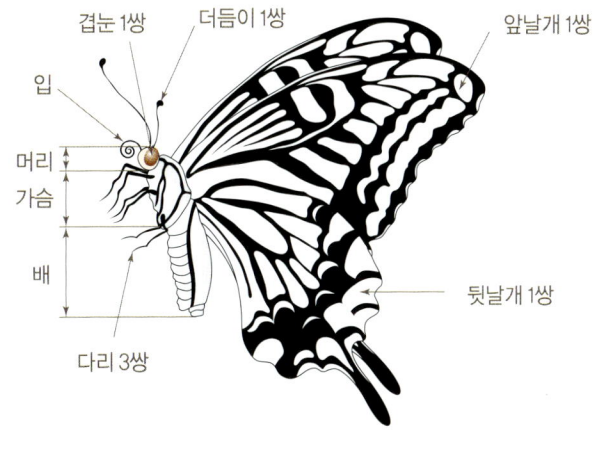

겹눈 1쌍  더듬이 1쌍  앞날개 1쌍
입
머리
가슴
배
다리 3쌍  뒷날개 1쌍

**관찰로 알게된 점** 배추흰나비 성충의 몸은 머리, 가슴, 배의 세 부분으로 되어 있으며, 머리에 더듬이와 눈, 입이 있고, 가슴에 날개와 다리가 있다. 배는 여러 개의 마디로 되어 있다.

생명 · 동물

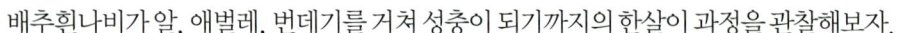

배추흰나비가 알, 애벌레, 번데기를 거쳐 성충이 되기까지의 한살이 과정을 관찰해보자.

**준비물** 필기도구, 돋보기, 자, 색연필, 관찰 기록장, 곤충 도감

알

> 배추흰나비의 성충은 대롱 모양의 빠는 입을 가지고 있다.

배추흰나비의 성충

> 애벌레는 먹이를 갉아먹을 수 있는 깨무는 입을 가지고 있다.

애벌레

> 배추흰나비는 번데기 과정을 거치는 완전 탈 바꿈을 한다.

번데기

**〈배추흰나비의 한살이 기간〉**

| 알 | 애벌레 | 번데기 | 성충 |
|---|---|---|---|
| 6일 | 18~20일 | 6~7일 | 24~28일 |

**관찰로 알게된 점** 배추흰나비는 알 → 애벌레 → 번데기 → 성충의 순서로 성장하며, 알을 낳은지 5~7일쯤 지나면 애벌레가 나오고, 애벌레가 4번의 탈피를 끝내면 번데기가 된다. 번데기 상태에서 일주일 정도 지나면 성충이 되는 모습을 관찰할 수 있다. 이러한 과정을 배추흰나비의 한살이라고 한다.

## 과학자의 눈
## 나비 박사 석주명

한국의 나비 박사 석주명(1908~1950)은 어려서부터 나비에 관한 관심이 남달라 나비가 발견되면 몇 시간이 걸려서라도 쫓아가서 잡았다고 한다. 석주명은 이런 끈기 있는 연구를 통해 미처 알려지지 않은 나비들을 많이 발견했는데, 발견할 때마다 이름을 붙여 주었다. 지리산에서 처음 발견되었다고 하여 '지리산팔랑나비', 굴뚝처럼 까맣다고 해서 '굴뚝나비', 봄처녀처럼 봄에 왔다가 금방 사라진다고 해서 '봄처녀나비' 등 다양한 나비가 석주명 박사에 의해 이름 붙여졌다.

지리산팔랑나비

굴뚝나비

봄처녀나비

배추흰나비처럼 번데기 단계가 있는 것도 있고, 사마귀나 잠자리처럼 번데기 단계가 없는 것도 있습니다. 여러 가지 곤충의 한살이를 관찰해보자.

**준비물** 동물도감, 백과사전, 필기도구

생명·동물

| 구분 | | 알 | 애벌레 | 번데기 | 성충 |
|---|---|---|---|---|---|
| 완전 탈바꿈 | 장수풍뎅이 | | | | |
| 불완전 탈바꿈 | 잠자리 | | | 번데기 단계를 거치지 않는다. | |
| | 사마귀 | | | | |

**〈완전 탈바꿈과 불안전 탈바꿈의 과정〉**

| 완전 탈바꿈 | • 알→애벌레→번데기→성충의 한살이 과정, 번데기 과정이 있다. |
|---|---|
| |  나비    장수풍뎅이    무당벌레 |
| 불완전 탈바꿈 | • 알→애벌레→성충의 한살이 과정, 번데기 과정이 있다. |
| |  사마귀    메뚜기    매미 |

**〈완전 탈바꿈과 불안전 탈바꿈의 공통점과 차이점〉**

| 공통점 | 알에서 부화하여 애벌레 과정을 거쳐 성충이 된다. |
|---|---|
| 차이점 | • 완전 탈바꿈을 하는 곤충은 번데기 과정이 있고, 불안전 탈바꿈하는 곤충은 번데기 과정이 없다. <br> • 불완전 탈바꿈을 하는 곤충은 어릴 때 성충의 모습과 비슷하다. |

**관찰로알게된점** 배추흰나비처럼 번데기 과정이 있는 것을 완전 탈바꿈이라고 하며, 완전 탈바꿈을 하는 장수풍뎅이, 무당벌레, 장수하늘소, 벌 등이 있다. 한편, 한살이 과정에 번데기 과정이 없는 것을 불완전 탈바꿈이라고 하는데, 불완전 탈바꿈을 하는 곤충에는 메뚜기, 매미 등이 있으며 어릴 때의 모습이 성충과 비슷하다.

# 여러 동물의 한살이

 **11** 관찰  **개의 한살이 관찰하기**

주위에서 흔히 볼 수 있고, 애완용으로 기르기도 하는 개의 한살이 과정을 알아보고, 강아지와 어미 개의 생김새를 관찰해보자.

**준비물** 동물도감, 동물 관련 책

▲ 갓 나온 새끼
짝짓기를 하고 약 2개월이 지나면 새끼가 태어난다.

▲ 생후 3주
2주쯤 지난 후 눈을 뜨고, 3주가 지나면 귀가 펴진다.

◀ 6~8주
젖니가 다 나오고 장난을 치기 시작한다.

▲ 12개월
다 자라 어른 개가 되며, 짝짓기를 할 수 있다.

## 〈강아지와 어미 개의 생김새 비교〉

| 구분 | 강아지 | 어미 개 |
|---|---|---|
| 차이점 | • 눈이 감겨 있고, 귀가 접혀 있다.<br>• 털이 젖어 있다.<br>• 어미의 보호가 필요하다.<br>• 어미 개의 젖을 먹고 자란다. | • 눈을 뜨고 있다.<br>• 귀가 쫑긋 서 있다.<br>• 새끼보다 털이 길고 많다.<br>• 어미의 보호 없이도 생활할 수 있다. |
| 공통점 | • 다리가 4개이며 온몸이 털로 덮여 있다.<br>• 귀 2개, 눈 2개, 입 1개, 꼬리 1개를 가지고 있다.<br>• 털로 덮여 있고 생김새가 비슷하다. | |

**관찰로 알게 된 점** 개는 새끼를 낳으며, 갓 태어난 강아지는 어미의 젖을 먹으며 자란다. 2주가 지나면 앞을 보고 다리에 힘이 생기며, 3주가 지나면 귀가 펴지고, 젖니가 나온다. 6~8주가 지나면 젖을 떼고 장난을 많이 치며, 3~5개월 사이에는 몸이 빠르게 자란다. 9~12개월이 지나면 다 자라 어른 개가 되며 짝짓기를 하고 새끼를 낳을 수 있다.

애완용으로 기르기도 하는 고슴도치의 한살이 과정을 알아보고, 새끼와 어미의 생김새를 관찰해보자. 이를 통해 새끼를 낳는 동물의 한살이를 알아보자.

준비물 동물도감, 동물 관련 책

갓 태어난 새끼          새끼 고슴도치          어미 고슴도치

생명 • 동물

**〈새끼 고슴도치와 어미 고슴도치의 생김새 비교〉**

| 구분 | 갓 태어난 새끼 고슴도치 | 어미 고슴도치 |
|---|---|---|
| 차이점 | • 털의 색깔이 연하고 부드럽다.<br>• 배에 털이 없다.<br>• 눈이 감겨 있다. | • 털의 색깔이 진하고 단단하다.<br>• 배에 털이 있다.<br>• 눈을 뜨고 있다. |
| 공통점 | • 침 모양의 털이 있다.<br>• 다리가 4개이다.<br>• 다리 길이가 짧고 뭉툭한 몸집을 가졌다.<br>• 생김새가 비슷하다. | |

관찰로 알게된 점 갓 태어난 새끼 고슴도치는 눈도 감겨 있고 귀도 접혀 있어 보지도, 듣지도 못하며, 다리에 힘이 없어 일어설 수도 없다. 새끼는 점차 성장하여 어미와 같은 모습으로 변하게 된다. 새끼와 어미는 몸이 털과 가죽으로 덮여 있으며 생김새도 많이 닮아 있다.

과학자의 눈
## 새끼를 낳는 동물의 특징

새끼를 낳는 동물은 젖을 먹여 새끼를 키우며, 몸이 털과 가죽으로 덮여 있다. 암수가 만나 짝짓기를 하고 일정한 시간이 지나면 새끼를 낳는데, 새끼와 어미의 모습이 많이 닮아 있다.

돼지          침팬지

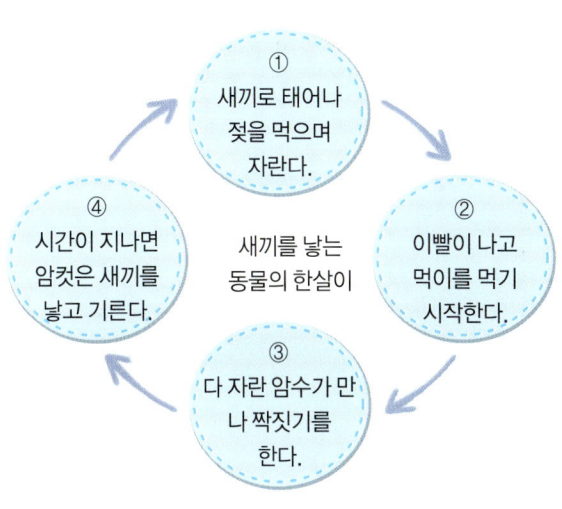

새끼를 낳는 동물의 한살이

① 새끼로 태어나 젖을 먹으며 자란다.

② 이빨이 나고 먹이를 먹기 시작한다.

③ 다 자란 암수가 만나 짝짓기를 한다.

④ 시간이 지나면 암컷은 새끼를 낳고 기른다.

닭의 한살이를 관찰해보고, 알을 낳는 동물의 한살이를 알아보자.

준비물 동물도감, 동물 관련 책

▲ 다 자란 닭(6개월)
온 몸이 깃털로 덮여 있고 볏이 뚜렷하다.

▲ 알
알은 단단한 껍질에 싸여 있고 타원형이다.

▲ 21일 후 부화
어미 닭이 알을 품은 지 21일이 지나면 병아리가 부리로 껍질을 깨고 나온다.

▲ 어린 닭(30일)
솜털이 깃털로 바뀌고 색깔이 진해진다.

▲ 병아리
병아리의 몸 표면은 솜털로 덮여 있다.

### 〈병아리와 닭의 생김새 비교〉

| 구분 | 병아리 | 닭 |
|------|--------|-----|
| 차이점 | • 암수의 구분이 뚜렷하지 않다.<br>• 몸이 솜털로 덮여 있다.<br>• 볏이 작아 잘 보이지 않는다.<br>• '삐약 삐약' 하고 운다. | • 암수의 구분이 뚜렷하다.<br>• 몸이 깃털로 덮여 있다.<br>• 볏이 뚜렷하다.<br>• '꼬꼬댁' 하고 운다. |
| 공통점 | • 두 다리와 날개가 있다.<br>• 잘 날지 못한다.<br>• 곡식, 곤충, 채소 등과 같은 먹이를 먹는다. | |

관찰로 알게된점 어미 닭이 알을 품은 지 21일이 지나면 알을 깨고 병아리가 나온다. 부리로 껍질을 깨고 알 밖으로 나온 병아리는 솜털이 깃털로 바뀌고 색깔이 진해져 점차 어미 닭의 모습과 비슷해진다. 부화 후 6개월이 지나면 암수 구분이 확실해지는데, 수탉은 암탉에 비해 볏과 꽁지깃이 길고 화려하다. 또한 암컷은 알을 낳을 수 있다. 알을 낳는 동물은 새끼를 낳는 동물과 달리 새끼를 젖을 먹여 기르지 않는다.

개구리의 한살이를 관찰하는 과정을 통해 올챙이가 개구리로 변하는 과정을 알아보고,
올챙이와 개구리의 차이점을 관찰해보자.

준비물 동물도감, 동물 관련 책

생명 · 동물

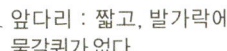
우무질

▲ 알
알은 투명한 우무질로 둘러싸여 있다.

꼬리

▲ 올챙이(부화 직후)
알에서 나와 꼬리달린
올챙이가 된다.

입 : 매우 크며 끈적거리는 긴
혀를 뻗어 움직이는 벌레를 잡
아먹는다.

눈 : 머리 위로 볼록
튀어나와 있다.

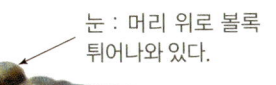

뒷다리 : 길고 튼튼하며
발가락에 물갈퀴가 있어
헤엄을 잘 친다.

앞다리 : 짧고, 발가락에
물갈퀴가 없다.

▲ 개구리(부화 후 55일)
땅 위로 올라와 먹이를 먹
으며 더 크게 성장한다.
암수가 만나 짝짓기를 하
고 알을 낳는다.

뒷다리

▲ 올챙이(부화 후 15일)
뒷다리가 먼저 나온다.

앞다리

뒷다리

▲ 올챙이(부화 후 25일)
앞다리가 나오고, 꼬리가 짧아진다.

〈올챙이와 개구리의 비교〉

| 구분 | 올챙이 | 개구리 |
|------|--------|--------|
| 겉모양 | 다리가 없고 꼬리가 있다. | 4개의 다리가 있으며 꼬리는 없다. |
| 사는 곳 | 물속 | 물과 땅 위 |
| 운동 | 꼬리를 움직여 헤엄을 친다. | 뒷다리를 이용해 뛰거나 헤엄을 친다. |
| 호흡 | 아가미 | 허파와 피부 |
| 먹이 | 물속 플랑크톤이나 죽은 동물의 사체 | 움직이는 작은 벌레 |
| 기타 | 소리를 내지 못한다. | 수컷은 소리를 낸다. |

관찰로알게된점 우무질로 둘러싸여 있던 개구리의 알은 아가미가 발달하고 꼬리가 생기면서 올챙이가 된다. 부화 후
15일이 지나면 뒷다리가 나오고, 25일이 지나면 앞다리가 나온다. 점점 꼬리가 짧아지고 성장하다가
부화 후 55일쯤 지나면 성체인 개구리 모습을 갖추게 된다. 올챙이는 물속에서 생활하기에 적합하도
록 꼬리와 아가미가 발달했다. 개구리는 육지 생활에 유리하게 다리가 발달했으며, 벌레를 잡기 좋은
매우 크고 끈적거리는 긴 혀를 가지고 있다. 이처럼 올챙이와 개구리는 생김새와 생활 방식이 다르다.

# 주변의 동물

지구상에는 얼마나 많은 종류의 동물들이 살고 있을까? 동물들을 특징에 따라 어떻게 분류할 수 있을까?

## 15 관찰 여러 동물들의 생김새 관찰하기

척추동물의 종류는 약 4만 3000종이며, 다른 동물 종까지 포함하면 7만 3000종 이상의 많은 많은 동물이 알려져 있다. 동물들의 생김새는 각각 다르며, 사는 곳, 먹이도 다르다. 여러 가지 동물의 생김새를 관찰하고, 사는 곳 및 특징에 대해 조사해보자.

**준비물** 동물카드

사는 곳 : 숲속
몸길이 : 180cm 정도
먹 이 : 멧돼지, 노루, 산양 등
특 징 : 몸에 검은 줄무늬가 있고 몸통이 길고 다리는 짧은 편이다. 힘이 세고 날카로운 송곳니가 발달했다.

호랑이

기린

사는 곳 : 아프리카 초원
몸길이 : 5.5~6m 정도
먹 이 : 나뭇가지와 잎, 꽃과 열매
특 징 : 목과 다리가 매우 길고 암수 모두 1쌍의 뿔이 있다.

상어

사는 곳 : 바다 속
몸길이 : 6~7m 정도
먹 이 : 물고기, 작은 동물
특 징 : 몸은 유선형이며, 지느러미가 발달되어 있다. 날카로운 이빨이 톱처럼 나 있다.

사는 곳 : 들, 도시, 공원
몸길이 : 30cm 정도
먹 이 : 곡식, 열매, 곤충 등
특 징 : 몸에 비해 머리가 작고 목은 가는 편이다. 다리가 짧고 발가락은 앞쪽 3개, 뒤쪽 1개가 있다.

비둘기

사는 곳 : 집, 산과 들
몸길이 : 9~10mm 정도
먹 이 : 똥, 상한 음식 등
특 징 : 머리, 가슴, 배의 3부분으로 구분된다. 다리는 3쌍, 날개는 1쌍이다.

파리

잠자리

사는 곳 : 애벌레는 물속, 성충은 연못이나 웅덩이 주변
몸길이 : 45mm 정도
먹 이 : 애벌레는 작은 물속 동물, 성충은 날아다니는 작은 곤충
특 징 : 몸은 붉은색이며 머리, 가슴, 배의 3부분으로 구분된다. 가슴에 2쌍의 날개와 3쌍의 다리가 있다.

## 동물과 식물의 차이점

동물과 식물은 어떤 점이 다를까? 동물은 움직일 수 있지만, 식물은 움직이지 못한다. 또한 동물은 다른 생물로부터 영양분을 섭취하지만, 식물은 광합성 작용을 통해 스스로 양분을 만들고 섭취한다. 일반적으로 동물은 외부의 자극에 빠르게 반응하는 반면, 식물은 외부의 자극에 대한 반응이 느리다.

사는 곳 : 풀밭
몸길이 : 3~4cm 정도
먹 이 : 벼 등의 농작물
특 징 : 몸은 머리, 가슴, 배로 구분되며, 머리에는 1쌍의 겹눈과 1쌍의 더듬이, 입이 있다. 가슴에는 2쌍의 날개와 3쌍의 다리가 있다.

메뚜기

사는 곳 : 땅속
몸길이 : 10cm 정도
먹 이 : 흙 속에 섞인 음식물 찌꺼기, 식물 부스러기
특 징 : 몸은 원통형의 고리 모양으로 되어 있으며, 여러 마디로 나뉘어져 있다.

지렁이

사는 곳 : 논이나 연못 주변의 풀밭
몸길이 : 2.5~4cm 정도
먹 이 : 곤충, 거미 등 움직이는 작은 동물
특 징 : 입은 크고 눈은 머리 위로 솟아 있다. 뒷다리가 앞다리보다 길고 튼튼하며, 발가락 사이에 물갈퀴가 있다.

개구리

사는 곳 : 남극 대륙과 주변 섬
몸길이 : 75cm 정도
먹 이 : 물고기
특 징 : 날개는 있지만 날지 못한다. 물속에서 날개를 이용하여 나는 듯이 빠르게 헤엄치며 물고기를 사냥한다.

펭귄

사는 곳 : 논과 밭, 하천, 낮은 산
몸길이 : 50~200cm 정도
먹 이 : 개구리, 작은 물고기
특 징 : 몸은 가늘고 길며 비늘로 덮여 있다. 다리가 없어 기어다닌다. 아래턱과 위턱이 분리되어 있어 자신의 입보다 큰 먹이를 먹을 수 있다. 강한 독이 있다.

뱀

사는 곳 : 바다 속
몸길이 : 10~20cm 정도
먹 이 : 고동, 조개 등
특 징 : 팔은 대부분 5개이며 별 모양으로 뻗어 있다. 바다 밑에 살면서 주로 조개를 잡아먹고 산다.

불가사리

**관찰로 알게된 점** 동물들은 생김새, 사는 곳, 먹이의 종류가 다양하다. 육지에 사는 동물과 바다에 사는 동물, 하늘을 나는 동물과 날지 못하는 동물, 풀을 뜯어 먹고 사는 초식 동물과 자신보다 더 작은 동물을 먹이로 하는 육식 동물 등 각기 생김새나 특징이 다르다.

동물의 종류에 따라 다리의 유무, 딱딱한 껍질의 유무, 사는 곳, 알 또는 새끼를 낳는 것 등의 특징이 다르다. 여러 동물을 특징에 따라 분류해보자.

**준비물** 동물카드

## 다리의 유무

### 다리가 있는 동물

호랑이

닭

개구리

참새

사자

오리

〈다리가 4개〉 〈다리가 2개〉

### 다리가 없는 동물

금붕어

지렁이

뱀

## 딱딱한 껍질의 유무

### 딱딱한 껍질이 있는 동물

거북

가재

장수풍뎅이

### 딱딱한 껍질이 없는 동물

쉬리

오징어

문어

## 사는 곳

**육지에 사는 동물**

여우

코끼리

토끼

**물과 육지에 사는 동물**

개구리

두꺼비

도롱뇽

**물속에 사는 동물**

상어

불가사리

말미잘

**관찰로 알게된 점** 동물의 특징을 자세히 관찰하여 비슷한 무리끼리 묶을 수 있다. 몸의 크기, 딱딱한 껍질의 유무, 다리의 유무, 사는 곳, 새끼를 낳는지 알을 낳는지 여부, 먹이의 종류 등 다양한 기준을 정하여 동물들을 분류할 수 있다.

### 과학자의 눈
## 물과 육지에서 모두 사는 동물

개구리처럼 어린 시절을 물속에서 보내다가 자라서 물 밖으로 나와 땅 위에서 생활하는 동물을 양서류라고 한다. 어릴 때는 아가미로 수중 호흡을 하면서 물에서 살고, 성장하면 허파로 공기 호흡을 하면서 물가의 육지에서 살게 된다. 물속과 물 밖 육지를 오가며 생활한다는 의미로 양서류라고 부른다. 양서류에는 개구리 이외에 도롱뇽, 두꺼비, 맹꽁이 등이 있다.

도롱뇽

두꺼비

맹꽁이

# 동물이 사는 곳

바다, 강이나 호수, 땅, 하늘 등 동물들이 사는 장소와, 각 장소에 사는 동물의 생김새는 어떤 관계가 있을까?

## 17 관찰 바다 속에 사는 동물의 특징 알아보기

물속과 육지의 환경을 비교해 보고, 바다 속에 사는 동물의 생김새와 특징을 알아보자.

준비물 동물카드

### 육지와 물속의 환경

육지 환경은 산소가 풍부하며 공기는 물보다 저항력이 작다.

물속 환경은 물로 이루어져 있어 육지에 비해 산소가 부족하다. 또 물은 공기보다 저항력이 크고, 물체가 뜨는 힘(부력)이 있어 걷기 어렵다. 특히 바닷물은 소금기가 많아 짠맛이 나고 물체가 잘 뜬다.

### 바다 속 동물의 공통점

고등어 — 아가미 — 지느러미 — 옥돔

| 구분 | 바다 속 동물의 특징 | 장점 |
|---|---|---|
| 몸의 모양 | 대체로 몸이 유선형이다. | 물의 저항력을 줄여 헤엄치기 좋다. |
| 호흡 기관 | 아가미로 숨쉰다. | 아가미를 통해 물속에 녹아 있는 산소를 흡수한다. |
| 운동 기관 | 지느러미가 있다. | 몸의 균형을 유지하고, 헤엄치기 좋다. |

## 서식지

돌고래와 오징어는 바다에 산다. 붕어와 수달은 강과 호수에, 박쥐는 동굴에 산다. 이처럼 동물들은 각기 다른 장소에서 살아간다. 서식지란, 동물이 생활하는 데 필요한 먹이나 은신처를 얻는 장소를 말하며, 동물들은 저마다 자신이 사는 서식지에 알맞은 생김새를 가지고 있다. 즉, 동물들은 자신이 사는 환경에 적응하며 살아가고 있다.

# 물속 생활에 잘 적응한 물고기의 형태-유선형

물속에서 달리는 것은 물의 저항력 때문에 매우 어렵다. 이런 저항력을 줄여줄 수 있는 구조가 유선형이다. 물고기 몸의 형태와 같은 유선형 구조는 그림 (가)에서 볼 수 있는 것처럼 액체의 흐름에서 소용돌이를 일으키는 경우가 (나) 비유선형에 비해 적으므로 저항이 작아서 쉽게 헤엄쳐 앞으로 나아갈 수 있는 것이다. 이와 같은 이유로 선박이나 항공기 등의 앞부분도 유선형으로 만들어 물이나 공기의 저항을 줄인다.

(가) 유선형

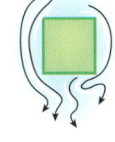
(나) 비유선형

## 바다 속 동물의 차이점 - 상어와 물개

상어

사는 곳은 같지만 특징이 다르다.

물개

| 구분 | 상어 | 물개 |
|---|---|---|
| 숨쉬는 방법 | 아가미로 산소를 흡수한다. | 허파로 숨을 쉰다. |
| 번식 방법 | 알을 낳는다. | 새끼를 낳아 젖을 먹여 키운다. |
| 이동 방법 | 다리가 없고, 지느러미를 이용하여 헤엄친다. | 지느러미 모양의 다리를 이용하여 헤엄친다. |
| 그 밖의 특징 | 귀가 없고, 몸 표면이 미끌미끌하며 비늘로 덮여 있다. | 귀가 있으며, 몸 표면이 비늘 대신 촘촘한 털로 덮여 있다. |
| 분류 | 어류에 속한다. | 포유류에 속한다. |

## 바다 속 동물의 여러 이동 방법

▲ 전복
크고 넓은 발을 바위에 붙이고, 미끄러지듯 움직인다.

▲ 게
10개의 다리를 이용하여 옆으로 걷는다.

▲ 불가사리
5개의 팔 뒤에 있는 관족의 수축에 의해 움직인다.

▲ 물고기
7장의 지느러미를 이용하여 헤엄치고 평형을 유지한다.

**관찰로 알게된 점** 고등어, 상어 등 바다 속에 사는 대부분의 동물은 몸이 유선형이며, 아가미로 숨을 쉬고, 지느러미가 있다. 하지만 바다 속에 살더라도 물개와 같은 동물은 허파로 숨을 쉬며 다리를 이용해 헤엄을 친다. 또한 새끼를 낳고, 몸이 비늘 대신 털로 덮여 있다. 바다에 사는 대부분의 동물들은 지느러미로 헤엄을 치지만, 전복과 게처럼 다른 방법으로 이동하는 동물도 있다.

강과 호수에 사는 동물은 짠맛이 나는 바다에 사는 동물과 어떤 점이 다를까? 강과 호수에 사는 동물을 관찰해보고 그 특징을 알아보자.

**준비물** 동물카드

### 강과 호수의 환경

민물은 짠맛이 거의 없고, 바닷물에 비해 물체가 잘 뜨지 않는다.

바닷물은 소금기가 많아 짠맛이 나고 물체가 잘 뜬다.

호수  강  바다

### 강과 호수에 사는 동물

▲ 붕어, 잉어
유선형이고 지느러미가 있으며, 헤엄을 쳐서 이동한다. 또한 아가미로 호흡한다.

▲ 가재
기어서 이동하며, 아가미로 호흡한다.

▲ 미꾸라지
표면이 비늘로 덮여 있고, 미끈거리며, 지느러미가 있다. 지느러미를 사용하여 헤엄쳐 이동한다.

▲ 다슬기
황갈색 껍데기 안에 근육으로 된 넓고 단단한 발이 있다. 강 바닥이나 돌 등에 발을 붙이고 기어서 이동한다.

**과학자의 눈**

## 왜가리와 수달이 강이나 호수 주변에 사는 이유

왜가리는 우리나라의 여름철새로 날개와 깃털, 부리를 가진 새이지만, 강이나 호수 근처, 논이나 하구 등 습지의 물가에서 2~3마리씩 작은 무리를 지어 산다. 그 이유는 길고 가느다란 부리로 물고기, 개구리, 뱀, 곤충, 작은 새 등 강이나 호수에 사는 다양한 먹이를 잡아먹기 위해서이다.

수달은 강이나 하천 등 물이 있는 곳에 사는 동물로 온몸에 덮인 짧고 빽빽한 털로 인해 물이 잘 스며들지 않는다. 또 네 다리가 짧고 발가락은 발톱까지 물갈퀴로 되어 있어 헤엄치기에 편리하다. 주로 밤에 물속을 헤엄치며, 메기, 가물치, 미꾸라지 등의 물고기와 개구리, 게 등을 잡아먹는다.

수달

왜가리

## 〈강과 호수에 사는 동물의 특징〉

| 구분 | 생김새와 특징 | 먹이 | 이동 방법 |
|---|---|---|---|
| 붕어 | 몸이 유선형이고 지느러미로 헤엄치며, 아가미로 숨을 쉰다. | 물속의 작은 동물이나 식물을 먹는다. | 유선형의 몸과 지느러미로 헤엄쳐 이동한다. |
| 다슬기 | 황갈색 나선 모양의 껍질로 싸여 있다. | 돌에 붙은 유기물이나 조류 등을 갉아먹는다. | 근육으로 된 넓고 단단한 발로 돌이나 하천 바닥에 붙어 기어 다닌다. |
| 재첩 | 민물 조개의 일종으로, 황갈색이나 어두운 색의 껍데기로 이루어져 있다. | 모래나 진흙 속의 유기물, 플랑크톤 등을 걸러먹는다. | 두 껍질 사이로 도끼 모양의 발이 나와 기어다닌다. |
| 가재 | 몸은 붉은빛을 띤 갈색의 껍데기로 덮여 있고, 2개의 집게발과 8개의 다리가 있다. | 바다 속의 미생물을 잡아먹거나 수초, 올챙이, 물 밑 곤충, 작은 물고기 등을 잡아먹는다. | 10개의 다리를 이용하여 돌틈 사이를 기어 다니거나, 꼬리채를 이용하여 물속을 헤엄친다. |
| 소금쟁이 | 몸과 다리는 검은색이고, 앞다리는 짧으며 가운데 다리와 뒷다리는 길다. | 수면에 떨어진 곤충을 잡아 그 체액을 빨아먹거나, 죽은 물고기의 체액을 빨아먹는다. | 물 위를 성큼성큼 걸어다니며, 발목 마디에 잔털이 있어 다리가 물에 젖지 않고, 물 위에 떠서 생활한다. |
| 비버 | 몸 색깔은 밤색이나 검은색이며, 꼬리는 배의 노와 같이 편평하고 비늘로 덮여 있다. 뒷발에 물갈퀴가 발달되어 있다. | 갉아 넘어뜨린 가는 나뭇가지의 껍질이나 새싹 등을 먹는데, 겨울에는 연못 가운데 저장해 둔 나무껍질을 먹으면서 지낸다. | 물가에 살면서 뒷발과 꼬리를 이용하여 헤엄을 치거나, 땅에서 자른 나뭇가지를 이용하여 댐을 만든다. |

**관찰로 알게된 점** 강과 호수에 사는 동물은 짠맛이 나는 바다에서는 살지 못하지만 지느러미가 있고 아가미로 호흡하는 등 바다에 사는 동물과 비슷한 특징을 가지고 있다. 또한 강과 호수에는 다양한 동물들이 저마다 민물 환경에 적응하여 살고 있다.

### 과학자의 눈
## 바다와 민물에서 모두 사는 회유성 물고기

물고기 중에는 바다와 민물을 오고 가며 사는 것이 있다. 연어나 뱀장어와 같이 먹이를 찾거나 번식을 위해 바다와 민물을 왕래하는 물고기들을 **회유성 물고기**라고 한다. 연어는 강에서 태어나 바다로 이동하여 자란 후, 알을 낳기 위해 다시 자기가 태어난 강으로 되돌아온다. 연어는 냄새를 이용해 자기의 고향으로 찾아온다고 알려져 있다. 반대로 뱀장어는 바다에서 태어나 강으로 이동하여 민물에서 살다가, 알을 낳기 위해 다시 바다로 이동한다.

이 밖에도 숭어, 전어, 망둥이, 황복 등은 바다와 민물이 만나는 곳에서 살아가는데, 이들은 바다와 민물이 만나는 곳의 끊임없이 변화하는 염분에 대한 적응력과 조절 능력이 뛰어나다.

연어

뱀장어

땅에는 어떤 동물이 살고 있을까? 땅에 사는 동물을 들판, 숲, 땅속에 사는 동물로 나누어 종류와 특징을 알아보자.

**준비물** 동물카드

## 들판에 사는 동물

소

- 새끼를 낳아 젖을 먹여 기르며, 들판에 살면서 풀을 뜯어먹는다.
- 온몸이 갈색이나 검은색, 흰색 털로 덮여 있고, 다리는 4개이다.

메뚜기

- 들판에 사는 곤충으로, 다리는 3쌍이고, 날개가 있다.
- 몸이 딱딱한 껍질로 둘러싸여 있고, 초록색을 띠며 풀을 뜯어먹는다.

달팽이

- 논, 밭이나 풀숲에 살며, 둥글게 감긴 집을 등에 지고 있다.
- 몸이 미끄럽고, 배로 기어다니며, 상추나 배추와 같은 식물들을 먹고 산다.

땅에 사는 동물은 땅에 사는 식물로부터 먹이를 얻고, 공기 중의 산소를 이용해 숨을 쉰다.

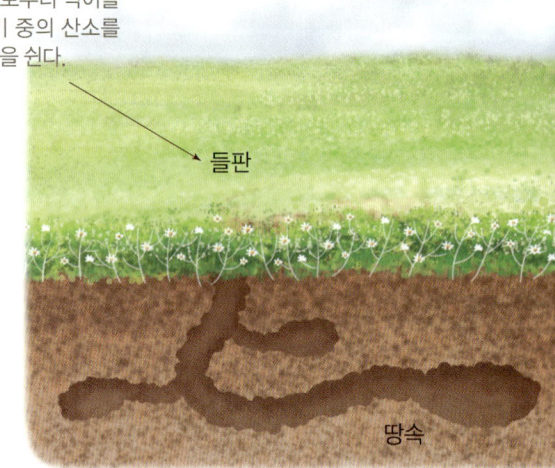
들판
땅속

## 땅속에 사는 동물

두더지

- 땅에 터널을 파고 생활하며 지렁이나 땅속 벌레를 잡아먹는다.
- 앞쪽 발바닥은 매우 크고 넓으며, 5개의 길고 큰 발톱이 삽 모양으로 생겨서 땅 파기에 유리하다.
- 눈이 작고 시력이 낮다.

개미

- 땅속에 사는 곤충으로 3쌍의 다리가 있고 머리, 가슴, 배의 세 부분으로 나누어진다.
- 땅속에 집을 짓고 집단을 이루어 모여 살며, 분업과 의사 소통을 하여 사회를 잘 꾸려간다.

지렁이

- 몸이 원통형으로 되어 있어 땅속에 구멍을 파기에 유리하다.
- 땅속 유기물을 먹고, 땅을 돌아다니면서 공기가 통하게 해 땅을 비옥하게 한다.
- 축축한 피부로 공기 속의 산소를 녹여 숨을 쉰다.

땅강아지

- 쇠스랑처럼 생긴 강한 앞발로 땅을 파고 돌아다닌다.
- 땅속에서 주로 지렁이나 식물의 뿌리를 먹고 산다.
- 땅속에 살고 야행성이라서 눈에 잘 띄지 않는다.

## 숲에 사는 동물

너구리

- 빛깔이 대체로 검은색을 띠며, 주둥이가 뾰족하고, 꼬리는 굵고 길다.
- 주로 밤에 활동하며, 들쥐, 개구리, 뱀, 지렁이, 곤충, 열매 등을 먹는다.
- 다리는 4개이고, 새끼를 낳아 젖을 먹여 키운다.

사슴

- 몸이 갈색 털로 둘러싸여 있고, 수컷에는 뿔이 있다.
- 다리가 4개이고, 새끼를 낳아 젖을 먹여 기르며, 부드러운 풀, 나무 껍질, 작은 나뭇가지, 어린 싹 등을 먹고 산다.

다람쥐

- 갈색의 털로 덮여 있으며 등에 줄무늬가 있고 나무를 잘 탄다.
- 새끼를 낳아 젖을 먹여 기르고, 다리는 4개이다.
- 도토리를 먹고 살며, 추운 겨울에는 겨울잠을 잔다.

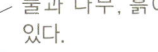
풀과 나무, 흙이 있다.

숲

- 몸이 가늘고 길며, 다리가 없어 땅이나 나무 사이를 기어서 이동한다.
- 표면이 비늘로 덮여 있고, 허물을 벗는다.
- 알을 낳으며, 살아 있는 작은 동물이나 새, 개구리, 도마뱀 등을 먹고 산다.

뱀

## 〈땅에 사는 동물의 특징〉

| 구분 | 특징 |
|---|---|
| 생김새 | 대부분의 동물은 다리가 있다. |
| 이동하는 방법 | 다리가 있는 경우 걷거나 뛰어서 이동하고, 다리가 없는 동물은 바닥을 기어서 이동한다. |
| 숨쉬는 방법 | 허파를 이용하여 공기 중의 산소를 흡수한다. |
| 그 밖의 특징 | 다리의 수는 동물의 종류에 따라 매우 다양하며, 몸이 털로 덮여 있는 종류와 아닌 종류 등 매우 다양한 동물들이 살고 있다. |

### 공통점
- 공기를 이용해 숨을 쉰다.
- 풀이나 나무가 있는 곳에 주로 산다.
- 주로 땅에 사는 식물이나 동물을 먹고 산다.
- 대부분 다리가 있어 걷거나 뛰어서 이동한다.

### 차이점
- 종류에 따라 다리의 수가 다르며, 뱀처럼 다리가 없는 것도 있다.
- 다리가 있는 동물은 걷거나 뛰어서 이동하고, 다리가 없는 동물은 기어서 이동한다.
- 어떤 동물은 풀을 먹고 살고, 어떤 동물은 다른 동물을 잡아먹고 산다.

**관찰로 알게 된 점** 땅에 사는 동물들은 들판, 숲, 땅속의 환경에 알맞은 생김새를 갖고 있으며, 자신이 살고 있는 환경에 맞추어 살아가고 있다.

 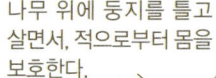
하늘을 나는 동물에는 어떤 종류가 있을까? 하늘을 나는 동물의 생김새를 관찰해보고 공통점과 차이점을 알아보자.

준비물 동물카드

## 하늘을 나는 동물의 특징

나무 위에 둥지를 틀고 살면서, 적으로부터 몸을 보호한다.

나무에서 나무로 옮겨 다니며 작은 곤충이나 애벌레를 잡아 먹거나, 산딸기 등의 나무 열매를 먹는다.

날개가 있어 날 수 있다. 몸이 가볍고, 깃털로 덮여 있어 하늘을 날기에 유리하다.

두 다리가 발달하여 땅 위나 나뭇가지에 앉아 쉬기도 한다.

## 여러 동물의 날개

독수리의 날개

펠리컨의 날개

잠자리의 날개

벌새의 날개

◀ 날개의 역할
날개는 새나 곤충이 날기 위해 필요한 기관이다. 새와 곤충은 모두 날개가 있어 날개를 사용하여 이동한다. 새의 날개와 곤충의 날개는 생김새는 비슷하지만, 구조는 다르다.

**과학자의 눈**
## 하늘을 날기에 적합한 새들의 몸 구조

대부분의 새들의 몸은 날기에 적합한 구조로 되어 있다. 하늘을 날기 위해서는 몸이 가벼워야 하기 때문에 뼈의 수는 최소한으로 줄여 무게는 줄이면서도 비행할 때 뼈들끼리 서로 지탱하여 몸의 형태를 유지한다. 특히 뼛속이 비어 있어 무게를 줄이는데 도움이 된다. 예를 들어 무게가 113g 밖에 되지 않는 군함새는 날개를 펼쳤을 때, 길이가 2m나 된다. 또, 가슴 근육 및 가슴뼈가 발달하여 날개를 잘 움직일 수 있다.

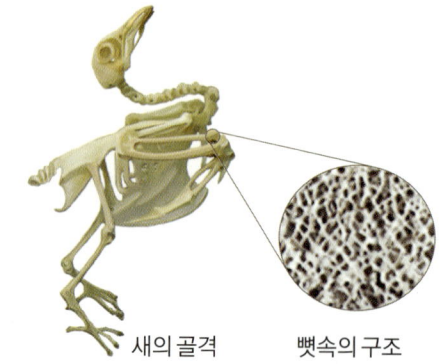

새의 골격        뼛속의 구조

## 하늘을 나는 동물의 공통점과 차이점

**공통점**
다리와 날개가 있고 하늘을 날아다닌다.

크고 깃털로 덮여 있는 날개가 1쌍(2개)이다.

날지 않고 쉴 때에는 날개를 접는다.

온몸이 깃털로 덮여 있다.

다리가 2개이다.

▲ 독수리
조류에 속한다.

작고 얇은 날개가 2쌍(4개)이다.

날지 않고 쉴 때에도 날개를 접을 수 없어 펼치고 있다.

몸이 딱딱하고 머리, 가슴, 배의 세 부분으로 나뉜다.

다리가 6개이다.

▲ 잠자리
곤충류에 속한다.

### 조류

갈매기 | 학 | 까치

▲ 새의 날개는 앞다리의 모양이 변한 것으로 내부가 뼈로 이루어져 있다.

### 곤충류

나비 | 벌 |  장수풍뎅이

▲ 곤충의 날개는 등쪽의 측판이 자라 모양이 변한 것이다.

**관찰로 알게된 점** 하늘을 나는 동물들은 날개가 있어 자유롭게 하늘을 날아다니며 먹이를 얻거나, 몸을 보호하고, 살 곳을 마련한다. 또한 다리가 있어 땅 위나 나뭇가지에 앉아 쉬기도 한다. 하늘을 나는 동물들은 날개, 깃털, 가벼운 몸 등 하늘을 날기에 적합한 생김새를 가지고 있다.

### 과학자의 눈
## 날개가 있어도 날지 못하는 동물, 날개는 없지만 나는 동물

| 구분 | 날개가 있어도 하늘을 날지 못하는 동물 | | 날개가 없지만 하늘을 나는 동물 | |
|---|---|---|---|---|
| 생김새 | 타조 | 닭 | 날치 | 날다람쥐 |
| 특징 | 날개가 있지만 퇴화하여 날지 못한다. 대신 튼튼한 다리가 있어 시속 90km로 매우 빨리 달린다. | 날개가 있지만 퇴화하여 날지 못한다. 아주 짧은 거리만 잠깐 날아 움직인다. | 물에서 살지만 넓은 가슴지느러미를 가지고 있어, 위험을 느끼면 물 밖으로 튀어올라 잠깐 날 수 있다. | 날개가 없지만 앞다리와 뒷다리 사이에 막이 있어, 막을 펼치면 나무와 나무 사이를 짧은 시간 동안 날 수 있다. |

# 동물이 사는 곳과 생활

비슷한 종류의 동물은 모두 생김새가 같을까? 또 다른 종류의 동물은 모두 생김새가 다를까?

## 21 관찰 비슷한 종류이지만 생김새가 다른 동물 관찰하기

사는 곳에 따른 여러 동물의 생김새를 살펴보고, 이러한 생김새를 가지게 된 이유를 알아보자.

준비물 동물카드

### 사는 곳의 먹이에 적응한 경우

크고 두툼하다.

단단한 부리가 굽고 엇갈려서 껍질을 비틀어 씨앗을 빼먹기 알맞다.

씨를 먹는 핀치

환경에 적응하여 부리의 모양이 달라졌다.

크고 뾰족하다.

선인장을 먹는 핀치

작고 두툼하다.

나뭇잎을 먹는 핀치

짧고 뾰족하다.

곤충을 먹는 핀치

▲ 갈라파고스 군도의 섬들은 핀치새들이 다른 섬으로 옮겨 다니지 못할만큼 서로 멀리 떨어져 있다. 핀치새는 오랜 세월 동안 각 섬의 먹이 환경에 적응하여 서로 다른 모양의 부리를 가진 14종류로 나누어지게 되었다. 각각의 핀치새들은 먹이를 구하는 습성과 부리의 모양이 다르다.

### 과학자의 눈
## 적응이란?

서식지 환경에 따라 동물의 신체 구조나 몸의 겉모양이 달라지는 현상을 **적응**이라 한다. 동물들은 저마다 자신이 사는 장소에 알맞게 몸을 변화시켜 환경에 적응하며 살아간다. 예를 들어 북극곰은 온몸이 많은 흰털로 덮여 있고, 몸집이 커서 추운 극지방에서 살아가기에 알맞다. 반면에 더운 지역에 사는 말레이시아 곰은 털의 색이 짙고 몸집이 작다.

북극곰

말레이시아 곰

## 보호색과 의태

**보호색**이란 주위 환경과 비슷한 색을 띠어 자신의 몸을 보호하는 것을 말하는데, 카멜레온이나 청개구리 등은 주변 환경과 비슷하게 몸 색깔을 변화시킨다. 한편, **의태**는 다른 생물과 비슷하게 자신의 모양, 색, 행동을 변화시키는 것으로, 자벌레는 주변의 나뭇가지와 비슷하게 몸의 모양을 변화시켜 자신을 잡아먹는 포식자의 눈에 띄지 않게 한다.

카멜레온

자벌레

### 사는 곳의 온도에 적응한 경우 1

사막여우

귀가 크다.

몸의 크기가 작고 몸이 마른 편이며, 털빛이 갈색이다.

덥고 모래로 뒤덮인 사막에 산다.

귀나 입 등 말단 부위가 뭉툭하다.

사막여우보다 몸의 크기가 크며, 겨울이 되면 털빛이 짙은 회갈색에서 흰색으로 변한다.

춥고 눈으로 뒤덮인 극지방에 산다.

북극여우

▲ 사막여우와 북극여우는 사는 곳의 환경과 비슷한 색을 가짐으로써 눈에 잘 띄지 않아, 몸을 보호할 수 있다. 몸의 크기가 작을수록 열을 잘 방출하고, 클수록 체내에 열을 잘 보관한다. 또 귀가 클수록 열을 잘 방출하고, 작을수록 열 손실을 줄인다. 따라서 사막여우는 더운 사막 환경에 적응한 경우이고, 북극여우는 추운 극지방 환경에 적응한 경우이다.

### 사는 곳의 온도에 적응한 경우 2

아프리카 펭귄

더운 지역에 살며 남극 펭귄보다 몸집이 작다.

추운 지역에 살며, 몸집이 커서 열 손실을 막을 수 있다.

남극 펭귄

**관찰로 알게 된 점** 동물은 주변 환경에 적응하여 살아가며, 비슷한 종류의 동물이라도 사는 곳의 온도나 먹이에 따라 몸의 생김새나 크기가 달라지기도 한다.

생김새가 비슷해서 같은 종류처럼 보이지만 실제로는 다른 종류인 동물을 관찰해보고, 그렇게 적응한 이유를 알아보자.

준비물 동물카드

## 물속 환경에 적응한 동물

유선형이며,
지느러미가 있다.

·····················

헤엄치기에 알맞다.

붕어(어류)

상어(어류)

돌고래(포유류)

잉어(어류)

눈과 코의 위치가
물 표면과 수평이다.

·····················

물에서 살지만 물속
에서 숨을 쉬지 못해
서 눈과 콧구멍을 물
밖으로 내밀어 숨을
쉰다.

악어(파충류)

하마(포유류)

개구리(양서류)

발가락 사이에
물갈퀴가 있다.

·····················

지느러미가 없지만
물갈퀴가 있어, 물속
에서 헤엄을 잘 칠 수
있다.

오리(조류)

개구리(양서류)

오리너구리(포유류)

수달(포유류)

다른 종류이지만 생김새가 비슷한 동물 관찰하기

## 하늘을 날아다니는 환경에 적응한 동물

**날개가 있다.**

.........................

하늘을 날기에 알맞다.

독수리(조류)

까치(조류)

박쥐(포유류)

나비(곤충류)

잠자리(곤충류)

**관찰로알게된점** 동물들은 사는 환경에 적응한 결과, 종류가 달라도 비슷한 생김새를 가지기도 한다. 물에서 사는 생물은 몸이 유선형이고 지느러미가 있거나 물갈퀴가 있어서 헤엄치기에 알맞고, 하늘을 나는 동물은 종류가 달라도 날개가 있다.

생명 · 동물

### 과학자의 눈
### 북극 지방에 사는 동물

북극 지방에 사는 북극여우, 북극곰은 서로 다른 동물이지만 온몸이 털로 둘러싸여 있고, 털 빛깔이 같은 흰색을 띤다. 그 이유는 무엇일까? 북극 지방은 일 년 내내 온도가 매우 낮고, 흰 눈과 빙하로 덮여 있다. 북극에 사는 동물들은 이러한 추위에 견디기 위하여 온몸을 털로 감싸고 있다. 또한 온통 흰색인 주변 환경에서 눈에 잘 띄지 않도록 하여 몸을 보호하기 위해 털 빛깔이 흰색을 띤다. 이처럼 동물들은 종류가 서로 다르더라도 사는 환경에 적응하여 비슷한 생김새를 가지기도 한다.

북극곰

북극여우

옛날에는 살았지만 지금은 볼 수 없는 멸종 동물과, 실제 존재하지 않는 상상의 동물에는 어떤 것이 있는지 조사해보자.

**준비물** 동물카드

## 멸종 동물

◀ **태즈메니아 호랑이** ▶
캥거루처럼 주머니가 있으며,
1936년 멸종하였다.

◀ **도도새**
인도양의 모리셔스 섬에 살았던
새로 1681년 멸종하였다.

**아이리시 붉은 사슴** ▶
7700년 전 멸종하였다.

◀ **티라노사우르스**
중생대에 살았던 공룡
이다.

## 상상의 동물

**용** ▶
낙타의 머리, 사슴의 뿔,
토끼의 눈, 소의 귀, 뱀을
닮은 목덜미, 조개와
같은 배, 잉어의 비늘,
호랑이의 발, 매의 발
톱을 가졌다.

◀ **봉황**
앞은 기러기, 뒤는 기린,
뱀의 목, 물고기의 꼬리,
황새의 이마, 원앙새의
깃, 용의 무늬, 호랑이
의 등, 제비의 턱, 닭의
부리를 가졌다.

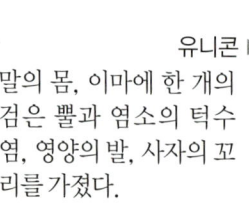

**유니콘** ▶
말의 몸, 이마에 한 개의
검은 뿔과 염소의 턱수
염, 영양의 발, 사자의 꼬
리를 가졌다.

◀ **불새**
아라비아에 살며 500년
마다 태양신의 도시인
헬리오폴리스에 나타난
다고 전해지고 있다.

**조사로알게된점** 멸종 동물은 현재 지구상에 생존하지 않고 사라진 동물로 환경의 변화에 적응하지 못해 멸종하기도 하지만, 근래에는 인간들의 무분별한 개발과 환경 파괴로 인하여 멸종되는 것이 대부분이다. 상상의 동물은 현실에 존재하는 동물이 아니라 사람의 상상으로 만들어 낸 동물이다. 주로 신화나 전설 속에 등장하는데, 고대인의 상상 속에 등장한 동물의 종류는 매우 다양하다.

# 깊은 바다 밑에는 어떤 동물들이 살고 있을까?

깊은 바다 밑바닥은 물의 깊이가 매우 깊어서 물이 누르는 힘이 매우 세다.
또 햇빛이 도달하지 못하여 매우 어둡고, 먹이도 충분하지 않다.
이런 깊은 바다 밑바닥에는 어떤 동물들이 살고 있을까?

## 심해어의 특징

약 200m 이상의 깊은 바다 밑에 사는 어류를 심해어라
고 한다. 그 종류에는 먹장어류, 아귀목, 농어목, 대
구목, 연어목, 뱀장어목, 은상어류 등 약 1,300종이
있다. 심해어는 물의 압력이 세고 어두운 암흑상태, 먹
이가 부족한 환경에서 살아남기 위해 나름대로의 적응
방식을 가지고 있다.

가장 특징적으로 체색적응이 있는데, 빛이 들어오지 않는 깊은 바다 속에 살기 때문에 몸의 색깔이 밝은 색이 많다.
또, 어두운 바다 밑 환경에 적응하여 발광 기관이 매우 잘 발달되어 있다. 발광 기관은 빛을 내는 기관으로 이러한 기
관을 이용하여 빛을 냄으로써 서로를 알아보고, 무리를 짓고, 짝짓기를 한다.

심해어의 대부분은 눈이 매우 크고 망원경처럼 돌출한 관모양을 하고 있어 약한 빛을 잘 모으도록 적응했는데, 빛이
전혀 없는 더 깊은 바다에 사는 심해어 중에는 눈이 아주 작거나 아예 없는 것도 있다.

심해어는 항상 큰 수압에 견뎌야 하기 때문에 피부나 골격의 구조가 성기게 되어 있다. 따라서 주위의 바닷물이 쉽게
체내로 들어와 압력이 균형을 이룬다.

또 먹이가 부족한 환경에 적응하여 입이 매우 크고 위쪽으로 발달되어 있어 위쪽에서 바다 밑으로 떨어지는 먹이를
잘 먹는다. 심해에서는 주로 먹이가 위쪽에서 아래쪽으로 내려오기 때문이다. 큰 입 안에는 안으로 구부러진 매우 큰
이빨이 발달하여, 한 번 잡은 먹이를 놓치지 않는다. 사코파린크스라는 심해어는 자신의 몸 크기보다 큰 먹이를 삼킬
수 있다.

뿐만 아니라 위가 매우 크다. 몸길이의 절반에 가까운 크기의 위를 가지고
있기도 한다. 그러므로 한 번 먹이를 먹으면 오랫동안 먹이를 먹
지 않아도 살아남도록 적응하였다. 이처럼 동물들은 각기 자신이
사는 곳의 환경에 적응하여 살아간다.

심해어는 식용으로 이용되기도 한다. 건어물, 어묵 등의 원료로
사용되어 상품성이 높으며, 스쿠알렌 등을 추출할 수 있으므로
최근 심해어장의 개발, 심해어의 연구가 활발해지고 있다.

# 씨앗이 싹트는 조건

열매의 생김새가 다른 것처럼 씨앗도 종류에 따라 생김새가 다를까?
또 이러한 씨앗에서 싹이 트게 하려면 어떤 조건이 필요할까?

## 24 조사 식물의 한살이 관찰 계획 세우기

식물이 싹이 터서 자라고, 꽃을 피우고, 열매를 맺어 다시 씨앗을 만드는 과정을 식물의 한 살이라고 한다. 식물의 한살이를 관찰하기 위한 계획을 세워 보자.

**준비물** 필기도구, 관찰 기록장, 식물도감

식물의 한살이를 쉽게 관찰하기 위해 한살이 기간이 짧고, 잎, 줄기, 꽃, 열매의 구분이 명확하며, 기르기 쉽고, 크기가 적당한 강낭콩, 나팔꽃, 봉숭아와 같은 식물을 선택한다.

〈관찰 계획서〉
1. 관찰할 식물 : 나팔꽃
2. 관찰 기간 : 20XX. 4. 21~20XX. 7. 30
3. 관찰 장소 : 교실 창가
4. 관찰자 : 이진호
5. 관찰할 내용
　• 싹트는 모습
　• 식물이 자랄 때 잎이 달리는 개수와 모습
　• 식물이 자랄 때 키의 변화

강낭콩, 나팔꽃, 봉숭아는 4월에 씨앗을 심으면 꽃이 7~8월에 피고 9월에 열매를 맺는 한해살이 식물로 기르기가 쉽다.

강낭콩　　나팔꽃　　봉숭아

식물은 가급적 햇빛이 잘 드는 곳에 두는 것이 좋다. 화분에 심어 집이나 교실에서 햇빛이 잘 드는 곳을 관찰 장소로 정하거나, 햇빛이 잘 드는 화단에 심어 관찰할 수 있다.

▲ 싹이 트는 모습, 떡잎의 개수 등을 관찰할 수 있다.

▲ 잎의 모양과 자라나는 순서, 개수 등을 관찰할 수 있다.

▲ 꽃의 색깔과 모양, 꽃의 개수 등을 관찰할 수 있다.

▲ 열매의 색깔과 모양, 개수나 크기 등을 관찰할 수 있다.

▲ 줄기의 굵기, 식물 키의 변화 등을 관찰할 수 있다.

**조사로 알게 된 점** 식물의 한살이를 관찰하기 위한 계획서에는 식물의 이름과 그 식물을 선택한 이유, 식물을 심을 장소와 관찰 기간, 관찰할 내용 등을 기록한다.

## 과학자의 눈 · 씨앗의 구조

식물은 씨앗의 형태로 자손을 만들어 대를 이어간다. 씨앗은 보통 배와 배젖, 씨껍질로 되어 있는데, 씨앗의 배는 잎, 줄기, 뿌리가 될 부분으로 싹터서 자라면 새로운 식물이 된다. 배젖은 배가 싹터서 자랄 때까지 사용할 수 있는 영양분이 저장되어 있는 곳이다. 강낭콩과 같은 콩과식물의 경우에는 배젖이 없어서 떡잎에 양분을 저장하기도 한다.

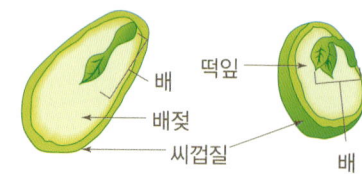

감씨　　　강낭콩씨

우리 주변에 있는 여러 가지 씨앗을 관찰하여 특징을 알아보자.

**준비물** 강낭콩 씨앗, 사과 씨앗, 여러 가지 씨앗, 돋보기, 필기도구, 자

## 씨앗을 관찰하는 방법

씨앗의 모양과 색깔을 관찰하고, 씨앗을 만져보고 촉감과 단단하기를 관찰한다.
또 씨앗들의 크기를 비교한 후 자로 재어 본다.

사과와 같이 열매 속에 씨앗이 있는 경우에는 열매를 반으로 자른 후 속에 있는 씨앗을 꺼내어 관찰한다.

▲ 사과
사과 씨는 짙은 갈색이고 둥글며 한쪽 끝이 뽀족하다. 크기는 약 5mm 정도이다. 촉감은 강낭콩보다 더 딱딱하고 매끄럽다.

강낭콩과 같이 꼬투리 안에 씨앗이 있는 경우에는 먼저 꼬투리의 모양, 크기, 색깔을 관찰한 후 꼬투리를 벌려 씨앗을 꺼내 관찰한다.

▲ 강낭콩
강낭콩은 검붉은색이며 둥글고 약간 길쭉하다. 크기는 약 1.5cm 정도이다. 촉감은 매끄럽고 단단하다.

## 여러 가지 씨앗의 생김새

단단한 호두 열매를 반으로 가르면 하나의 큰 씨앗이 들어 있다. 씨앗 크기는 4cm 정도이다. 옅은 갈색이며 전체적으로 동그랗지만 주름이 있다.

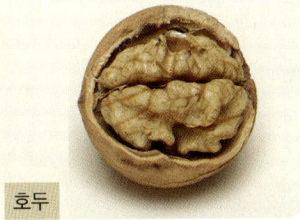
호두

날개  씨앗

단풍나무

단풍나무의 씨앗의 크기는 약 5mm로 두 개의 씨앗이 서로 거울처럼 붙어 있으며 날개가 달려 있다. 씨앗은 익기 전에는 연두색이지만 익으면 검은색이고 딱딱하다.

벼의 씨앗은 길쭉하고 거칠거칠하다. 크기는 약 7mm이고 노란색이다. 껍질을 벗기면 쌀이 나오는데, 쌀은 흰색이다.

벼

옥수수 씨앗의 크기는 약 5~7mm이고 노란색, 자주색 등이 있다. 윗부분은 둥글고 매끄럽다. 옆 부분은 모가 나 있으며 아랫부분은 흰색이고 뽀족하다.

옥수수

복숭아 씨앗의 크기는 3cm 정도로 큰 편이며 갈색이다. 표면은 매우 거칠고 딱딱하며 주름이 깊게 패어 있다. 전체적인 모양은 동그랗다.

복숭아

딸기

딸기의 씨앗은 매우 작으며, 색은 노란색으로 열매의 바깥 부분에 여러 개가 박혀 있다.

**관찰로 알게된 점** 식물의 모습이 다양한 것처럼 씨앗의 생김새도 다양하다. 씨앗을 관찰할 때에는 모양, 색깔, 크기, 촉감 등을 관찰한다.

생명 · 식물

씨앗이 싹트는 데 필요한 조건에는 무엇이 있을까? 씨앗에 물을 주었을 때와 주지 않았을 때 어떤 일이 생기는지 알아보자.

**준비물** 페트리 접시 2개, 강낭콩, 솜, 물

① 두 개의 페트리 접시에 솜을 깔고 강낭콩을 넣는다.

물을 주는 것 외에 다른 변인은 모두 같게 해야 한다.

② 페트리 접시 한 개에만 물을 주어 솜을 충분히 적신다.

③ 따뜻한 곳에 며칠 동안 두고 변화를 관찰한다.

### 물을 주지 않은 강낭콩

2~3일 → ▲ 변화 없다. 4~6일 → ▲ 변화 없다.

### 물을 준 강낭콩

물을 너무 많이 주면 썩을 수도 있다.

2~3일 → ▲ 부풀어 커지고 싹이 튼다. 4~6일 → ▲ 겉껍질이 벗겨지고 어린뿌리가 자라 밖으로 나온다.

어린뿌리

겉껍질

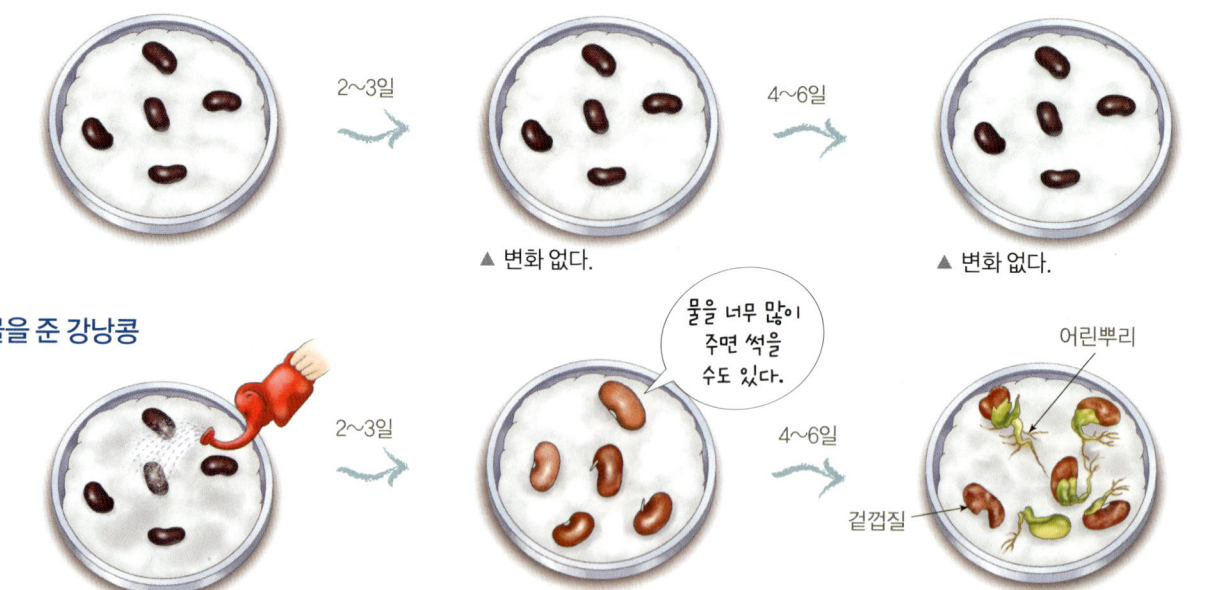

**실험으로 알게 된 점** 실험 결과 강낭콩 씨앗은 물을 주었을 때 싹이 잘 튼다는 것을 알 수 있다. 이 때 물은 적당히 주어야 한다. 너무 많이 줄 경우 씨앗이 썩을 수도 있다.

**과학자의 눈**

## 씨앗이 싹틀 때 햇빛이 필요할까?

대부분의 씨앗은 햇빛이 비치지 않는 땅속에서 싹이 튼다. 그러나 싹이 틀 때 햇빛을 필요로 하는 씨앗도 있는데, 이러한 씨앗에는 벌레잡이제비꽃, 무화과나무, 겨우살이 등이 있다. 이 씨앗들은 수분을 흡수한 후에 일정한 시간만 빛을 쬐어 주면 그 후에는 어두운 곳에서도 싹이 트며, 빛의 필요 정도는 식물의 종류에 따라 다르다. 반면에 빛이 있으면 싹이 잘 안트는 씨앗도 있다. 맨드라미, 오이, 참외, 호박의 씨앗은 빛을 받으면 싹이 잘 트지 않는다. 따라서 싹이 틀 때 햇빛이 필요한 식물도 있고, 햇빛이 있으면 싹이 잘 트지 않는 식물도 있다는 것을 알 수 있다.

나무의 종류에 따라 자라는 모습, 꽃, 잎의 모양 등이 다르다. 또 비슷해 보이는 나무 줄기의
겉모양도 자세히 관찰해보면 그 무늬가 각각 다름을 알 수 있다. 나무 줄기의 겉모양을 탁본
을 떠서 관찰해보자.

**준비물** 흰 종이, 크레파스

① 주변의 나무 줄기에 흰 종이를 댄다.

② 줄기의 무늬가 나타나도록 크레파스로 흰 종이를 가볍게 여러 번 문지른다.

③ 본 뜬 종이를 보고 나무 줄기의 겉모양을 비교해 본다.

## 거친 무늬와 매끈한 무늬

소나무

거친 무늬

매끈한 무늬

백일홍나무

## 큰 무늬와 작은 무늬

은행나무

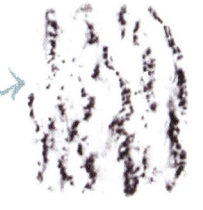
큰 무늬

작은 무늬

단풍나무

## 가로 무늬와 세로 무늬

느티나무

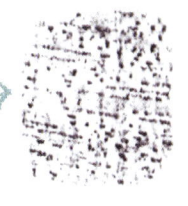
가로 무늬

세로 무늬

향나무

### 다른 탁본 방법

① 한지나 화선지를 탁본하려는 것 위에 올려놓고 물을 골고루 뿌려서 붙인다.

② 방망이나 탈지면으로 종이를 가볍게 두드려서 밀착시킨다.

③ 약간 물기가 남았을 때 솜방망이에 먹물을 묻혀서 한지 위를 톡톡두드린다.

**관찰로 알게된 점** 나무 줄기를 본 뜨면 줄기가 거친 나무는 흰 부분이 많이 나타나
고, 매끄러운 나무는 줄무늬가 촘촘하게 나타난다. 또한 같은 나무라도 위치에 따
라 줄기의 모양이 다를 수 있는데, 대부분 줄기의 밑으로 갈수록 거칠어진다.

생명 · 식물

식물의 뿌리는 땅속에 있어서 잘 볼 수 없지만 땅 위의 식물 모양을 보고 땅속 뿌리의 모양을 짐작할 수 있다. 뿌리의 모양을 관찰해보고, 땅 위 식물의 모양과의 관련성을 알아보자.

**준비물** 물뿌리개, 모종삽, 장갑, 필기도구, 돋보기

① 식물의 주변에 물뿌리개를 이용해 물을 골고루 뿌린다.

② 모종삽을 이용하여 식물을 조심히 캔다.

③ 뿌리의 모양을 관찰한다.

## 원뿌리와 곁뿌리 – 명아주

잎의 모양이 넓고 잎맥이 그물 모양이다.

명아주

원뿌리 : 뿌리 가운데의 굵은 부분으로 식물이 오랫동안 같은 장소에서 양분을 흡수하기 위해, 깊게 뿌리를 내리는 모양이 되었다. 보통 이러한 뿌리를 가진 식물의 잎은 넓적하고 잎맥은 그물 모양이다.

곁뿌리 : 원뿌리의 옆으로 가지를 쳐서 갈라져 나온 작고 가느다란 뿌리이다.

명아주의 뿌리

 과학자의 눈
### 뿌리털

식물 뿌리 끝부분에 솜털처럼 많이 나 있는 뿌리털은 하나의 세포가 길게 늘어난 것으로 뿌리의 표면적을 넓혀 주어 물과 양분을 효율적으로 흡수하는 곳이다. 식물의 뿌리에는 뿌리털이 많이 있어서 흙에서 물과 무기 양분을 많이 흡수할 수 있다. 대부분의 식물의 뿌리에는 뿌리털이 있지만 수중 식물이나 기생 식물에는 뿌리털이 없는 경우도 있한다. 그 이유는 수중 식물의 뿌리와 기생 식물의 뿌리 그 자체가 직접 물이나 양분을 빨아들이기 때문이다. 따라서 땅속 식물도 물에 담가서 키우면, 뿌리털이 점차 줄어든다.

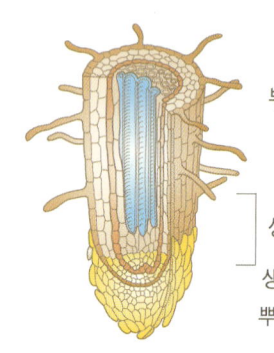

뿌리털

생장부
생장점
뿌리골무

## 수염뿌리 – 벼

잎의 모양이 좁고 잎맥이 나란한 모양이다.

벼

수염뿌리 : 대부분 한해살이 식물에 많이 나타난다. 짧은 기간에 양분을 많이 흡수하기 위해 뿌리가 넓게 퍼진 모양이 되었다. 보통 이러한 뿌리를 가진 식물의 잎은 길쭉하고 잎맥이 나란한 모양이다.

벼의 뿌리

### 〈원뿌리와 곁뿌리, 수염뿌리를 가진 식물 비교〉

| 구분 | 원뿌리와 곁뿌리 | 수염뿌리 |
|---|---|---|
| 뿌리 모양 | 가운데 굵은 원뿌리가 있고 그 주위에 가는 곁뿌리가 많이 나 있다. | 굵기가 비슷한 여러 개의 뿌리가 수염처럼 한 군데 뭉쳐 나 있다. |
| 잎 모양 | 넓적하고 그물 모양이다. | 좁고 나란한 모양이다. |
| 비슷한 뿌리를 가진 식물 | 봉숭아, 민들레, 달맞이꽃, 호박, 강낭콩 등 | 벼, 잔디, 양달개비, 붓꽃, 보리, 억새 등 |

### 여러 가지 뿌리의 종류

담쟁이덩굴

◀ 부착뿌리
다른 것에 달라붙을 수 있는 뿌리

겨우살이

◀ 기생뿌리
다른 식물에 붙어 양분을 흡수하는 뿌리

개구리밥

◀ 수중뿌리
물속의 양분을 흡수하도록 물속으로 뻗은 뿌리

맹그로브

◀ 호흡뿌리
물가에 살면서 호흡을 위해 물 밖으로 나와 있는 뿌리

옥수수

◀ 버팀뿌리
아랫쪽 줄기에서 나와 땅속으로 뻗어서 몸을 지탱하는 뿌리

당근

◀ 저장뿌리
양분을 저장할 수 있는 뿌리

**관찰로 알게된 점** 식물의 뿌리는 크게 원뿌리와 곁뿌리, 수염뿌리의 두 종류가 있다. 원뿌리와 곁뿌리를 가진 식물의 잎은 대체로 넓고 잎맥이 그물 모양이고, 수염뿌리를 가진 식물의 잎은 대체로 좁고 잎맥이 나란한 모양이다. 따라서 식물의 잎만 보고도 뿌리의 모양을 짐작할 수 있다.

꽃은 모양과 색깔이 다르지만 구조는 거의 비슷하다. 꽃을 분해해서 구조를 알아보고 생김새와 특징을 관찰해보자.

**준비물** 꽃 한 송이, 돋보기, 가위 나 칼, 핀셋, 필기도구

꽃받침

① 꽃잎 아래쪽의 꽃받침을 분해한다.

암술

수술

꽃잎

② 꽃잎을 분해하고 수술과 암술을 분해한다.

꽃잎은 4장이다.

암술 1개, 수술 4개이며, 암술이 더 길다.

③ 꽃잎, 암술, 수술을 관찰한다.

## 꽃의 구조

철쭉

백합

암술 :
암술은 수술의 꽃가루를 받아서 씨와 열매를 맺는다.

수술 :
꽃가루를 만든다.

꽃잎 :
암술과 수술을 감싸서 보호하며, 색깔이 있어 아름답다.

꽃받침 :
꽃잎의 바깥쪽에서 암술과 수술을 받치고 있다.

백합에는 꽃받침이 없다.

**관찰로 알게된 점** 꽃은 암술, 수술, 꽃잎, 꽃받침으로 이루어진다. 암술은 꽃의 중심부에 있으며, 꽃가루를 받아 씨와 열매를 맺는 부분으로 암술의 아랫부분은 씨방이다. 수술은 꽃가루를 만들고, 꽃잎은 꽃의 중요한 부분인 암술과 수술을 보호해 준다. 꽃받침은 보통 녹색을 띠는 부분으로서 꽃잎과 씨방을 보호해 준다.

과학자의 눈
## 통꽃과 갈래꽃

나팔꽃

진달래

▲ 꽃잎이 갈라지지 않고 통모양으로 붙어 있는 꽃을 통꽃이라고 한다.

장미

벚꽃

▲ 꽃잎이 한 장 한 장 떨어져 있는 꽃을 갈래꽃이라고 한다.

꽃이 진 후에 그 자리에 열매와 씨앗이 생긴다. 열매와 씨앗은 식물이 번식하기 위해서 다양한 방법으로 멀리 퍼진다. 여러 종류의 씨앗을 관찰해보고 씨앗이 퍼지는 방법을 알아보자.

**준비물** 사과, 감, 배 등

### 열매 속의 씨앗

 사과
 감
 배

▲ 사과, 감, 배의 열매는 둥근 모양으로, 지름이 보통 5~15cm 정도이다. 열매 속에 씨앗이 여러 개 들어 있다.

▲ 동물이 먹고 난 배설물로 씨앗이 퍼지게 된다.

### 바람에 날려 퍼지는 씨앗

 민들레
 소나무
 단풍나무

▲ 민들레, 소나무의 씨앗은 매우 작고 가벼워서 바람에 잘 날려 멀리 퍼질 수 있다.

▲ 바람을 타고 멀리 퍼질 수 있는 날개모양의구조를 가지고 있다.

▲ 바람에 날려서 씨앗이 퍼진다.

### 꼬투리 안의 씨앗

 강낭콩
 완두
 팥

▲ 강낭콩, 완두, 팥은 꼬투리 안에 씨앗이 들어 있다.

▲ 꼬투리가 마르면서 사이가 벌어져 터지는 힘에 의해 씨앗이 퍼지게 된다.

**관찰로 알게된 점** 씨앗은 열매 또는 꼬투리 속에 있거나 겉에 드러나 있기도 한다. 씨앗은 서로 경쟁을 피하기 위해 멀리까지 퍼지려고 하는데 종류에 따라 그 방법이 다르다. 열매 속에 있는 씨앗은 동물에 먹혀서, 날개가 있고 가벼운 씨앗은 바람에 날려서, 꼬투리 속에 있는 씨앗은 꼬투리가 터져서 퍼진다.

**과학자의 눈**
### 은행나무의 꽃

은행나무의 꽃은 암술과 수술이 한 꽃 안에 있지 않다. 암술만 가지고 있는 꽃을 암꽃, 수술만 가지고 있는 꽃을 수꽃이라고 하는데, 은행나무는 암꽃을 가진 나무와 수꽃을 가진 나무가 따로 있다. 암꽃을 가진 나무만 수꽃의 꽃가루를 받아 열매인 은행이 열릴 수 있다. 가을철, 많은 은행나무들 중에 은행이 열려 있는 나무가 바로 암꽃을 가진 나무이다.

수꽃                    암꽃

# 식물이 사는 곳과 생김새

물이 부족한 사막이나 강한 바람이 부는 바닷가에서 식물이 살 수 있을까?

---

**41 관찰 풀과 나무 비교하기**

우리 주위에 자라고 있는 식물 중 어떤 것은 풀이라고 하고, 어떤 것은 나무라고 한다. 풀과 나무를 구분하는 기준은 무엇인지 명아주와 단풍나무의 특징을 관찰하여 알아보자.

준비물 식물도감, 식물카드

## 풀의 특징 – 명아주

크기가 작다.

▲ 명아주는 한해살이 풀로, 겨울이 되면 시들어 죽는다. 주로 들에 살며 크기는 작다. 광합성을 하여 양분을 얻으며 뿌리, 줄기, 잎을 가지고 있다.

## 나무의 특징 – 단풍나무

가을　　　　　　　겨울　　　　　　　이듬해 봄

크기가 크다.

▲ 단풍나무는 여러해살이 나무로, 겨울에 잎이 떨어지지만 이듬해 봄이 되면 다시 새잎이 난다. 주로 산이나 숲에 살며 크기는 크다. 명아주와 마찬가지로 광합성을 하여 양분을 얻으며 뿌리, 줄기, 잎을 가지고 있다.

---

### 과학자의 눈
## 환경에 적응하는 식물

식물은 다양한 장소에서 살아가고 있다. 들과 숲, 연못과 강가, 높은 산과 바닷가 등의 장소에도 식물들이 살아가고 있다. 식물들은 사는 장소에 따라 독특한 특징을 가지게 된다. 물에 사는 식물은 물 위나 물속에서도 호흡을 하며 살 수 있도록 적응하며, 높은 산에 사는 식물은 강한 바람에도 살 수 있도록 적응한다. 또, 사막에 사는 식물은 물이 부족한 환경에 적응하여 잎이 가시로 변하여 물의 증발을 막는 등의 독특한 특징을 가지고 있다.

사막에 사는 바오밥나무

# 나이테가 생기는 이유

나무 줄기를 가로로 자르면 짙은 색의 원모양 무늬를 볼 수 있는데 이것을 **나이테**라고 한다. 나무의 나이는 나이테를 세어보면 알 수 있다. 나이테가 생기는 이유는 무엇일까? 나무는 줄기 속에 부름켜 (형성층)가 있다. 부름켜에서는 세포가 자라는데, 봄과 여름에는 활발히 자라고 물을 충분히 흡수하여 세포의 부피가 크고 색이 연하다. 반면, 가을과 겨울에는 성장이 느려져서 세포의 부피가 작고 색이 진하다. 이렇게 연하고 진한 색이 번갈아 나타나기 때문에 1년에 1개씩 나이테가 생긴다.

## 〈풀과 나무의 비교〉

| 구분 | 풀 | 나무 |
| --- | --- | --- |
| 크기 | 대체로 작다. | 대체로 크다. |
| 수명 | 한해살이, 두해살이, 여러해살이 | 대체로 수십~수백 년 |
| 성장 | 한두 해에 걸쳐 비교적 작게 자란다. | 수십~수백 년 동안 계속 크게 자란다. |
| 사는 장소 | 대체로 들에서 자란다. | 대체로 산에서 자란다. |
| 이용 | 아름다운 꽃을 보거나 식용으로 많이 이용된다. | 열매를 얻거나 조경, 가구를 만드는 목재로 이용된다. |

### 풀의 이용

개망초

국화

▲ 풀 중에는 아름다운 꽃을 피우는 식물이 많다.

질경이

쑥

▲ 풀은 나물로 만들어 먹거나 국을 끓여먹는 등 식용으로 이용되기도 한다.

### 나무의 이용

은행나무

소나무

▲ 단단한 나무는 집을 짓거나 바둑판 등을 만드는 데 사용한다.

밤나무

갈참나무

▲ 밤나무의 열매인 밤과 갈참나무의 열매인 도토리는 가을에 따서 먹는다.

**관찰로알게된점** 풀은 대부분 1~2년 정도 살며 비교적 작게 자라고, 나무는 수십~수백 년 살며 대체로 계속 크게 자란다. 풀은 아름다운 꽃을 보거나 식용으로, 나무는 열매를 얻거나 조경, 가구를 만드는 데 주로 이용된다.

옥잠화는 땅에 사는 식물이고 부레옥잠은 물 위에 떠서 사는 식물이다. 옥잠화와 부레옥잠의 생김새를 비교하여 물에 사는 식물의 특징을 알아보자.

준비물 옥잠화, 부레옥잠, 칼, 돋보기

① 옥잠화와 부레옥잠의 겉모습을 관찰한다.

② 옥잠화와 부레옥잠의 잎자루를 자른다.

③ 돋보기를 이용해서 옥잠화와 부레옥잠의 잎자루 단면을 관찰한다.

**잎자루란?**

잎자루는 잎의 몸 부분과 줄기를 연결하는 자루 부분이다.

## 옥잠화의 생김새

▲ 옥잠화
옥잠화는 뿌리, 줄기, 잎을 가지고 있고, 광합성을 하여 양분을 얻는다. 땅 위에서 산다.

▲ 옥잠화의 꽃
꽃은 흰색이고, 하나의 꽃대에서 여러 개의 작은 꽃이 핀다.

▲ 옥잠화의 잎자루 단면
촘촘하고 세밀하여 공기 주머니가 없다.

## 부레옥잠의 생김새

▲ 부레옥잠
부레옥잠은 뿌리, 줄기, 잎을 가지고 있고, 광합성을 하여 양분을 얻는다. 물 위에 떠서 산다.

▲ 부레옥잠의 꽃
꽃은 연한 보라색이고 크기가 크다.

▲ 부레옥잠의 잎자루 단면
잎자루에 공기 주머니를 가지고 있다.

관찰로 알게된 점 옥잠화와 부레옥잠 모두 꽃이 피며, 뿌리, 줄기, 잎을 가지고 있다. 또, 광합성을 하여 양분을 얻는다. 옥잠화는 땅 위에 살기 때문에 잎자루에 공기 주머니가 없지만, 부레옥잠은 물 위에 살기 때문에 물 위에 잘 뜨기 위해 공기 주머니를 가지고 있다.

생명 · 식물

연못과 강가의 환경은 땅 위나 화단과는 다르다. 그러므로 식물이 연못과 강가에 살기 위해서는 그 환경에 맞는 구조를 가지고 있어야 한다. 물에 떠서 사는 식물, 물속에 잠겨 사는 식물, 물가에 사는 식물 등의 모습을 관찰해보고, 어떤 특징이 있는지 알아보자.

**준비물** 식물도감, 식물카드

## 물에 떠서 사는 식물

개구리밥

생이가래

물상추

▶ 개구리밥의 잎 뒷면에는 공기 주머니가 있어서 물에 떠서 살 수 있다. 생이가래와 물상추는 잎이 가볍고 넓적해서 물에 뜨기 쉽다.

## 물속에 잠겨 사는 식물

붕어마름

나사말

검정말

▶ 붕어마름, 나사말, 검정말은 줄기가 가늘고 약하며, 잎이 좁고 길어서 물속에 잠겨서 살기에 좋은 구조를 가지고 있다. 또한 물속에서 꺼내면 축 늘어진다.

## 잎이나 꽃이 물 위에 뜨는 식물

연꽃

개연꽃

마름

▶ 연꽃, 개연꽃, 마름은 물속의 땅에 뿌리를 내리고 잎과 꽃은 물 위에 떠서 산다.

## 물가에 사는 식물

갈대

부들

줄

▶ 갈대, 부들, 줄은 물가에 사는 식물이다. 뿌리는 물속의 땅에 있고, 키가 크고 줄기가 튼튼해서 물가의 강한 바람에도 잘 이겨낼 수 있다.

**관찰로 알게된 점** 물 위에 떠서 사는 식물은 잎자루나 잎 뒷면에 공기 주머니가 있어 물 위에 잘 뜬다. 또 물속에 잠겨 사는 식물은 잎이 가늘고 약해서 물에 잠겨 살기 알맞고, 물가에 사는 식물은 강한 바람을 견딜 수 있다. 이처럼 식물은 환경에 적응하여 살아가고 있다.

선인장은 사막에서 물이 없어도 오랫동안 살 수 있다. 선인장 줄기를 잘라 관찰해보고 그 이유를 알아보자.

**준비물** 선인장, 장갑, 칼, 돋보기

① 칼로 선인장 줄기를 자른다.

② 자른 선인장 줄기를 관찰한다.

선인장의 줄기는 수분을 많이 포함하고 있기 때문에 자른 단면은 미끄럽고 촉촉하다.

## 선인장이 사막에 살기에 유리한 점

◀ 두꺼운 줄기에 수분을 많이 저장하고 있어서 물이 부족한 날씨에도 견딜 수 있다.

◀ 잎이 변해서 된 가시가 많이 있어서 물이 증발 되는 것을 막는다. 또 가시 때문에 동물들이 함부로 먹지 못한다.

**관찰로 알게 된 점** 선인장은 두꺼운 줄기에 수분을 많이 저장하고 있어 물이 부족한 날씨에 견딜 수 있으며, 잎이 가시 모양이어서 물의 증발을 막으며 동물들이 함부로 먹지 못한다.

**과학자의 눈**

## 높은 산에 사는 식물과 바닷가에 사는 식물의 특징

두메양귀비    솜다리

▲ 두메양귀비와 솜다리는 높은 산에 사는 식물이다. 높은 산은 춥고 바람이 강하기 때문에 바람에 버티기 위해 줄기가 짧거나 땅 옆으로 자란다.

갯메꽃

갯씀바귀

▲ 갯메꽃과 갯씀바귀는 바닷가에 사는 식물이다. 강한 바닷바람을 견딜 수 있도록 옆으로 기는줄기를 뻗거나, 땅속으로 기는 줄기를 뻗는다.

# 식물은 어떻게 채집해야 할까?

## 풀 채집하기

모종삽

① 모종삽으로 식물의 뿌리가 다치지 않게 캐낸다. 주변의 흙이 단단한 경우에는 물을 식물 주위에 뿌려두 었다가 캐낸다.

② 모종삽으로 식물 주위를 360°로 돌 리면서 흙을 떠 준다. 식물과 주위 의 흙을 함께 들어올린 후, 뿌리가 다치지 않게 흙을 털어낸다.

비닐 주머니

③ 채집된 식물을 비닐 주머니에 넣는다.

④ 채집 번호와 날짜, 장소 등을 적은 후, 비닐 주머니 안에 같이 넣는다.

⑤ 파진 구덩이는 식물 뿌리에서 털어 낸 흙을 사용하여 덮는다.

⑥ 캐어낸 식물은 뿌리를 물로 씻은 다음, 물이 든 수조에 보관하면서 관찰한다.

## 나무 채집하기

① 꽃이나 열매가 달려 있거 나, 식물의 전체 모습을 충분히 나타낼 수 있는 가 지를 고른다. 그 가지를 전정가위로 자른다.

② 채집된 나뭇가지를 비닐 주머니에 넣고, 채집 번 호표를 기록하여 함께 넣는다.

식물을 채집할 때에는 충분히 자라서 꽃이나 열매가 달린 것을 뿌리와 함께 채집한다. 나무인 경우에는 꽃이나 열매 가 달린 가지를 50～60 cm 정도 되게 전정가위로 잘라 채집하며, 가지가 상하지 않도록 주의한다. 같은 종류를 너무 많이 채집하지 않으며 보통 2～3개 정도를 채집하여 1개는 자신이 보관하고, 나머지는 학교 선생님이나 잘 아는 사 람에게 이름이나 기타 식물에 대해 배울 때 사용한다. 또한 식물을 채집한 장소, 주위의 지형, 꽃의 색깔, 상태, 같이 있던 다른 종류의 식물 등을 자세히 관찰하여 공책에 기록한다. 채집통에 채집한 식물이 가득 차면 종류별로 신문지 에 끼우고 눌러 끈으로 묶어서 가져온다.

생명 · 식물

지구와 우주

start!

지각

지표의 변화

지층

퇴적암

화석

화산

지진

'지구와 우주'는 일반적으로 지구과학이라고 불리며, 기상, 지각, 해양, 천문학 등을 다룹니다. 우리가 살고 있는 지구와 지구를 포함한 우주 공간에 대해 낱낱이 알아봅시다.

지구와 달

지구와 달

# 지표의 변화

지표는 어떻게 변할까? 지표의 변화와 흐르는 물은 어떤 관계가 있을까?

## 45 관찰　비 오는 날의 운동장의 변화 알아보기

지표의 암석(바위)은 풍화 작용에 의해 작은 조각으로 부수어진다. 이렇게 부서진 암석은 물, 얼음 및 바람의 작용으로 깎인 뒤 낮은 곳으로 운반되어 호수, 하천, 바다 밑 등에 쌓인다. 오랜 시간 동안 이와 같은 방법으로 지표가 변하게 되는 것이다. 이때, 지표 변화에 가장 큰 영향을 주는 것은 흐르는 물이다.

비 오는 날 운동장에 흐르는 빗물이 운동장의 모양을 변화시키는 것도 흐르는 물의 영향 때문이다. 맑은 날 운동장의 모습과 비 오는 날 운동장의 모습을 비교해보고 어떤 원리에 의해 운동장이 변화되는지 알아보자.

비 오기 전의 운동장

비 온 후의 운동장

### 비가 온 후 운동장의 모습

▲ 물이 고여 있는 곳이 있다.

▲ 물이 흐른 자국이 나타난다.

▲ 빗물에 흙이 섞여 황토색을 띤다.

▲ 굵은 모래와 자갈이 땅 위에 드러난다.

**관찰로알게된점** 비가 온 후 운동장의 모습은 맑은 날 운동장의 모습과는 다르다. 땅이 패이거나 물길이 생기고, 물의 색깔도 변한다. 또 빗물이 흐르면서 땅의 흙이 운반되기도 한다. 실제로 하늘에서 내리는 빗물과 땅 위를 흐르는 빗물을 받아 거름종이에 거르면, 땅 위를 흐르는 빗물에서는 진흙과 가는 모래가 걸러지는 것을 볼 수 있다. 이처럼 흐르는 물은 지표의 모습을 변화시킨다는 것을 알 수 있다.

걸러지는 것이 없다.

진흙과 가는 모래가 걸러진다.

하늘에서 내리는 빗물을 걸렀을 때　　　땅 위를 흐르는 빗물을 걸렀을 때

집에서 식물을 키우기 위해 흙을 많이 볼 수 있는 운동장에서 흙을 가져다가 화분에 담고 모종을 심었다. 그런데 며칠 후 식물은 시들어 버렸다. 그 이유는 무엇일까?

준비물 돋보기, 화단 흙, 운동장 흙

모종

운동장 흙

며칠 후

학교 주변을 살펴보니 화단에서는 식물이 잘 자라고 있었다. 화단에 있는 흙과 달리 운동장 흙으로 모종을 심은 것이 식물을 시들게 한 이유인 것으로 추리해보고, 화단 흙과 운동장 흙을 떠와서 먼저 돋보기로 겉모습을 자세히 관찰해보자.

화단 흙

운동장 흙

〈화단 흙과 운동장 흙의 특징〉

| 구분 | 색깔 | 알갱이 크기 | 알갱이 종류 | 촉감 | 냄새 | 기타 |
|------|------|-----------|-----------|------|------|------|
| 화단 흙 | 어두운 색 | 다양하다. | 아주 고운 모래, 모래, 작은 돌멩이 등 | 부드럽다. | 약간 비릿한 냄새 | 벌레, 나무뿌리 등을 볼 수 있다. |
| 운동장 흙 | 밝은 색 | 화단 흙보다 크고, 비교적 비슷비슷한 크기 | 모래, 아주 작은 돌멩이 등 | 까끌까끌하다. | 먼지 냄새 | – |

관찰로 알게된 점 흙은 일반적으로 돌, 자갈, 모래, 식물의 잔해물 등으로 이루어져 있다. 화단 흙과 운동장 흙, 이 두 흙은 모두 흙이기 때문에 성질이 같다고 생각할 수가 있다. 하지만 색깔, 알갱이의 크기와 종류, 촉감, 냄새 등이 모두 다르다.

2개의 종이컵에 같은 크기의 구멍을 5개 정도 뚫고 거즈를 깐 후 각각 같은 양의 화단 흙과 운동장 흙을 넣는다. 두 컵에 같은 양의 물을 동시에 흘려 보내어 흙의 물빠짐을 비교해보자. 이 실험은 물이 흐르다가 멈추면서 물방울이 방울방울 맺힐 때까지 한다. 이때 흙의 종류를 제외한 물의 양, 물을 붓는 속도, 흙의 양, 종이컵의 크기 등은 같게 한다.

**준비물** 화단 흙, 운동장 흙, 송곳, 종이컵 2개, 거즈, 비커 4개, 스탠드, 스탠드링, 물

화단 흙에서 빠져 나온 물의 양

운동장 흙에서 빠져 나온 물의 양

▲ 운동장 흙을 통과한 물의 양이 화단 흙을 통과한 물의 양보다 많았다.
즉, 운동장 흙은 물빠짐이 좋고, 화단 흙은 물이 쉽게 빠지지 않는다.

**실험으로알게된점** 화단 흙은 운동장 흙에 비해 물이 천천히 빠진다. 이는 화단 흙이 물을 많이 머금고 있다는 뜻이다. 식물은 흙에서 양분과 물을 얻기 때문에 화단 흙에서 더 잘 자란다. 운동장 흙에 심은 식물의 모종이 시들어 버린 것도 이런 이유 때문이다. 그러므로 식물을 화분에 키울 때에는 화단 흙을 넣고 심는 것이 좋다.

화단 흙과 운동장 흙을 2개의 유리컵에 각각 넣고, 물을 부어서 유리막대로 저은 후 물 위에 뜬 것을 건져서 흙 속에 무엇이 들어 있는지 관찰해보자. 이때 흙의 종류를 제외한 물의 양, 컵의 크기, 흙의 양, 유리컵의 크기 등은 같게 한다.

**준비물** 화단 흙, 운동장 흙, 물, 유리컵, 돋보기, 핀셋, 흰종이, 유리막대

   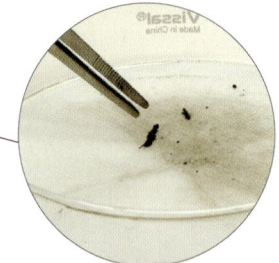

▲ 물이 뿌옇고, 나뭇가지 일부, 뿌리 일부, 죽은 개미 등과 같은 부식물을 많이 볼 수 있다.

화단 흙

운동장 흙

▲ 화단 흙이 들어 있는 물보다 훨씬 맑고, 물 위에 뜨는 것이 거의 없다.

**실험으로알게된점** 화단 흙의 물 위에 뜬 것은 나뭇가지, 뿌리, 죽은 개미 등 식물이나 동물들로부터 만들어진 것이다. 이렇게 식물의 잔뿌리, 작은 곤충들, 나뭇잎 등이 오랫동안 썩어서 만들어진 것을 부식물이라고 하는데, 이는 식물을 잘 자라게 해 주는 거름의 역할을 하며, 주로 화단 흙에 많다.

# 49 실험 바위가 흙이 되는 과정 알아보기1

흙은 어떻게 만들어질까? 각설탕을 이용하여, 바위가 부서져 흙이 되는 과정을 알아보자.

**준비물** 각설탕, 뚜껑이 있는 투명한 통

① 투명하고 뚜껑이 있는 통에 각설탕 20개를 넣고 뚜껑을 닫는다.

**결과**
▲ 흔들기 전 각설탕
모가 난 모양이다.

② 각설탕을 넣은 통을 흔든다.

**결과**
▲ 흔든 후 각설탕
가장자리 부분이 부서져서 둥글어지고, 떨어져 나간 것은 가루가 된다.

**실험으로 알게된 점** 각설탕을 통에 넣고 흔들면 통의 벽에 부딪치고, 각설탕끼리 서로 부딪치게 된다. 이때 각설탕이 부수어져 모서리가 떨어져 나가고 심하면 가루가 된다. 이처럼 부딪치는 힘 때문에 바위가 부서져 흙이 된다.

## 과학자의 눈
### 물에 녹는 바위, 석회암

물에 녹는 바위도 있다. 믿기지 않는다면 분필에 식초를 떨어뜨려 보자. 분필에 식초를 떨어뜨리면 기포를 내며 녹는다. 석회암이라는 바위는 분필과 같은 물질로 이루어져 있다. 공기 중의 이산화탄소가 녹은 빗물은 식초와 같은 성질을 띠게 되는데, 이 빗물이 땅속에 스며들어 석회암을 만나면 석회암을 녹여 석회암 동굴, 종유석, 석순, 석주가 만들어진다.

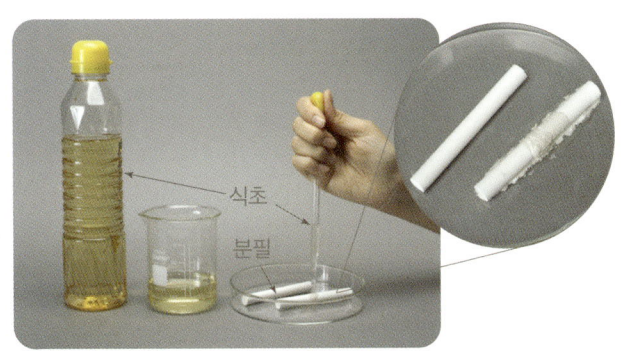

바위가 녹아서 생긴 동굴 모습(뉴멕시코의 칼즈배드 동굴)

또 다른 어떤 힘에 의해 바위가 부서져 흙이 될까? 비누를 이용하여 실험해보자.

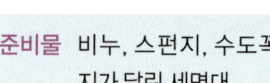
**준비물** 비누, 스펀지, 수도꼭
지가 달린 세면대

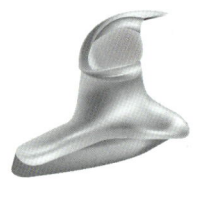

비누
스펀지

① 수도꼭지 밑에 스펀지를 놓고, 그 위에
비누를 올려 놓는다.

② 물이 너무 세게 나오지 않도록 조절하
여 비누의 중심에 떨어지게 하여 5분
간격으로 비누를 관찰한다.

**결과**

◀ 5분 후 비누의 모습
비누의 가운데 부분이
약간 파였다.

◀ 10분 후 비누의 모습
5분 후보다 비누의 가운데
부분이 더 많이 파였다.

**실험으로알게된점** 물이 위에서 아래로 떨어지면 부딪치는 힘이 생긴다. 이처럼 빗방울이나 파도가 오랜 기간 동안 바위
를 내리치면 결국 흙이 된다.

**과학자의눈**
## 바위를 부수는 또 다른 것들

바위와 돌이 잘게 부서지는 것을 **풍화**라고 한다. 흙은 풍화 작용에 의해 만들어지는데, 바위가 흙이 되는 데에는 수만 년, 수백
만 년이 걸린다. 풍화 작용은 부딪치는 힘, 빗물, 파도 외에도 식물의 뿌리, 강물, 빙하, 바람 등이 영향을 준다. 물의 힘을 예로
들면, 바위의 틈 사이로 스며든 물이 겨울에 얼면 부피가 늘어 팽창하는데 바위는 그 팽창하는 힘을 이기지 못하고 부서지게 된
다. 또, 빙하가 바닥과 주위의 암석을 깎아 내어 지표가 변하기도 한다.

식물의 뿌리          강물          빙하          바람

흐르는 물에 의한 지표의 변화 과정을 흙 언덕을 이용한 실험으로 알아보자.

준비물 흙, 쟁반, 비커, 물, 색 모래

지구와 우주 · 지각

① 쟁반 중앙에 흙을 쌓아 흙 언덕을 만들고 윗부분에 색 모래를 뿌린다.

② 비커에 담긴 물을 흙 언덕 윗부분에서 흘려 보내고 관찰한다.

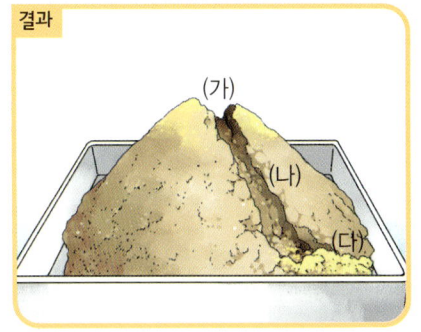

▲ 흙 언덕의 한쪽이 무너져 내려 아랫부분에 흙과 색 모래가 쌓여있다.

▲ (가) 흙 언덕 윗부분 : 물에 의해서 흙이 깎였다.

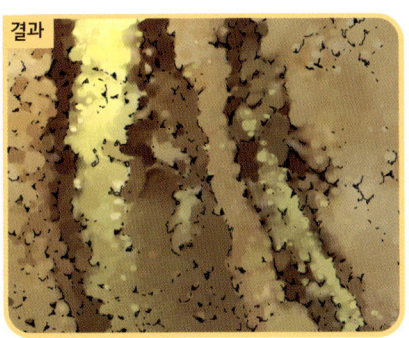

▲ (나) 흙 언덕 중간부분 : 흙 언덕 윗부분의 흙이 물길을 따라 아래로 운반되었다.

▲ (다) 흙 언덕 아랫부분 : 물에 의하여 운반된 흙과 색 모래가 쌓여있다.

## 〈물을 붓기 전과 붓고 난 후 특징 비교〉

| 물을 붓기 전 | 물을 부운 후 |
|---|---|
| 흙 언덕의 모양이 산과 비슷한 삼각형 모양이다. | 흙 언덕의 한 부분이 무너져 내렸다.<br>흙 언덕의 아랫부분에 흙이 내려와 쌓였다. |

실험으로알게된점 흐르는 물이 흙 언덕의 윗부분은 깎고, 물길로 흙을 운반시켜 아랫부분에 쌓이게 하여 언덕의 모양을 변화시킨다. 즉, 물은 흙을 함께 실어 날라 지표를 변화시키는 요인이다.

강의 상류에서 하류를 따라 가다 보면 강 주변에서 볼 수 있는 모습이 다르다는 것을 알 수 있다. 강의 상류, 중류, 하류로 나누어 다른점을 알아보자.

**준비물** 강 주변의 모습 자료

### 상류

▲ 강폭이 좁고, 경사가 급하다. 물의 양은 적고, 물의 흐름이 빠르며 굽이쳐 흐른다. 바위와 돌이 많고 강바닥과 강 주변이 깎이는 침식 작용이 활발하다. 강이 시작되는 지역으로 댐, 산골 마을, 밭 등을 볼 수 있다.

### 중류

▲ 강폭이 넓고, 경사가 급하지 않으며, 강이 구불구불하다. 물의 양은 많고, 물의 흐름이 느리다. 모래와 자갈이 많고 운반 작용이 활발하다. 강이 가장 발달한 지역으로 농촌 마을과 작은 도시가 발달해 있고, 과수원, 목장, 논, 밭 등을 볼 수 있다.

### 하류

▲ 강폭이 더욱 넓고, 경사가 거의 없다. 물의 양이 매우 많고, 물의 흐름이 아주 느리다. 모래가 많이 쌓이는 퇴적 작용이 활발하다. 강과 바다가 만나는 지역으로 큰 도시와 어촌 마을, 모래 채취장, 하굿둑 등을 볼 수 있다.

**관찰로 알게된 점** 지형은 강의 상류에서 하류로 변화한다. 이때 상류에서는 침식 작용이, 하류에서는 퇴적 작용이 활발하다. 강의 상류, 중류, 하류에 따라 주변의 모습, 돌과 모래의 입자, 물의 양과 흐름 등이 다르다.

강을 따라 흐르는 물에 의해서 지표의 모습이 변한다. 그런데 아래와 같은 과정을 거쳐 파도에 의해서도 해안가 지표가 변하는 것을 볼 수 있다. 직접 모형 실험을 해보고 파도에 의한 땅의 모습 변화를 알아보자.

**준비물** 수조, 모래, 물, 책받침

**지구와 우주 · 지각**

### 파도에 의한 지표의 변화

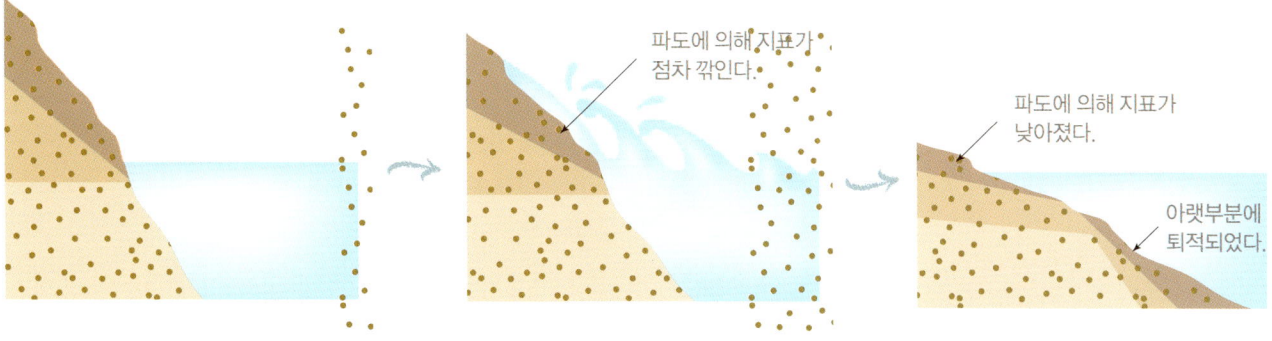

파도에 의해 지표가 점차 깎인다.

파도에 의해 지표가 낮아졌다.

아랫부분에 퇴적되었다.

**결과**

윗부분에 물결이 닿아 모래가 깎였다. (침식)

아랫부분에 모래가 쌓인다. (퇴적)

① 수조 한쪽에 모래를 쌓아 두고 물을 반쯤 채운다.

② 책받침을 이용해서 물의 윗부분에 물결을 만든다.

▲ 수조 한쪽에 쌓여 있던 모래가 쓸려가 다른 한쪽에 쌓였다.

**실험으로 알게된 점** 해안으로 밀려오는 파도가 오랜 기간에 걸쳐 해안의 비교적 무른 부분을 깎아 내고, 깎아 낸 물질을 퇴적시켜 해안선을 변화시킨다. 이때 파도에 의한 침식으로 해식 동굴이 생기고, 이 해식 동굴이 무너져 내리면 해식 절벽이 생긴다.

해식 동굴

해식 절벽

## 과학자의 눈 바닷가 지형

바닷가에서의 지표 변화도 흙 언덕과 비교해 볼 수 있다. 즉, 흙 언덕의 윗부분에 해당하는 곳은 대체로 육지에서 돌출된 부분이다. 주로 침식 작용이 일어나고 동굴이나 절벽이 생기기도 한다. 반면에 육지에서 안쪽으로 들어간 부분은 흙 언덕의 아랫부분과 마찬가지로 주로 퇴적 작용이 일어나서 모래 사장이 발달한다.

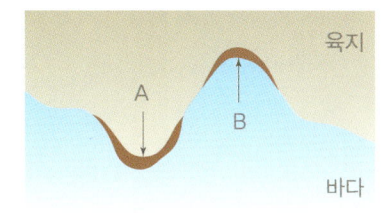

육지

A

B

바다

A는 육지에서 돌출된 부분으로 파도가 세고, ▶ 침식 작용이 활발하다.
이 곳은 침식 작용이 일어나는 흙 언덕의 윗부분과 비슷하다.

◀ B는 육지에서 들어간 부분으로 파도가 약하고, 퇴적 작용이 활발하다.
이 곳은 퇴적 작용이 일어나는 흙 언덕의 아랫부분과 비슷하다.

# 지층

지층은 어떻게 만들어졌을까? 또 지층의 모양이 다른 이유는 무엇일까?

## 54 관찰 지층 관찰하기

퇴적물은 주로 바다나 호수, 강의 바닥에서 지표면과 나란하게 층을 이루면서 쌓이게 되는데, 이렇게 흙, 모래, 돌 등과 같은 퇴적물이 층층이 쌓여서 굳어져 만들어진 층을 **지층**이라고 한다. 층이 없거나 하나의 암석으로 된 것은 지층이라고 부르지 않는다. 퇴적물들은 시간이 지나면 단단하게 굳어져 암석이 되고, 암석이 층으로 쌓여 지금의 지층 모양을 갖게 되는데, 지층이 만들어지기까지는 아주 오랜 시간이 걸린다. 지층의 전체 모습과 떼어 낸 지층의 암석 표본을 관찰해보자.

**준비물** 돋보기, 암석 망치, 안전 장비

◀ 지층은 전체적으로 커다란 암석으로 되어 있고, 퇴적물들이 층층이 쌓여 있는 모습이다. 지층은 층마다 조금씩 다른 색깔을 가지고 있으며 층마다 알갱이의 종류도 다르다.

지층

지층 암석 표본

◀ 촉감은 거칠거칠하며, 크고 작은 자갈과 모래가 섞여 있는 것을 볼 수 있다.

**관찰로 알게 된 점** 지층은 퇴적물이 층층이 쌓여 굳어진 것이다. 지층은 층마다 알갱이의 크기나 색깔 등이 다르다. 지층의 암석을 떼어 내어 관찰할 수도 있다. 이때는 안전 장비를 갖추어 사고에 유의해야 한다. 지층에서 떼어 온 암석도 암석 조각에 따라 촉감, 색깔, 알갱이의 크기 등이 모두 다르다.

### 과학자의 눈
## 지층을 볼 수 있는 곳

산의 한쪽 면이 깎여 나간 곳의 지층

바다 쪽으로 절벽을 이루고 있는 곳의 지층

산을 깎아서 만든 고속도로 옆의 지층

층층이 쌓인 지층을 확대해서 보면 책상에 책이 쌓여 있는 것, 우리가 흔히 먹는 샌드위치 등과 모양이 비슷하다는 것을 알 수 있다. 직접 빵을 이용해서 지층 모형을 만들어보고 지층에서 볼 수 있는 줄무늬가 생기는 이유와 지층의 생성 순서를 알아보자.

**준비물** 여러 가지 색깔의 식빵, 치즈, 접시, 플라스틱 칼

지구와 우주 · 지각

① 식빵과 치즈를 번갈아 가며 겹겹이 쌓는다.

② 겹겹이 쌓아 올린 식빵을 접시 위에 놓고 칼을 이용해 자른다.

③ 잘라진 단면을 관찰한 후 실제 지층과 비교한다.

가장 나중에 쌓인 것이다.

가장 먼저 쌓인 것이다.

모형 지층

실제 지층

▲ 모형 지층과 실제 지층 모두 층층이 쌓여져 있으며 옆에서 보면 줄무늬를 볼 수 있다.
　모형 지층에서 제일 먼저 접시에 놓은 식빵이 가장 아래에 있듯이, 지층도 아래에 있는 것이 먼저 쌓인 것이다.

**실험으로 알게된 점** 지층은 퇴적물이 층층이 쌓여서 만들어진다. 이렇게 쌓이면서 줄무늬를 띠게 되는데 지층에서 볼 수 있는 나란한 줄무늬를 **층리**라고 한다. 실제 지층과 모형 지층 모두 층리를 볼 수 있고, 가장 아래에 있는 지층이 가장 먼저 쌓인 지층, 가장 위에 있는 지층이 가장 나중에 쌓인 지층이다.

**과학자의 눈**

## 지층의 무늬, 층리

지층 만들기 실험에서도 볼 수 있었던 지층 사이의 줄무늬를 **층리**라고 한다. 층리는 대부분 바다나 호수의 밑바닥에서 생기게 된다. 퇴적물이 쌓이는 바다나 호수의 밑바닥은 대부분 수평이기 때문에 면 위에 퇴적물이 한 겹 한 겹 쌓여서 두꺼운 층을 형성하게 되어 지층 사이에 줄무늬가 나타나게 되는 것이다.

층리는 퇴적물의 종류와 색, 퇴적물의 알갱이의 크기 차이 등의 변화에 의해서 생기게 된다.

지층이 형성될 때는 암석이 아래에서부터 수평으로 쌓이게 된다. 그런데 실제로 지층은 수평으로만 쌓여 있을까? 여러 가지 모양의 지층의 모양을 관찰하고 그 특징을 알아보자.

**준비물**  여러 가지 모양의 지층 사진

▲ 수평인 지층
일반적으로 많이 볼 수 있는 나란한 모양이다.

▲ 수직인 지층
수평인 지층이 세로로 세워진 모양이다.

▲ 끊어진 지층
지층이 끊어져 한쪽이 내려 앉거나 솟아오른 모양이다.

▲ 기울어진 지층
나란한 상태에서 한쪽으로 기울어진 모양이다.

▲ 구부러진 지층
나란한 상태에서 가운데가 위로 솟아올라 구부러진 모양이다.

**관찰로알게된점** 지층은 수평인 지층, 수직인 지층, 끊어진 지층, 기울어진 지층, 구부러진 지층 등의 다양한 모양을 하고 있다.

**과학자의 눈**

## 지층이나 암석 사진 속의 동전이나 암석 망치의 정체

지층이나 암석의 사진을 보면 동전이나 볼펜, 암석 망치, 사람이 등장한다. 우연히 함께 찍혀진 것일까? 그 이유는 바로 지층이나 암석의 색깔과 크기를 한눈에 쉽게 알아보기 위해서이다. 우리가 알고 있는 흔한 물건인 동전이나 볼펜 등을 암석이나 지층 옆에 두어 크기나 길이, 색깔을 짐작하고 알아볼 수 있다. 또, 사진의 색깔이 변하더라도 사진 속 동전의 색깔도 함께 변하기 때문에 원래의 암석의 색깔을 추리할 수 있다.

다양한 모양의 지층을 관찰한 결과를 바탕으로 여러 가지 지층을 만들어보자.

**준비물** 고무찰흙, 찰흙 반대기 2개

지구와 우주 · 지각

## 수평인 지층 만들기

① 색깔이 다른 고무찰흙을 번갈아 가며 찰흙 반대기 위에 겹겹이 쌓는다.

② 쌓아놓은 고무찰흙 위에 찰흙 반대기를 올려놓고 가볍게 누른다.

결과

▲ 실제 지층과 같이 층마다 가로의 줄무늬(층리)가 확실하게 보이며 층마다 두께와 색깔이 다르다. 층과 층 사이에 공간이 없는데, 누르는 힘에 의해 층의 두께가 줄어들었기 때문이다.

## 구부러진 지층 만들기

① '수평인 지층'을 만든 후에 찰흙 반대기를 지층의 양옆에 세운다.

② 찰흙 반대기에 양손을 댄 후 가운데를 향해 힘을 준다.

결과

▲ 실제 지층과 같이 가운데가 위로 솟아 올라 구부러진 모양을 하고 있다. 실제 지층이 구부러지는 이유가 양쪽에서 미는 힘에 의한 것임을 추리할 수 있다. 강한 힘이 작용할수록 많이 구부러진다.

## 수직인 지층 만들기

① '구부러진 지층'을 만든 후에 찰흙 반대기를 이용해 양옆에 더욱 강한 힘으로 밀어본다.

결과

▲ 실제 지층과 같이 수평인 지층이 세로로 세워진 모양을 하고 있다. 실제 지층이 강한 힘을 받아 구부러지다가 세로로 세워져 생긴 것을 추리할 수 있다.

**주의** 고무찰흙을 대체할 수 있는 재료로는 여러 가지 색도화지와 두꺼운 책 등이 있다. 색도화지를 겹겹이 쌓은 후에 양쪽에서 힘을 주어 본다. 이때 색도화지는 지층이 되는 것이다. 두꺼운 책도 책의 한 장 한 장이 지층이라고 생각하며 실험한다.

**실험으로알게된점** 수평 모양으로 쌓은 고무찰흙을 위에서 누르면 지층의 두께가 달라지는데, 누르는 힘이 강할수록 지층의 두께가 얇아지면서 층리가 선명해지고 지층 사이의 간격도 줄어든다.
수평인 지층을 양쪽에서 밀면 지층은 구부러지게 되는데, 더욱 강한 힘으로 밀면 심하게 구부러지다가 마침내 수직인 지층의 모양을 갖게 된다.

# 퇴적암

층층이 쌓인 지층과 그 속의 암석은 어떤 모양을 하고 있을까? 또 어떤 과정을 거쳐서 만들어졌을까?

## 58 관찰 퇴적암을 관찰하는 방법 알아보기

물이나 바람에 의해서 커다란 암석이나 지층이 부서지게 되는데 이러한 과정을 **풍화**라고 한다. 이렇게 풍화에 의해 부서진 암석의 알갱이들이 한곳에 쌓인 것을 **퇴적물**이라고 한다. 오랜 시간 동안 퇴적물은 단단하게 굳어져 암석이 되는데, 이 암석을 **퇴적암**이라고 한다. 여러 가지 퇴적암의 특징을 알기 위해 먼저 관찰하는 방법을 알아보자.

**준비물** 여러 가지 퇴적암 표본, 돋보기, 묽은 염산, 스포이트, 페트리 접시, 필기 도구, 안전 장비

알갱이마다 색깔이 다르네.

① 암석의 색깔과 전체적인 모양, 특징을 관찰한다.

알갱이의 크기가 큰 것도 있고, 작은 것도 있네.

② 돋보기를 이용해 알갱이의 크기를 관찰한다.

③ 암석의 표면을 손으로 만졌을 때의 느낌을 확인한다.

④ 암석에 충격을 가해보고 암석의 쪼개짐을 관찰한다.

⑤ 스포이트로 암석에 묽은 염산을 떨어뜨려 본다.

**결과**

이 거품은 이산화탄소이다.

▲ 석회암에 묽은 염산을 떨어뜨리면 거품이 생긴다.

**관찰로알게된점** 암석을 관찰할 때에는 우리가 사용할 수 있는 모든 적절한 감각을 이용하여 관찰한다. 암석은 그 종류에 따라 특징이 다르므로 암석의 색깔, 알갱이의 크기, 촉감 등을 살펴본다.
관찰을 할 때 암석 망치나 묽은 염산 등 주의가 필요한 도구를 사용할 때에는 반드시 선생님의 지시를 따라서 안전하게 관찰해야 한다.

암석을 관찰하는 방법을 잘 익힌 후에 실제로 여러 퇴적암을 관찰하면서 이름과 특징을 알아보자.

**준비물** 이암, 셰일, 사암, 역암, 석회암, 돋보기, 묽은 염산, 스포이트, 페트리 접시, 암석 망치, 안전 장비

| 구분 | 이암 | 셰일 | 사암 | 역암 | 석회암 |
|---|---|---|---|---|---|
| 색깔<br>촉감 | 연노랑색<br>부드럽다. | 짙은 회색<br>부드럽다. | 회색<br>약간 거칠다. | 짙은 황토색<br>약간 거칠다. | 옅은 회색, 검은색 등<br>부드럽다. |
| 알갱이의 크기 | 눈으로 확인하기 어려울 만큼 작다. | 눈으로 확인하기 어려울 만큼 작다. | 모래알 크기이다. | 구슬만한 크기의 돌들이 박혀 있다. | 눈으로 확인하기 어려울 만큼 작다. |
| 또 다른 특징 | 충격을 주면 덩어리 모양으로 쪼개진다. | 충격을 주면 한쪽 방향으로 쪼개지며, 층리(줄무늬)를 가지고 있다. | 충격을 주면 덩어리 모양으로 쪼개진다. | 충격을 주면 굵은 자갈이 떨어져 나간다. | 묽은 염산을 떨어뜨리면 거품(이산화탄소)이 난다. |

**관찰로 알게된점** 물이나 바람에 의해 풍화된 암석의 알갱이인 퇴적물들이 굳어져서 된 암석을 퇴적암이라고 한다. 퇴적암에는 진흙이 굳어져서 된 이암, 입자가 아주 작은 진흙이 굳어져서 된 셰일, 모래가 굳어져서 된 사암, 모래와 자갈이 굳어져서 된 역암, 석회질 성분(조개나 소라 껍데기 등)이 굳어져서 된 석회암이 있다. 암석의 색깔은 알갱이의 색깔에 따라 다양하다. 같은 이암이라 하더라도 다양한 색깔의 이암이 있는 것이다. 또 퇴적암은 특이하게 층리(줄무늬) 구조를 가지고 있는데 이는 특히 셰일에서 많이 볼 수 있다.

**과학자의 눈**

## 암석에 묽은 염산을 떨어뜨려 보는 이유

석회질 성분을 가지고 있는 암석은 묽은 염산과 반응하여 거품이 난다. 이 거품은 이산화탄소인데, 묽은 염산에 반응하여 이산화탄소가 발생하는 암석에는 석회암이 있다. 석회암은 물속에 사는 조개나 소라 껍데기 등이 쌓여서 만들어지는데, 자연 상태에서 석회암은 다른 퇴적암과 구분하기가 상당히 어렵다. 그런데 다른 퇴적암은 묽은 염산과 반응하지 않으므로 묽은 염산을 사용하면 석회암을 구분할 수 있다. 실제로 지질학자들은 묽은 염산을 가지고 다니며 석회질 성분을 가지고 있는 암석을 구분하기도 한다.

▲ 석회암은 조개나 소라 껍데기 등이 쌓여 만들어진다.

퇴적암 표본을 관찰했을 때 알게 된 퇴적암의 특징을 생각해가며 퇴적암 모형을 만들어보자. 이를 통해 퇴적암이 어떻게 만들어지는지 그 생성 과정을 알고, 실제 퇴적암과 비교해보자.

**준비물** 모래, 작은 크기의 자갈, 풀, 페트병, 가위

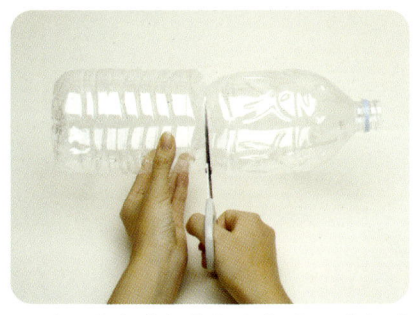

① 페트병의 가운데를 잘라 컵 모양을 만든다.

② 페트병에 모래와 자갈을 넣는다.

③ 페트병을 흔들어 모래와 자갈이 잘 섞이도록 한다.

④ 풀을 넣어 모래와 자갈 사이에 고루 퍼지게 한다.

▲ 풀을 넣는 이유는 모래와 작은 크기의 자갈이 서로 붙게 하기 위해서 이다. 실제 지층에서는 지하수가 퇴적물 사이에 스며들어 퇴적물끼리 서로 붙게 되는데, 지하수에는 풀과 같이 서로 붙게 하는 물질이 들어 있다.

⑤ 손으로 모래와 자갈 반죽을 누른다.

▲ 손으로 모래와 자갈을 누르는 이유는 퇴적물의 알갱이들 사이에 있는 틈을 줄이기 위해서 이다. 즉, 다지는 작용(교결 작용)을 한 것이다. 실제 지층에서는 다른 퇴적물들이 누르는 힘에 의해 다져지게 된다.

⑥ 1~2일 동안 그대로 놓아둔 후 꺼내어 관찰한다.

▲ 1~2일 동안 그대로 놓아두는 이유는 풀이 굳어지는 데 시간이 걸리기 때문이다. 실제 지층에서는 퇴적물이 굳어서 암석이 되기까지 최소 1만 년이라는 오랜 시간이 걸린다.

## 모형 퇴적암과 실제 퇴적암

모형 퇴적암

실제 퇴적암

◀ 만들어진 모형 퇴적암은 실제 퇴적암과 모양이 비슷하다. 하지만 색깔이 다르며, 실제 퇴적암이 더 단단하고 알갱이의 종류도 다양하다.

**실험으로 알게된 점** 모형 퇴적암은 실제 퇴적암과 모양이 비슷하지만 색깔과 알갱이의 종류, 단단하기 등이 다르다. 실제 퇴적암이 더 단단하고 알갱이의 종류도 다양하다. 이렇게 퇴적암 모형은 약 이틀에 걸쳐 만들 수 있지만, 실제로 퇴적암이 만들어지기까지는 어마어마하게 오랜 시간이 걸린다.

## 퇴적암이 궁금해

퇴적암은 퇴적물이 층층이 쌓여서 만들어진 지층에서 떨어져 나간 암석이다. 우리가 살고 있는 지구는 육지 표면의 약 75%가 퇴적암으로 이루어져 있다.

퇴적암에서는 퇴적물이 쌓이면서 생긴 줄무늬가 있을 수 있다. 물론 모든 퇴적암이 줄무늬를 가지고 있는 것은 아니며, 퇴적암만이 줄무늬를 가지고 있는 것도 아니다. 여러 가지 힘이나 열에 의해서 그 성질이 변한 암석들도 줄무늬를 갖게 된다. 변성암의 편리나 편마가 그것이다.

실제 퇴적암이 만들어지는 과정은 다음과 같다.

변성암의 편리

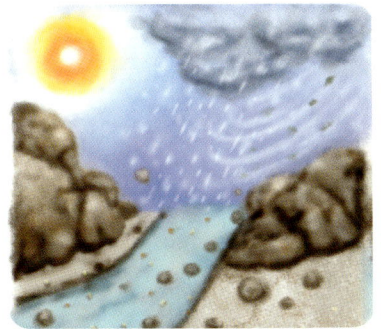

① 햇빛, 비, 바람, 지하수 등에 의해 암석이 부서져서 모래, 자갈, 흙이 된다.

② 모래, 자갈, 흙이 물에 의해 운반된다.

③ 운반된 흙이 강이나 바다 밑바닥에 쌓인다.

④ 쌓인 퇴적물은 뒤에 쌓이는 퇴적물들에 의해 눌리고 다져진다.

⑤ 오랜 시간이 흐르면 퇴적물들이 굳어져 퇴적암이 된다.

## 소금으로 이루어진 산

소금으로 이루어진 산이 있을까? 역사책에 보면 고산국이라는 나라에 소금산이 있었는데, 이곳에서 나는 소금은 검은색을 띠고 있어 검은 소금이라고 불렀다고 한다. 작은 금이라 하여 소금이라는 이름이 붙여졌을 정도로 귀했던 소금이 바다가 아닌 산에서도 볼 수 있다는 것은 참 신기하기만 하다. 바로 이 소금산은 소금 성분이 모여서 만들어진 것이다. 일반적으로 퇴적암은 퇴적물이 쌓여서 만들어지지만, 소금산은 소금 성분이 모여서 만들어진 퇴적 지층이다. 소금 지층에서 떼어 낸 소금으로 된 암석을 '암염'이라고 하는데, 암염에 혀를 대고 맛을 보면 짠맛이 난다.

암염

# 화석

어떤 것을 화석이라고 할까? 또 우리가 볼 수 있는 화석 속 생물들은 어떻게 화석이 되었을까?

 **61** 관찰 **화석인 것과 아닌 것 분류하기**

과거에 살았던 생물의 몸체나 흔적이 암석이나 지층 속에 남아 있는 것을 화석이라고 한다. 우리는 화석을 통해 과거에 살았던 다양한 생물의 모습을 알 수 있다. 그런데 똑같이 암석이나 지층 속에서 발견된 토기나 신발자국 등은 화석이라고 하지 않는다. 무엇을 화석이라고 하는지 알아보자.

**준비물** 동물 화석과 식물 화석 표본, 돋보기

> **과거에 살았던 생물의 몸체나 흔적이 암석이나 지층 속에 남아 있는가?**

예

아니오

물고기

고사리

진흙 속 신발자국

고인돌

삼엽충

단풍나무 잎

토기

미이라

**관찰로 알게 된 점** 화석이란 과거에 살았던 생물의 몸체나 흔적이 암석이나 지층 속에 남아 있는 것을 말한다. 즉, 옛날에 살았던 동물이나 식물이 죽어서 암석(퇴적암) 속에 그대로 남아 있는 것이다. 그러므로 유물이나 사람의 신발자국과 같은 것들은 화석이 될 수 없다.

**과학자의 눈**
## 호박 화석

화석의 '석(石)'자는 '돌'이라는 뜻이다. 그래서 돌로 된 것만 화석이라고 생각하기 쉽지만 그렇지 않은 화석도 있다. 소나무 줄기를 만져 보면 끈적끈적한 송진이라는 나무 수액을 만질 수 있다. 이 나무 수액이 암석으로 굳어진 것을 호박이라고 하는데, 이 호박 속에 갇힌 곤충도 화석인 것이다.

화석이 된 생물이 살아 있을 때에는 어떤 모습이었을까? 삼엽충 화석과 오늘날의 쥐며느리, 고사리 화석과 오늘날의 고사리를 살펴보면 다른 점도 있지만 비슷한 겉모습을 가지고 있다는 것을 알 수 있다. 그래서 삼엽충은 과거에 멸종하여 현재 볼 수 없는 생물이지만 비슷한 겉모습을 가진 쥐며느리를 통해 삼엽충이 살았을 때의 모습을 추측할 수 있다.

이처럼 현재 살고 있는 동물이나 식물과 비슷한 부분이 있는가를 기준으로 화석을 동물 화석과 식물 화석으로 분류할 수 있다. 다음의 화석을 동물 화석과 식물 화석으로 분류해 보자.

과거의 삼엽충 화석

오늘날의 쥐며느리

과거의 고사리 화석

오늘날의 고사리

지구와 우주 · 지각

화석

동물 화석

식물 화석

물고기

삼엽충

나뭇잎

나무 열매

암모나이트

상어 이빨

단풍나무 잎

고사리

호박 속에 갇힌 곤충 화석

**관찰로 알게된 점** 동물 화석에서는 물고기, 암모나이트 등과 같이 온전한 몸체를 볼 수 있거나, 상어 이빨, 뼈 등과 같이 몸체의 일부를 볼 수 있다.
식물 화석에서는 고사리, 단풍나무 잎, 솔방울 등과 같이 잎이나 줄기, 열매의 특징을 잘 알 수 있다.

화석은 주로 퇴적암에서 찾을 수 있다. 과거에 살던 동물이나 식물이 가능한 빨리 퇴적
물 속에 묻히면 그 몸체나 흔적을 남기기 때문이다. 화석이 생성되어 우리에게 발견되
기까지의 과정을 알아보자.

① 바다에 살던 생물이 죽어 바다에 가
라앉는다.

② 그 위로 진흙과 같은 퇴적물이 계속
쌓이고 오랜 시간이 지나면서 굳어
진다.

③ 지각 변동으로 퇴적층이 위로 올라
온다.

④ 침식에 의해 지층이 깎이면서 화석
이 드러난다.

▲ 바다 물고기 화석이 발견된 곳은 과거
에 이 곳이 바다였음을 알 수 있다.

**조사로 알게 된 점** 생물체가 죽어서
땅속에 묻히면 여러 가지 광물학적,
화학적 작용에 의해서 화석이 되는
데, 이러한 작용들을 일컬어 **화석화
작용**이라고 한다.
화석화 작용에는 광물질이 스며들
거나, 휘발성 물질은 날아가고 탄소
성분만 남아 화석을 만드는 작용이
있다.

## 과학자의 눈
## 공룡 발자국 화석이 만들어지기까지

공룡의 뼈와 같은 화석을 **골격 화석**이라고 한다. 골격 화석은 갑작스런 폭풍이나 운석 충돌과 같은 자연 재해로 인해 순식간에
묻혀야만 원래의 모습이 그대로 보존된 상태로 화석화 작용이 진행될 수 있다.

한편, 공룡의 발자국 같은 화석을 **흔적 화석**이라고 하는데, 흔적 화석은 골격 화석과는 반대로 발자국이 생긴 이후 오랜 시간 그
형태가 유지되어야 한다. 즉, 지진, 홍수, 태풍 등의 자연 현상이 없는 안정적인 곳에서 발자국 화석이 생길 수 있다.

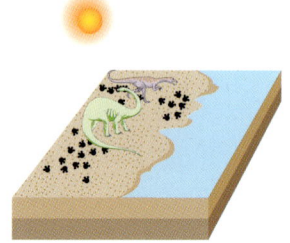

① 공룡들이 호숫가의 갯벌이
나 모래 바닥에 발자국을 남
긴다.

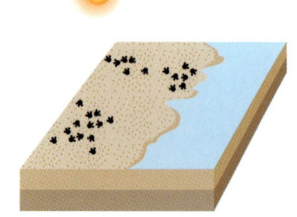

② 오랫동안 공기 중에 노출되
면 어느 정도 굳는다.

③ 발자국이 있는 퇴적물에 다
른 퇴적물이 쌓여 단단한 암
석이 되면서 발자국도 단단
하게 굳는다.

④ 지층이 솟아오르면 침식을
받아 발자국 화석이 다시 지
표면에 드러난다.

# 64 실험 나만의 화석 만들기

찰흙을 이용해서 나만의 화석을 만들어 실제 화석이 만들어지는 상황을 재현해보자.

준비물 찰흙 덩어리, 나뭇잎, 식용유

① 찰흙 덩어리로 반대기를 만든 후, 식용유를 바르고 그 위에 나뭇잎을 올려 놓는다.

② 다른 찰흙 반대기를 만들어 나뭇잎 위에 놓고 손으로 가볍게 누른다.

③ 위에 놓인 찰흙 반대기와 나뭇잎을 조심스럽게 떼어 낸다.

결과 / 완성된 모형 화석

실제 화석

주의 식용유를 찰흙 덩어리에 바르는 것은 찰흙 덩어리와 나뭇잎을 쉽게 떨어지게 하기 위한 것이다.

④ 나뭇잎의 흔적이 남은 것을 그늘에서 잘 말리고 실제 화석과 비교해 본다.

실험으로 알게된 점 모형 화석과 실제 화석을 비교해 보았을 때, 찰흙 반대기는 지층, 나뭇잎은 옛날에 살았던 생물, 찰흙 반대기에 남은 나뭇잎의 흔적은 화석에 해당한다. 이렇게 화석이 되기 위해서는 동물의 뼈나 조개 껍데기, 식물의 잎맥 등과 같이 단단한 부분을 가지고 있으면 유리하다.

## 과학자의 눈

### 몰드와 캐스트의 형성 과정

지층 속의 화석이 지하수에 완전히 녹아서 원래 화석의 겉모습과 같은 형태의 빈 공간만 남은 것을 **몰드**라고 한다. 또, 지하수에 녹아 있던 광물질이 몰드에 채워져 굳어져서 화석의 겉모습과 똑같은 형태로 복원된 것을 **캐스트**라고 한다. 몰드와 캐스트는 다음과 같은 과정을 거쳐서 만들어진다.

몰드

캐스트

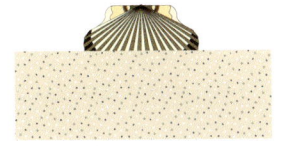

① 생물체가 죽어서 가라앉는다.

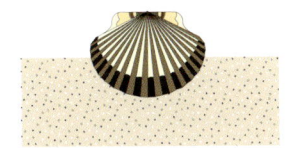

② 절반쯤 진흙에 묻힌다.

③ 생물체가 녹아서 흔적만 남는다. 이것이 몰드이다.

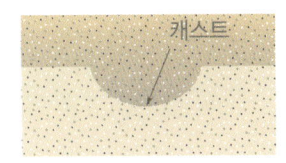

④ 그 위에 퇴적이 일어나 굳어진다. 이것이 캐스트다.

다음 그림은 공룡 뼈의 모형이다. 어떤 공룡인지 추리해보고 조각난 모형을 맞추어서 공룡의 이름을 알아보자.

준비물  화석 골격 맞추기 모형

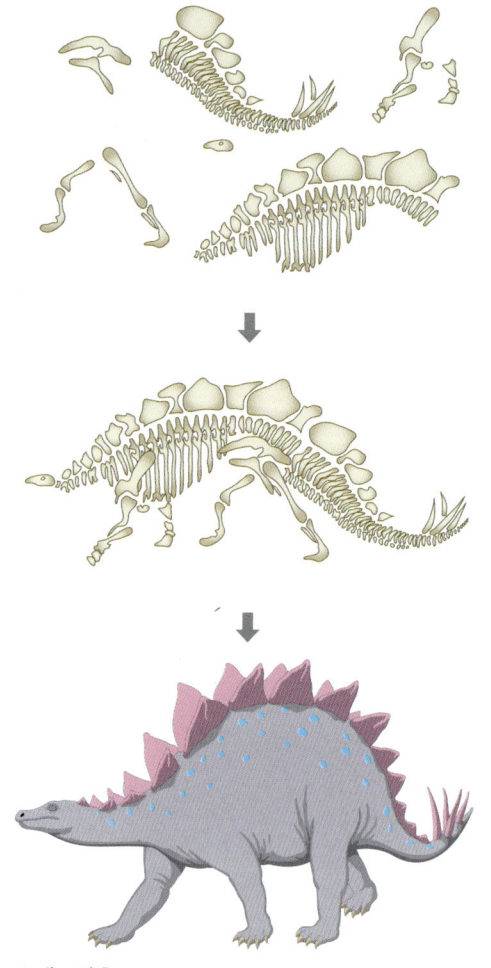

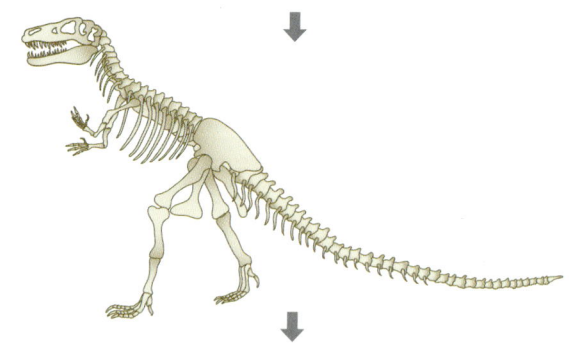

스테고사우르스

티라노사우르스

관찰로 알게된 점  화석학자들은 현재 살아 있는 생물체의 몸체를 참고하여 발굴된 화석을 복원한다. 공룡과 같이 멸종된 생물은 발자국의 크기나 뼈의 크기 등으로 생물체의 대략적인 크기를 알아낸다.

과학자의 눈
## 공룡 뼈 화석 발굴 및 전시 과정

① 공룡이 살던 시대에 만들어진 지층을 찾는다.

② 공룡 뼈 화석을 캐낸다.

③ 뼈 보호를 위해 석고로 공룡 뼈 화석을 감싼다.

화석을 통해 우리는 무엇을 알 수 있는지, 화석은 어디에 이용되는지 알아보자.

준비물 물고기·공룡알·조개·고사리·방추충 화석 표본

지구와 우주 · 지각

옛날 물고기는 이런 모습일 거야.

물고기 화석

▲ 물고기 화석을 보고 그 당시 물고기의 모습을 짐작할 수 있다.

공룡은 알을 낳았구나.

공룡알 화석

▲ 공룡알 화석을 보고 공룡이 알을 낳는 동물이었음을 알 수 있다.

여기는 예전에 물속이나 물가였을 거야.

조개 화석

▲ 조개 화석을 보고 그 지역이 과거에는 물속이나 물가였다는 것을 알 수 있다.

여기는 예전에 따뜻하고 습한 기후였을 거야.

고사리 화석

▲ 고사리 화석을 보고 그 지역이 과거에는 따뜻하고 습한 기후였다는 것을 알 수 있다.

근처에 석탄이 있을지도 몰라.

방추충 화석

▲ 석유, 천연가스, 석탄은 많은 양의 생물체가 죽은 후 쌓여서 만들어진다. 따라서 화석을 연구하여 지층의 시대와 환경을 알면 이러한 자원이 묻혀 있는지 추측할 수 있다. 실제로 방추충 화석이 나오는 지층에는 석탄이 같이 나오는 경우가 많다.

조사로 알게 된 점 화석을 탐구해 보면 여러 가지 정보를 알 수 있다. 고생물에 대한 정보, 시대와 환경에 대한 정보를 제공할 뿐만 아니라 석유 등 지하 자원 탐사의 길잡이가 되기도 한다.
화석은 과학관, 화석 박물관, 자연사 박물관 등에 가서 직접 볼 수 있다. 또 인터넷을 이용하여 화석에 대한 다양한 자료를 찾을 수 있다.

④ 운반한 후 석고를 떼어 낸다.

⑤ 공룡 뼈 화석을 닦고 윤기를 낸다.

⑥ 공룡 뼈 화석을 맞추어 전시한다.

# 화산

화산은 어떤 모습으로 분출하고, 그때 어떤 물질이 나올까? 또 화산이 우리에게 주는 영향은 어떤 것이 있을까?

## 67 관찰  화산 분출물 관찰하기

지구 내부에는 암석이 녹아 생성된 마그마가 존재한다. 이러한 마그마가 지각의 약한 틈을 뚫고 짧은 시간 동안 한꺼번에 지표 밖으로 뿜어져 나오는 현상을 **화산**이라고 한다. 화산이 분출할 때에는 여러 가지 물질이 나오는데 이러한 물질을 **화산 분출물**이라고 한다. 화산 분출물의 종류와 특징을 살펴보자.

**준비물** 화산 분출 영상 또는 사진 자료, 고체 화산 분출물, 돋보기

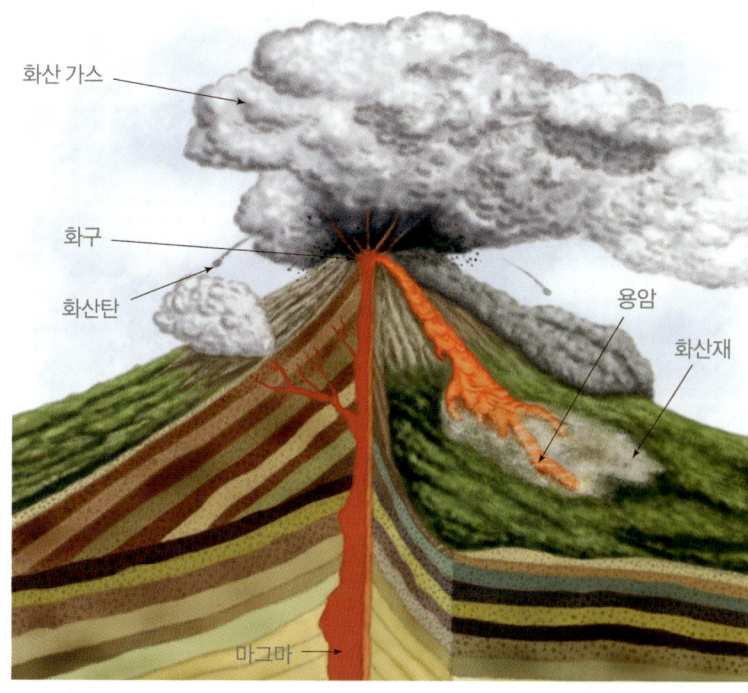

화산 가스

화구

화산탄

용암

화산재

마그마

▲ 화산 가스(기체)
대부분 수증기이고, 그 외 이산화탄소, 질소, 이산화황 가스가 포함되어 있다.

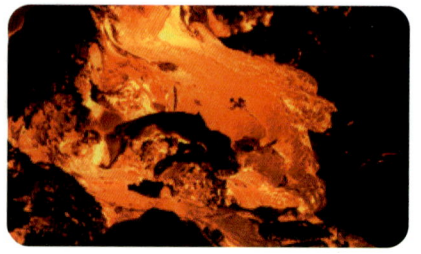
▲ 용암(액체)
마그마가 지표에 분출한 것이다.

▲ 화산재(고체)
회색이고 재와 비슷하게 생겼다. 밀가루처럼 부드럽다.

▲ 화산탄(고체)
진한 회색이고 둥글게 생겼다. 부드럽고 가볍다.

▲ 부석(고체)
연한 회색이고 표면에 구멍이 뚫려 있다. 부드럽고 가볍다.

**관찰로 알게된 점** 화산이 분출할 때에는 기체, 액체, 고체 상태의 여러 가지 물질이 나온다.

화산이라고 하면 일반적으로 일반 산과는 달리 산꼭대기가 움푹 패여 있는 모양으로 생각하기 쉽다. 화산은 모두 화산 활동으로 생기긴 했지만 그 모양이 제각각 다르다. 화산의 다양한 모양을 살펴보고 왜 이런 모양이 생기게 되었는지 알아보자.

**준비물** 다양한 국내외 화산 사진

### 산 정상에 호수가 있는 화산

▲ 산 정상에 호수가 있다.(백록담)

▲ 산 정상에 칼데라가 있다.(천지)

▲ 산 정상에 칼데라가 있다.

◀ 화산에서 용암이 분출되었던 곳이 식으면서 내려앉거나 대폭발로 웅덩이가 생기기도 한다. 이것을 '칼데라'라고 하며, 그 곳에 물이 고인 것을 '칼데라 호'라고 한다.

### 여러 가지 모양의 화산

▲ 아래쪽은 완만하고 산 위쪽은 가파르다.

▲ 크기가 작고 종을 엎어 놓은 것처럼 경사가 급하다.

▲ 울릉도는 용암 대지이다.

▲ 용암이 흘러나오고 있으며, 바다로 용암이 흐른다.

**관찰로 알게된 점** 분화구에 물이 고인 화산, 칼데라가 있는 화산, 경사가 급한 화산, 경사가 완만한 화산, 경사가 없는 용암 대지 등 화산의 모양은 모두 다르다. 용암의 양의 차이, 용암의 점성(끈적임)의 차이, 용암의 흐름 등에 의해 화산의 크기나 경사에 차이가 나타난다.

화산은 그 특징에 따라 경사가 큰 화산과 경사가 완만한 화산, 꼭대기에 호수가 있는 화산과 그렇지 않은 화산, 분출하고 있는 화산과 예전에 분출했던 흔적이 있는 화산 등으로 분류해 볼 수 있다.

**과학자의 눈**
### 화산의 종류

화산의 모양은 다양하며, 용암의 점성에 따라 구분된다. 용암의 점성이 작아 잘 흘러내려 완만한 모양의 화산을 만들기도 하고, 용암의 점성이 커서 잘 흘러내리지 않아 경사가 급한 화산을 만들기도 한다.

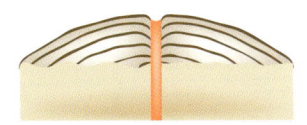
▲ 순상 화산
용암의 점성이 작아 잘 흘러내려 완만하게 생겼다. 제주도 한라산이 순상 화산이다.

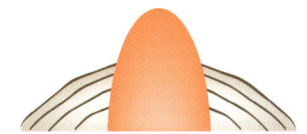
▲ 종상 화산
용암의 점성이 커서 잘 흘러내리지 않아 경사가 급하다. 제주도 산방산이 종상 화산이다.

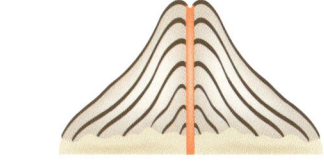
▲ 성층 화산
용암과 화산재가 번갈아 가며 층층이 쌓였다. 일본 후지산이 성층 화산이다.

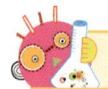 
화산이 분출할 때의 모습이 담긴 사진을 관찰한 후 표현하고 싶은 화산 모양을 선택하여 그 특징이 잘 나타나도록 화산 모형을 만들어보자.

**준비물** 다양한 모양의 화산 사진, 하드보드지, 플라스틱 깔때기, 찰흙, 고무찰흙, 물감과 붓

① 하드보드지 위에 깔때기를 놓는다.

② 찰흙, 고무찰흙으로 씌운다.

③ 물감과 붓으로 색칠한다.

여러 모양으로 만든 화산 모형

**실험으로 알게 된 점** 화산이 분출할 때 나오는 물질에 따라 화산의 모양이 달라지며, 다양한 재료를 이용하여 화산 모형을 만들 수 있다.

**과학자의 눈**

## 화산의 분출 형태

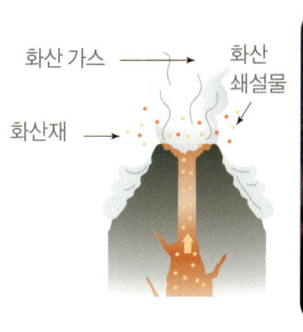

화산 가스 → 화산 쇄설물
화산재

▲ 폭발적 분출
많은 양의 가스와 먼지를 분출하면서 격렬하게 폭발한다.

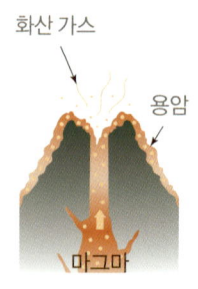

화산 가스
용암
마그마

▲ 비폭발적 분출
비폭발적 분출은 끈적임이 작고 흐르는 성질을 가진 마그마가 조용히 흘러나온다.

## 화산의 속 모습

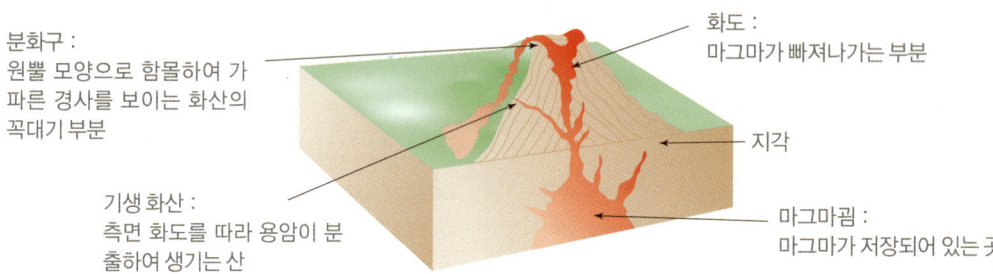

분화구 : 원뿔 모양으로 함몰하여 가파른 경사를 보이는 화산의 꼭대기 부분

기생 화산 : 측면 화도를 따라 용암이 분출하여 생기는 산

화도 : 마그마가 빠져나가는 부분

지각

마그마굄 : 마그마가 저장되어 있는 곳

화산 활동에 의해 만들어진 암석으로는 화강암과 현무암이 대표적이다. 그러나 이 둘은 생성된 곳이 서로 다르고, 그로 인해 생김새도 달라진다. 어떤 특징이 있는지 먼저 눈으로 전체적인 생김새를 관찰한 후 돋보기를 이용해서 세부적으로 관찰해보자.

**준비물** 화강암, 현무암, 돋보기, 흰 종이

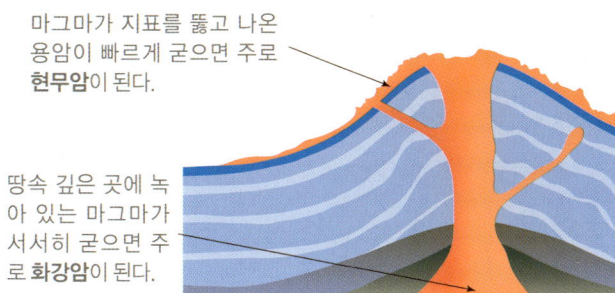

마그마가 지표를 뚫고 나온 용암이 빠르게 굳으면 주로 **현무암**이 된다.

땅속 깊은 곳에 녹아 있는 마그마가 서서히 굳으면 주로 **화강암**이 된다.

지구와 우주 · 지각

| 구분 | 화강암 | 현무암 |
|---|---|---|
| 생김새 | | |
| 색깔 | 회색 | 검은색 |
| 촉감 | 거칠거칠하다. | 거칠거칠하다. |
| 알갱이의 크기 | 눈으로 구별할 정도이다.<br>: 마그마가 천천히 식었기 때문이다. | 매우 작다.<br>: 용암이 빠르게 식었기 때문이다. |
| 기타 특징 | 밝은 바탕에 반짝거리는 검은 알갱이가 보인다. | 겉에 크고 작은 구멍이 뚫려 있다.<br>: 마그마가 지표를 뚫고 나와 흐르면서 가스 성분이 빠져나갔기 때문이다. |

**관찰로 알게 된 점** 화산 활동에 의해 만들어진 암석은 만들어진 위치에 따라 특징이 다르다. 화강암은 땅속 깊은 곳에서 마그마가 서서히 굳어서 만들어진다. 현무암은 마그마가 지표를 뚫고 나와 지표 가까이에서 굳으면서 만들어지는데 이때 가스 성분이 빠져나가 구멍이 생긴다. 이 두 암석을 화성암이라고 한다.

**과학자의 눈**
## 현무암과 화강암으로 이루어진 곳

제주도(주상절리)

▲ 현무암으로 이루어진 곳은 화산 활동에 의해 지표 부근에서 생성되며, 대체로 색이 어둡다. 울릉도, 독도, 제주도(주상 절리), 한탄강 유역 등이 있다.

설악산

▲ 화강암으로 이루어진 곳은 땅속 깊은 곳에서 생성된 화강암이 지각 변동으로 땅 위로 올라와서 생성되며, 대체로 색이 밝다. 월출산, 속리산, 설악산, 북한산, 인왕산, 금강산 등이 있다.

화산 활동이 우리 생활에 미치는 영향을 마인드맵으로 나타내보자.

화산에서 흘러나온 용암은 1000~1200℃에 달한다. ▶
그래서 용암이 지나간 곳은 순식간에 폐허로 변하며,
화재로 이어져 주변 지역에 피해를 준다.

용암에 의한 매몰

◀ 이탈리아 남부 도시 폼페이
에 일어난 갑작스런 화산 폭
발로 화산재에 의해 많은 사
람들이 죽었다.

화재

피해

1883년 인도네시아의 자바섬 서쪽의 크라카타우 섬에서 분출된 ▶
화산재는 지표로부터 50km 높이까지 높게 올라갔다. 이 화산재는
지구 주위를 둘러싸 햇빛을 차단했고, 이로 인해 지구의 온도가
0.5℃ 떨어졌다.

화산 가스와 화산재

산사태

바람이 부는 방향

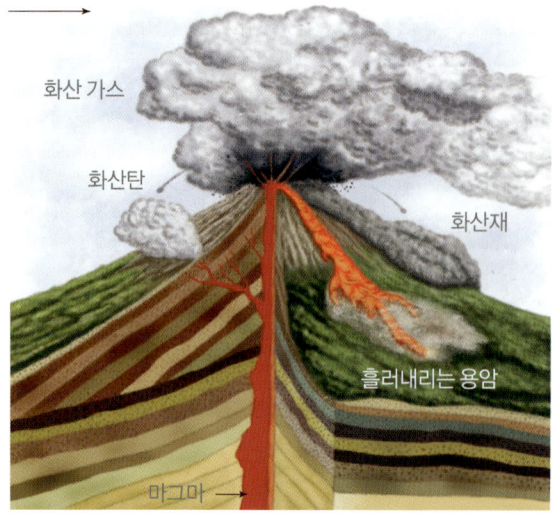

화산 가스

화산탄

화산재

흘러내리는 용암

마그마

▲ 화산재와 바람이 만나면 화산 활동이 일어난 곳 뿐만 아니
라, 다른 넓은 지역에 피해를 준다.

지진, 해일

▲ 화산으로 지진이나 산사태, 해일 등이 발생하기도 한다.

### 과학자의 눈
### 화산학자가 하는 일

화산학자들은 화산 근처에 있는 관측소를 탐험 기지로 삼고, 화산에 대해 연구
한다. 화산 근처에서 나오는 기체, 용암, 암석 등의 자료를 수집하고, 온도를 잰
다. 또 화산이 폭발하기 전에 나는 소리나 부풀어 오르는 산꼭대기의 모습을 관
찰하여 화산 발생을 예보하고, 사람들이 피해를 입지 않도록 대피시킨다.

관광지 및 관광 상품

◀ 우리나라의 대표적인 관광지인 제주도는 화산 활동으로 이루어졌다.

구멍이 뚫려 있는 특이한 ▶ 모양의 현무암으로 돌하 르방, 맷돌 등을 만든다.

**이로운 점**

자원

◀ 화산 활동으로 이루어진 암석 속에서 보석의 재료를 발견할 수 있다. 또 지구 내부의 물질에 대해 알 수도 있다.

지열 발전

◀ 마그마로 데워진 수증기를 이용하여 지열 발전을 한다.

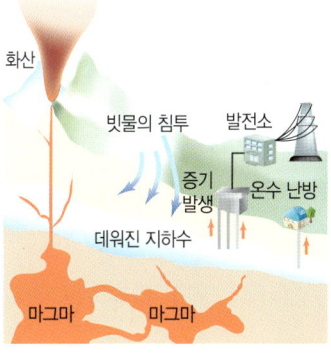

화산

빗물의 침투 발전소
증기 발생 온수 난방
데워진 지하수
마그마 마그마

온천

◀ 온천의 따뜻한 물은 마그마에 의해서 데워 진 지하수이다. 특히 도고 온천은 우리나 라에서 유명한 유황 온천이다. 달걀 썩는 냄새가 나는 유황 성분은 피부병을 완화시 켜 주는 효능이 있다.

화산 지대

◀ 화산 지대의 토양은 미네랄과 게 르마늄 등이 풍부하여 아주 비옥 하다. 그래서 과수원, 농경지로 이용된다. 또 화산재를 이용하여 미용 팩으로 사용하기도 한다.

간헐천은 일정한 간 ▶ 격을 두고 뜨거운 물 이나 수증기를 뿜었 다가 멎었다가 하는 온천이다.

**조사로 알게된 점** 화산 활동은 자연 재해로써 화산 분출물에 의한 매몰, 질식으로 많은 사람들이 다치거나 죽고, 삶의 터 전을 잃는다. 또 산사태, 지진, 해일 등이 발생해 큰 피해를 준다. 이처럼 화산 활동은 우리에게 피해를 주기도 하지만, 이로움을 주기도 한다. 관광지 및 관광 상품, 자원으로 이용되며, 마그마로 데워진 수증 기나 물로 지열 발전, 온천 등을 이용한다. 또 미네랄이 많이 포함된 화산재는 땅을 비옥하게 만든다.

# 지진

지진이 발생하는 이유는 무엇일까? 지진이 발생하면 어떤 일이 일어나며, 어떻게 대처해야 할까?

## 72 실험 지층의 휘어짐과 끊어짐 알아보기

지진은 왜 일어날까? 우드락을 이용하여 지층의 휘어짐과 끊어짐에 대한 실험을 해 보고, 이때 어떤 현상이 생기는지 알아보자.

**준비물** 4가지 색깔의 우드락 각각 1장씩

① 여러 장의 우드락을 순서대로 겹친다.

② 우드락을 양손으로 잡고 안쪽으로 두 손을 천천히 밀어 모은다.

③ 점점 세게 밀면서 우드락의 모양이 어떻게 되는지 관찰한다.

### 우드락을 천천히 밀었을 때

결과

▲ 우드락의 가운데 부분이 볼록하게 올라오고 양쪽은 오목하게 내려가면서 휘어진다.

습곡

◀ 수평하게 퇴적된 지층이 옆으로 미는 힘을 받아 물결 모양으로 휘어지는 것을 **습곡**이라고 한다. 우드락을 천천히 밀었을 때 가운데 부분이 휘어지는 것은 실제 지층에서 습곡에 해당한다.

### 우드락을 세게 밀었을 때

결과

▲ 우드락을 더 세게 밀면 우드락이 휘어지다가 끊어진다. 이때 우드락의 끊어진 부분과 우드락을 잡고 있던 손이 떨린다.

단층

◀ 땅 덩어리가 힘을 받아서 휘어지거나 늘어나다가 더 이상 모양이 변하는 것을 견딜 수 없는 상태가 되면, 약한 지점에서 부서져서 틈이 생기게 된다. 이 때 갈라진 틈의 양쪽에 놓인 암석이 움직여서 서로 어긋난 것을 **단층**이라고 한다. 우드락에 더 센 힘을 주었을 때 끊어지는 것은 실제 지층에서 단층에 해당한다.

### 과학자의 눈
## 단층의 종류

단층이 일어난 면을 경계로 위쪽에 있는 부분을 상반, 아래쪽에 있는 부분을 하반이라고 한다. 단층이 일어날 때, 상반이 하반보다 아래로 밀려 내려간 단층을 '정단층', 상반이 하반보다 위로 밀려 올라간 단층을 '역단층', 상반과 하반이 수평으로 움직인 단층을 '주향 이동 단층'이라고 한다.

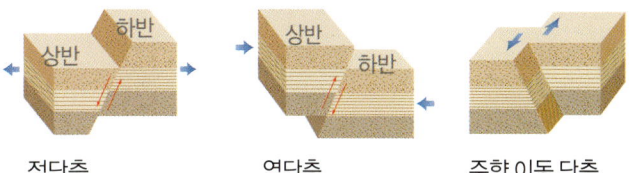

정단층                  역단층                  주향 이동 단층

우드락이 휘어질 때

우드락이
끊어질때잡고있는
손이떨린다.

우드락이 끊어질 때

▶ 습곡과 단층 사진과 모형 실험 결과를 비교해 보면 비슷하다. 이를 통해 실제 지층도 휘어지고 끊어짐을 알 수 있다.

그런데 모형 실험에서는 손으로 미는 힘이 작용했지만, 실제 지층에서는 지구 내부의 힘 때문에 습곡과 단층이 생긴다.

또한 모형 실험에서 우드락이 끊어질 때 잡고 있는 손이 떨리는 것을 느낄 수 있다. 실제 지층에서는 이러한 떨림 현상이 지진으로 발생한다.

### 〈모형 실험과 실제 지층의 비교〉

| 구분 | 모형 실험(우드락 실험) | 실제 지층 |
|------|------------------------|-----------|
| 힘 | 양손으로 미는 힘으로 아주 작다. | 지구 내부의 힘으로 매우 크다. |
| 시간 | 아주 짧은 시간이 걸린다. | 시간이 오래 걸린다. |
| 모양 | 볼록해지거나 끊어진다. | 습곡이나 단층이 생긴다. |
| 결과 | 끊어질 때 떨린다. | 지진이 발생한다. |

**실험으로 알게된 점** 우드락을 여러 장 겹쳐 양손으로 밀면 휘어지다가 끊어진다. 실제 지층도 지구 내부의 힘을 받아 우드락과 같이 휘어지기도 하고 끊어지기도 한다. 이 때 휘어지는 것을 습곡, 끊어지는 것을 단층이라고 한다. 그리고 우드락이 끊어질 때 잡고 있던 손이 떨리듯이, 지층이 끊어질 때에는 지진이 발생한다.

### 과학자의 눈
## 습곡의 구조

물결 모양으로 휘어진 지층을 습곡이라 하는데, 습곡은 일반적으로 배사와 향사라는 두 가지 구조를 가진다.

암석이 힘을 받아 위로 볼록하게 솟아올라 휘어진 부분을 **배사**라 하고, 오목하게 내려간 부분을 **향사**라 한다. 배사와 향사는 습곡을 이루고 있는 지층의 모양을 보고 구분할 수 있다. 습곡으로 이루어진 산맥으로는 히말라야 산맥, 알프스 산맥, 안데스 산맥 등이 있다.

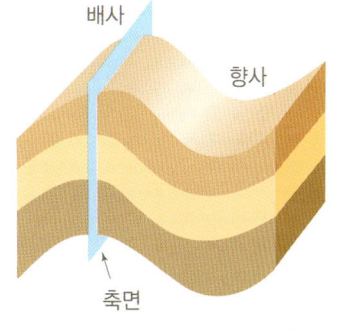

배사

향사

축면

알프스 산맥

최근에 발생한 지진 관련 기사를 신문이나 인터넷을 이용하여 모아 보면서, 지진의 발생 장소와 규모, 지진의 세기를 나타내는 방법, 피해 정도를 살펴보자.

**준비물** 지진 관련 신문 또는 인터넷 기사

## 아이티서 규모 '7.0' 강진…한국인 피해접수 없어

mbn 기사입력 2010-01-13 14:07 기사원문

지진의 발생 장소

중앙아메리카 아이티에서 현지 시각으로 어제(12일) 오후 200년 만의 강진이 발생했습니다.

지진의 피해 정도

대통령궁을 비롯한 많은 건물이 무너졌으며 인명 피해는 파악되고 있지 않지만, 최대 수천 명이 매몰됐을 가능성이 제기되고 있습니다.

미국 지질조사국에 따르면 규모 7.0의 지진이 아이티 수도에서 가까운 카르프 서쪽 14km 지점에서 발생했으며, 강한 여진이 이어져 피해가 커졌습니다.

지진의 규모

외교통상부는 아이티에 체류 중인 60여 명의 한국인 가운데 현재까지 피해가 접수된 사람은 없다고 밝혔습니다.

〈2010.01.13 mbn 방송 보도〉

## 인도네시아 지진 150여 명 사상

mbn 기사입력 2009-09-03 08:16 기사원문

인도네시아 자바섬 인근에서 지축이 흔들리기 시작한 건 오후 2시 55분쯤.

리히터 규모 7.4에 달하는 강진에 30명이 넘게 숨지고 110여 명이 다쳤습니다.

지진의 규모 / 지진의 피해 정도

그러나 실종된 사람이 많은 데다 본격적인 조사가 이뤄지면 사상자는 더 증가할 것으로 보입니다.

진앙은 인도네시아 수도인 자카르타에서 남쪽으로 200km 떨어진 곳의 해저였습니다.

지진의 발생 장소

인도네시아 당국은 진앙 인근 해역에 쓰나미 경보를 발령했다가 해제하기도 했습니다.

〈2009.09.03 mbn 방송 보도〉

**조사로 알게된 점** 지진과 관련된 기사를 보면 '규모'란 말이 나온다. 규모는 지진의 세기를 나타내며, 숫자가 클수록 강한 지진이다. 그러나 같은 규모를 가진 지진이라 할지라도 지진이 발생한 곳에서 가까운 지역과 멀리 떨어진 지역은 그 피해의 정도가 다르다. 그래서 사람들은 지진이 일어났을 때, '진도'를 함께 쓰기도 한다. 진도는 지진의 피해 정도를 등급으로 나타낸 것이다.

지진이 자주 발생하는 지역을 지진대라고 한다. 또 화산이 자주 발생하는 지역을 화산대라고 한다. 지도에서 살펴보면 아래와 같다.

준비물　지진대 지도, 화산대 지도, 색연필

### 지진대

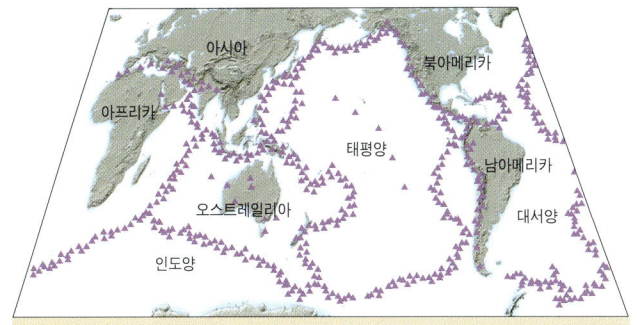

▲ 일본, 인도네시아, 인도, 이란, 남미 지역 등에서 지진이 자주 발생한다.

### 화산대

▲ 일본, 인도네시아, 인도, 이란, 남미 지역 등에서 화산이 자주 발생한다.

지진대와 화산대를 하나의 지도에 나타내면 다음 그림과 같다.

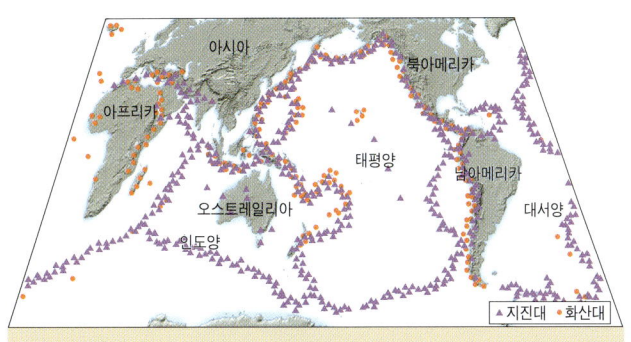

▲ 지진대와 화산대 두 지도를 합쳐 보면 지진대와 화산대가 거의 일치한다. 화산과 지진 모두 힘이 집중되는 곳에서 발생하기 때문이다. 이들을 선으로 연결해 보면 우리나라와 미국 사이의 태평양 연안, 유럽과 아프리카 사이의 지중해, 히말라야 산맥 근처에서 지진과 화산이 자주 발생하는 것을 알 수 있다.
태평양을 빙 둘러 나타나는 지진대를 '고리 환(環)'을 써서 '환태평양 지진대'라고 하며, 전 세계 지진의 80%가 발생한다. 화산 활동도 활발하여 '불의 고리'라고도 부른다.

**조사로 알게된 점**　지진이 자주 발생하는 지진대와 화산이 자주 발생하는 화산대를 하나의 지도에 표시해 보면 지진대와 화산대가 비슷한 것을 알 수 있다. 태평양 연안, 지중해 근처에서 지진 및 화산이 자주 발생한다.

과학자의

## 지진대와 화산대가 비슷한 이유

화산대와 지진대는 비슷하다. 그 이유는 화산 활동과 지진 모두 힘이 집중되는 부분에서 발생하기 때문이다. 즉, 화산이 폭발할 때 올라가는 마그마와 가스의 높은 압력에 의해 지각의 암석이 깨지면서 지진이 발생할 수 있다.

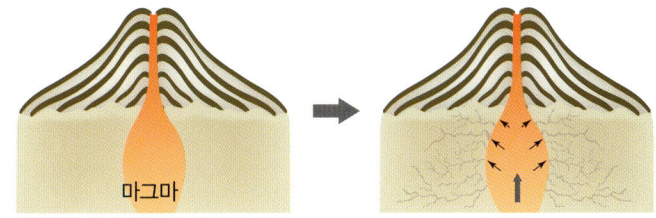

마그마

지진을 미리 예측할 수 없을까? 지진학자들은 지진계를 이용하여 지진을 측정한다.
어떤 원리로 지진을 측정할 수 있는지 간이 지진계를 만들어 알아보자.

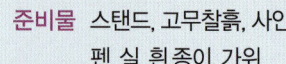
**준비물** 스탠드, 고무찰흙, 사인펜, 실, 흰 종이, 가위

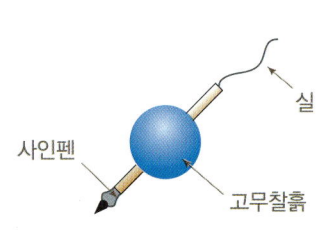
사인펜
실
고무찰흙

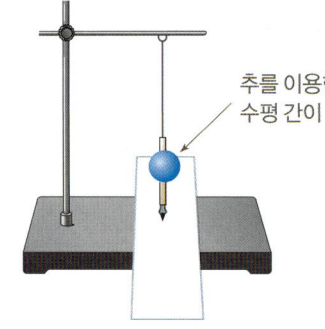
추를 이용한
수평 간이 지진계

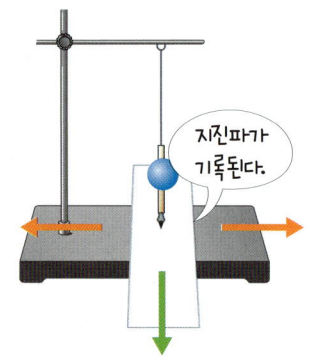
지진파가 기록된다.

① 사인펜에 실을 연결하고, 사인펜의 심의 끝만 남기고 고무찰흙으로 펜을 감싸 추를 만든다.

② 사인펜 끝이 바닥에 닿을 정도로 실을 이용해 스탠드에 매달고, 흰 종이를 길게 연결하여 바닥에 놓는다.

③ 흰 종이를 천천히 잡아당기면서 스탠드를 올려놓은 책상을 좌우로 흔든다. 흰 종이에 그려지는 것을 관찰한다.

**실험으로 알게 된 점** 지진이 발생하여 지면이 흔들릴 때, 정지한 채 움직이지 않는 물체를 기준으로 진동을 기록할 수 있다. 운동 상태의 변화에 대한 저항인 관성은 질량이 클수록 크다는 점을 이용한 것이다. 즉, 무거운 추 때문에 그 밑의 종이가 움직여도 추는 그대로 있게 된다. 그러므로 지진이 일어나면 추에 붙어 있는 펜이 종이 위에 지그재그 모양의 선을 그리게 된다. 이것을 '지진 기록(사이스모그램)'이라 한다. 위에서 만든 추를 이용한 수평 간이 지진계 외에도 용수철을 이용한 수직 간이 지진계가 있다.

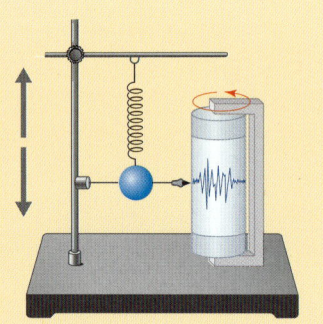
용수철을 이용한 수직 간이 지진계

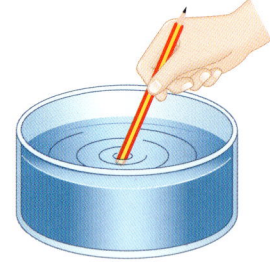
**과학자의 눈**

### 지진파란?

물이 담긴 그릇에서 연필로 물을 튕기면, 파동이 퍼져나간다. 이와 같이 지진파란 지진이 발생했을 때 생긴 에너지가 파동의 형태로 지진이 일어난 곳을 중심으로 진동이 사방으로 퍼져나가는 것을 가리킨다.

지진파의 종류로는 P파, S파 등이 있다. 지진파를 이용하면 지구 내부의 구조를 알아낼 수 있고, 지진이 어디서 일어났는지도 알아낼 수 있다.

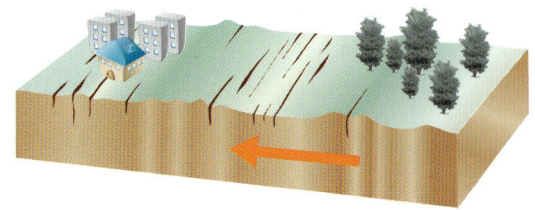
지진파의 진행 방향

▲ P파
기체, 액체, 고체 등 모든 상태의 물질에서 진동이 전달된다. S파 보다 속도가 빠르다.

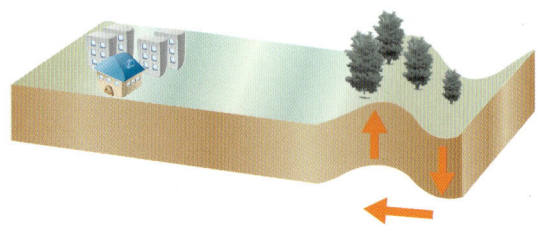
지진파의 진행 방향

▲ S파
고체에서만 진동이 전달되며 P파보다 속도가 느리다.

## 76 조사 지진의 피해와 지진 발생 시 대처 방법 익히기

지진이 일어나면 건물이 무너지고, 화재가 나며 사람이 다치거나 생명을 잃는 등의 피해를 입을 수 있다. 이런 지진의 피해를 줄이기 위해 어떤 노력을 해야 하는지 알아보자.

### 지진의 피해

▲ 땅이 흔들리거나 갈라진다.

▲ 건물 벽에 금이 가고 심하면 무너진다.

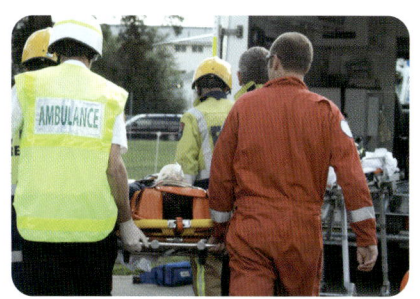

▲ 사람이 다치거나 생명을 잃기도 한다.

▲ 전기, 수도 공급이 끊기며 화재가 난다.

▲ 제방이 무너지고 물난리가 나기도 한다.

▲ 쓰나미가 발생해 해안가 주변에 큰 피해를 주기도 한다.

### 지진 발생 시 대처 방법

▲ 책상 밑으로 들어가 웅크려 앉아서 방석 등으로 머리를 보호한다.

▲ 엘리베이터 대신 계단으로 대피한다.

▲ 낙하물이 있는 곳으로부터 멀리 몸을 피한다.

▲ 전열기나 가스레인지를 확인하고 끈다.

▲ 휴대용 라디오나 TV 등을 통해 올바른 정보를 파악한다.

▲ 자동차를 타고 있을 때는 도로 오른쪽에 차를 세우고 대피한다.

조사로 알게 된 점 지진이 일어나면 많은 재산 및 인명 피해가 생긴다. 지진이 일어나는 것을 막을 수는 없지만, 지진 발생 시 알맞게 대처하면 그 피해를 줄일 수 있다. 지진이 발생하기 전에는 건물을 튼튼하게 지어 지진 발생으로 생길 수 있는 사고의 원인을 미리 제거한다. 또, 지진이 발생한 후에는 붕괴 위험이 있는 건물 주변을 피해서 다니고, 부상자를 돕는다.

# 지구와 달

지구와 달은 어떤 모양일까? 그리고 지구와 달은 어떻게 움직일까?

## 77 실험 지구와 달 퍼즐 맞추기

우리가 살고 있는 지구의 모양과 매일 뜨는 달의 모양은 어떨까? 퍼즐 맞추기를 하면서 지구와 달의 모양을 알아보자.

**준비물** 지구 퍼즐, 달 퍼즐, 가위

① 지구와 달의 모습이 그려진 퍼즐을 오린 다음 지구와 달 퍼즐을 짝과 바꾼다.

② 상대방의 퍼즐을 서로 섞어 준다.

③ 주어진 시간에 누가 먼저 맞추는지 시합을 한다.

④ 완성된 지구와 달 모양을 서로 비교한다.

**실험으로 알게된 점** 완성된 지구와 달 모양 퍼즐을 비교해 보았을 때 지구와 달의 모양이 비슷하다는 점을 관찰할 수 있다. 그러나 지구와 달의 전체적인 모양은 비슷하지만, 달에 비해 지구는 바다와 육지가 구분되어 있음을 알 수 있다.

### 달은 어떻게 해서 만들어졌을까?

지구에 가까이 있어 관측하기 쉬운 달은 어떻게 만들어졌을까? 지구의 위성인 달은 지구의 일부분이 떨어져나가 형성된 것이라는 학설이 천문학자들 사이에서 받아들여지고 있다. 그렇다면 지구의 일부분은 어떻게 해서 떨어져나가게 되었을까? 천문학자들은 지구가 화성 크기의 행성체와 부딪칠 때 떨어져나간 지구의 암석 조각들이 뭉쳐져서 달이 만들어졌다고 주장한다. 그러므로 지구를 구성하는 물질과 달을 구성하는 물질은 거의 비슷하다고 할 수 있다.

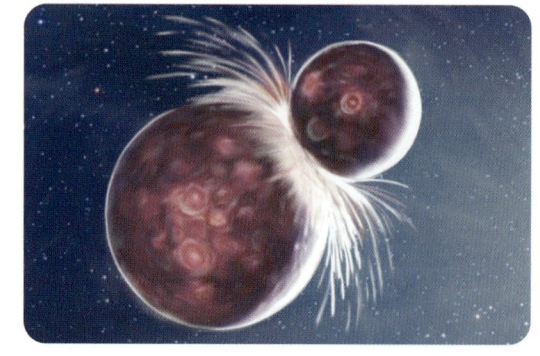

우리는 지구가 둥글다는 것을 알고 있는데, 지구가 둥글다는 사실을 어떻게 확인할 수 있을까? 먼 바닷가에서 항구로 들어오는 배는 어떻게 보일까? 공을 이용한 간단한 실험을 통해 지구가 둥글다는 것을 확인해 보자.

**준비물** 작은 종이배, 농구공

① 책상 위에 공을 놓고 공의 뒤쪽에서 한 사람이 접은 종이배를 공의 표면을 따라 점점 앞으로 올린다.

② 공의 앞쪽에 있는 사람은 공을 타고 올라오는 종이배의 모습이 어떻게 보이는지 확인한다.

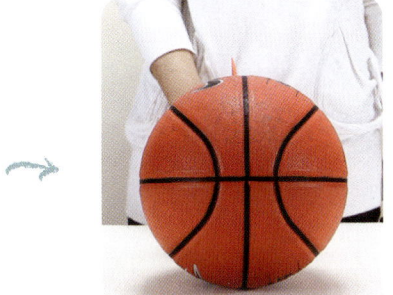  

▲ 배의 돛부터 보이기 시작하여 점점 배의 중간과 아랫부분까지 보인다.

**관찰로 알게 된 점** 공을 이용한 실험에서 배를 관찰해 보면 배의 윗부분, 즉 배의 돛 부분부터 보이기 시작한다. 점점 가까이 다가올수록 배의 윗부분에서 시작해서 점점 아랫부분까지 보이게 된다. 항구로 들어오는 배의 경우도 마찬가지이다. 이것은 지구가 공과 같이 둥글기 때문에 나타나는 현상이다. 만약 지구가 편평하게 생겼다면 항구에 들어오는 배는 거리에 상관없이 처음부터 배 전체의 모습이 보였을 것이다.

**과학자의 눈**
## 지구의 모양을 알 수 있는 다른 증거

최근에는 인공위성에서 지구의 모습을 촬영하여 지구가 정말 공처럼 생겼다는 것을 확인할 수 있다. 또, 지구의 모양을 확인할 수 있는 방법은 월식이 일어날 때 달에 비친 지구의 그림자를 보면 알 수 있다. 월식이란 지구와 달, 태양이 태양 – 지구 – 달의 순서로 놓이게 되어 태양에 의해 생긴 지구의 그림자가 달을 가리는 것이다. 이때 달에 비치는 지구의 그림자가 둥글다. 이외에도 한 방향으로만 가도 지구 한 바퀴를 돌 수 있다는 것과 높은 곳에 올라갈수록 더 멀리 보이는 것으로도 알 수 있다. 지구가 편평하다면 높은 곳이나 낮은 곳의 시야의 폭이 같아야 하기 때문이다.

우주에서 본 지구의 모습

지구와 우주 · 지구와 달

지구 표면은 크게 육지와 바다로 나뉘는 것을 알고 있는데, 지구 표면의 다양한 지형을 관찰해 보자.

**준비물** 지구 지형 사진

### 지구의 지형

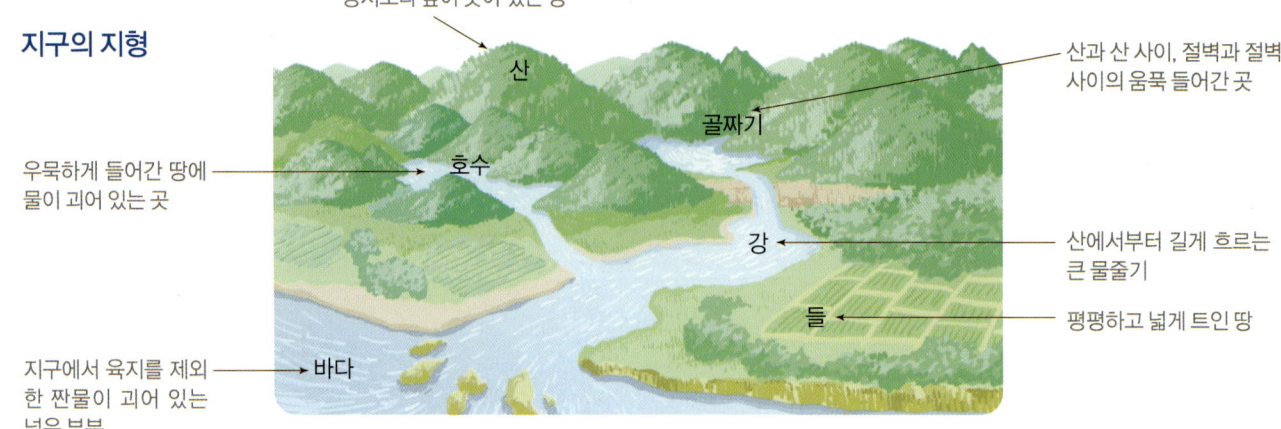

평지보다 높이 솟아 있는 땅 — 산

산과 산 사이, 절벽과 절벽 사이의 움푹 들어간 곳 — 골짜기

우묵하게 들어간 땅에 물이 괴어 있는 곳 — 호수

강 — 산에서부터 길게 흐르는 큰 물줄기

들 — 평평하고 넓게 트인 땅

지구에서 육지를 제외한 짠물이 괴어 있는 넓은 부분 — 바다

### 바닷속 지형

대륙사면의 끝에 좁고 기다랗게 형성된 움푹 꺼진 지형

해수면

화산섬

육지의 끝에서 바다로 이어지는 완만한 경사면 — 대륙붕

해구

해산 — 해저에서 화산 활동으로 형성된 원뿔 모양의 산

대륙붕에서 바다 쪽 경계 면의 경사가 급한 지형 — 대륙사면

심해저 평원 — 평탄하게 형성된 해저 지형

**조사로 알게된점** 지구의 지형은 높은 산, 넓은 들, 깊은 골짜기, 강, 호수, 바다 등이 있고, 바닷속 지형은 대륙붕, 대륙사면, 해구, 해산 등의 다양한 지형이 있다. 육지와 바닷속 지형에서 공통적으로 볼 수 있는 것은 산과 계곡이다.

우리의 눈에는 보이지 않지만 공기가 지구 주위에 둘러싸고 있음을 느껴보자.

깃발이 휘날릴 때

부채질을 할 때

풍선에 바람이 빠질 때

공을 부풀릴 때

**관찰로 알게된점** 공기는 우리 눈에 보이지 않지만 물체가 흔들릴 때, 공기를 불어넣은 풍선, 튜브, 공 등이 부풀어 오를 때 공기의 존재를 확인할 수 있다. 또한 지구를 둘러싼 공기는 생물이 숨을 쉬며 살 수 있게 해준다.

# 81 관찰 달의 모습 관찰하기

달은 어떤 모습일까? 사람들은 달을 그릴 때 토끼가 절구에 방아를 찧는 모습을 그리기도 했다. 실제로 달은 어떤 모습을 하고 있을까? 달과 지구의 비슷한 점과 다른 점을 알아보자.

**준비물** 다양한 달 사진, 쌍안 망원경

달

지구

▲ 달과 지구는 모두 둥근 공 모양이고, 표면이 울퉁불퉁한 점이 비슷하다. 그러나 달의 표면은 회색빛이고, 하늘은 검은빛이다.

## 달의 표면

운석이 달 표면에 떨어질 때 생긴 구덩이로, 지구에서는 보기 어렵지만 달에는 많다.

▲ 어두운 부분과 밝은 부분이 있다.　▲ 돌덩이가 있다.　▲ 운석 구덩이가 있다.

## 〈달과 지구의 모습 비교하기〉

| 달의 모습 | 지구와 비슷한 점 | 지구와 다른점 |
|---|---|---|
| 전체 모습은 둥글며, 표면에 돌덩이와 운석 구덩이가 있다. | 전체 모습이 둥글며, 표면이 울퉁불퉁하다. | 표면은 회색빛이며 하늘은 검은빛이다. |

**관찰로 알게된 점** 달의 전체적인 모습은 지구처럼 둥근 공 모양이다. 달의 표면에는 운석에 의해 만들어진 운석 구덩이(크레이터)들이 많으며 큰 바위와 깊은 계곡, 그리고 바다와 같은 지형과 산과 같은 지형으로 이루어져 있다. 달의 반지름은 지구 반지름의 $\frac{1}{4}$로 매우 작다. 즉, 지구의 반지름이 6400 km 정도이므로 달의 반지름은 1600 km 정도이다. 또, 하늘은 검은빛이고, 표면은 회색빛이다.

물 질

start!

'물질'은 물질의 성질, 구조, 변화를 연구하는 자연과학입니다. '에너지'와는 달리 물질 자체를 연구합니다. 또 이미 존재하는 물질을 이용해 전혀 다른 새로운 물질을 만들어내기도 합니다. 우리 주변을 이루고 있는 물질에 대해 알아봅시다.

물

물과 우리 생활

물과 얼음

물과 수증기

과학의 광장

# 물체와 물질

우리 주위의 물체들은 어떤 재료로 만들어졌을까? 또 그 재료를 사용한 이유는 무엇일까?

 **82** 관찰 **물체를 이루고 있는 재료 알아보기**

우리 주위에는 공, 컵, 옷, 책상, 자전거 등과 같이 여러 가지 물체들이 있다. **물체**란 이처럼 모양을 지니고 일정한 공간을 차지하고 있는 것을 말한다. 물체들은 나무, 고무, 유리, 천, 플라스틱 등과 같은 재료로 만들어졌는데, 물체를 만드는 재료를 **물질**이라고 한다.

여러 가지 물체들을 관찰하고, 어떤 물질로 이루어져 있는지 알아보자.

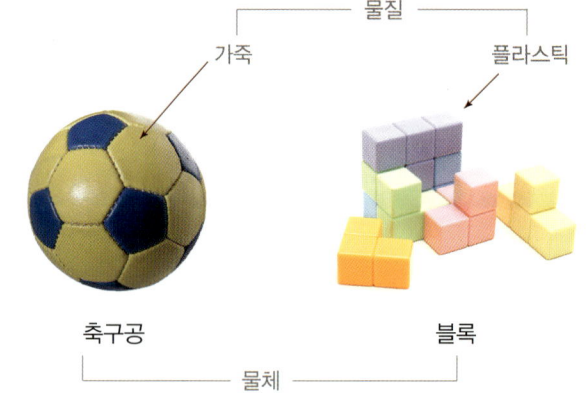

축구공                블록

유리컵

주전자

시계

가죽 의자

휴지통

신발

책상과 의자

**관찰로 알게된 점** 우리 주위에 있는 여러 가지 물체들은 각각 다양한 재료로 만들어졌다. 예를 들면 유리컵은 유리로, 주전자는 플라스틱과 철로, 축구공은 가죽 등이다. 이와 같은 재료를 물질이라고 하는데, 각 물체를 이루는 대표적인 물질에는 철, 나무, 고무, 유리, 가죽, 플라스틱 등이 있다. 이 외에도 돌, 천, 스티로폼 등 물체를 이루는 물질의 종류는 매우 다양하다.

자전거는 몸체, 타이어, 바퀴살, 손잡이 등 여러 가지 물체들로 이루어져 있다. 이 물체들은 어떤 물질로 만들어졌을까? 자전거를 관찰해보고, 자전거를 이루는 물질의 종류와 그 물질이 사용된 이유를 물질의 성질과 연관지어 알아보자.

**준비물** 자전거

**몸체─금속 :**
잘 부러지지 않고
튼튼하다.

**손잡이─플라스틱 :**
튼튼하고, 차갑지 않다.

**의자─가죽 :**
충격 흡수가 잘 되고,
겨울에 춥지 않다.

**바퀴살─금속 :**
잘 부러지지 않고
튼튼하다.

**타이어─고무 :**
충격 흡수가 잘 되어
승차감이 좋다.

**관찰로 알게된 점** 물체는 유리컵과 같이 한 가지 물질로만 이루어진 것도 있지만, 자전거와 같이 철, 가죽, 고무, 플라스틱 등 2가지 이상의 물질로 이루어진 것도 있다. 이와 같이 어떤 물체를 만들 때 여러 가지 물질이 사용되는 이유는 각 물질이 가지고 있는 성질이 다르기 때문이다. 예를 들어 금속은 매우 단단하고 튼튼하며 고무는 부드럽고 충격을 잘 흡수하고, 가죽은 충격 흡수가 잘 되고 겨울에 차갑지 않으며, 플라스틱은 단단하고 만져도 차갑지 않은 성질이 있다. 따라서 자전거의 각 부분에 맞게 여러 가지 물질이 이용된다. 만일 자전거 바퀴를 나무로 만들면 충격을 잘 흡수하지 못하고 덜거덕거려 승차감이 좋지 않고 쉽게 부서질 것이다.

## 더 이상 나누어지지 않는 물질의 성분

물체를 이루고 있는 재료를 물질이라고 한다. 물질을 계속 잘게 나누면 더 이상 나누어지지 않는 성분이 되는데, 이를 **원소**라고 한다. 예를 들어 우리가 마시는 물은 산소와 수소라는 원소로 이루어져 있고, 금반지는 금이라는 원소로 이루어져 있다. 이와 같이 물질은 한 가지 또는 2가지 이상의 원소로 이루어져 있다.

지금까지 알려진 원소는 약 110여 종인데, 그 중 90여 종은 자연에서 발견된 것이고, 나머지는 인공적으로 만든 것이다.

물은 산소,
수소로 이루어져
있어요!

금반지는
금으로 이루어져
있어요!

## 84 관찰 물체 분류하기

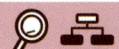

**분류**는 물체의 공통점과 차이점을 파악하여 기준에 따라 무리짓는 것이다. 여러 가지 물체들을 관찰하고, 물체의 모양과 물체를 이루는 물질에 따라 분류해보자. 또 적합하지 않은 분류의 예도 알아보자.

**준비물** 시계, 삼각김밥, 주사위, 풍선, 동전, 지우개 등 여러 가지 물체

### 물체의 모양에 따른 분류

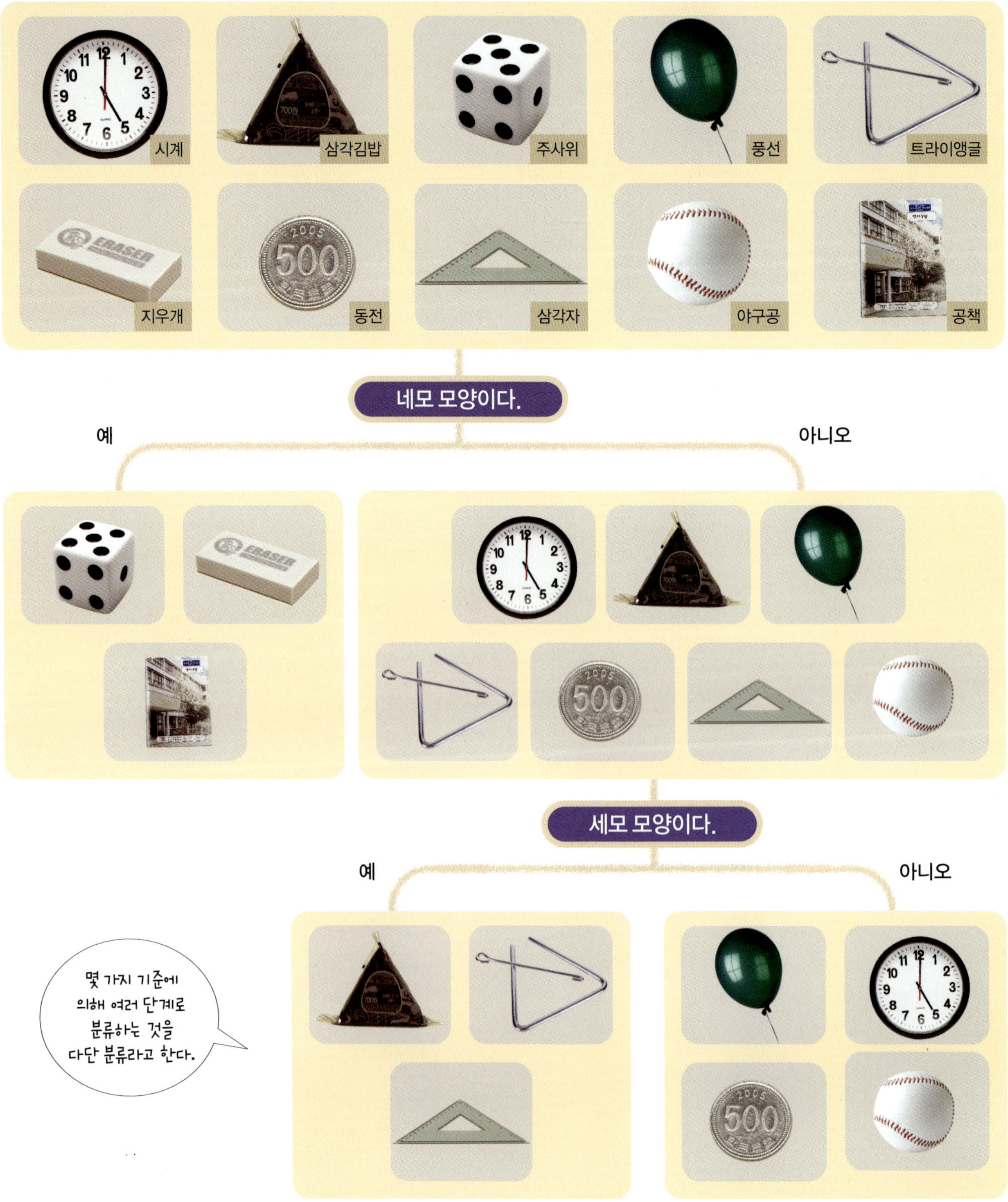

시계
삼각김밥
주사위
풍선
트라이앵글
지우개
동전
삼각자
야구공
공책
네모 모양이다.
예
아니오
세모 모양이다.
예
아니오
몇 가지 기준에 의해 여러 단계로 분류하는 것을 다단 분류라고 한다.

## 물체를 이루는 물질에 따른 분류

| | | | | |
|---|---|---|---|---|
| 농구공 | 유리창 | 지우개 | 시계 | 쓰레받기 |
| 가위 | 자물쇠와 열쇠 | 책 | 연필 | |

**고무로 만들어졌다.**

예      아니오

**~~비싼 물건이다.~~**

예      아니오

→ 분류 기준으로 적합하지 않으므로 올바른 분류가 아니다.

**관찰로 알게된 점** 우리 주위의 물체들은 모양, 물체를 이루고 있는 물질 등 여러 가지 성질을 기준으로 다양하게 분류할 수 있다. 물체를 분류할 때에는 먼저 분류 기준이 알맞은지 살펴보아야 한다. 분류 기준은 누구나 이해할 수 있는 객관적인 것이어야 한다. 따라서 상황 또는 사람에 따라 변하는 것은 분류 기준이 될 수 없다. 물체를 분류하기 위해서는 물체를 관찰하고, 물체를 이루는 물질의 특성을 잘 이해해야 한다. 예를 들어 고무의 성질을 이해한다면, '고무로 만들어졌다.'라는 분류 기준 대신 '말랑말랑하다.'라는 기준을 세워도 같은 결과를 얻을 것이다.

**과학자의 눈**

## 다이아몬드와 연필심을 이루는 원소

다이아몬드는 보석 중에서도 최고로 손꼽히는 비싼 물질이다. 그런데 흥미롭게도 다이아몬드와 같은 원소로 이루어졌음에도 불구하고 그 성질과 가치가 전혀 다른 물질이 있다. 바로 연필심으로 쓰이는 흑연이다. 흑연과 다이아몬드는 둘다 '탄소'라는 원소 한 가지로 이루어져 있다. 탄소는 생명체를 이루는 구성 원소이며, 석탄과 석유의 주성분이기도 하다. 그런데 이 두 물질의 성질이 다른 이유는 무엇일까? 그것은 탄소 알갱이들의 배열 모습이 전혀 다르기 때문이다. 바로 그 차이가 다이아몬드와 연필심의 운명을 구별 지은 것이다.

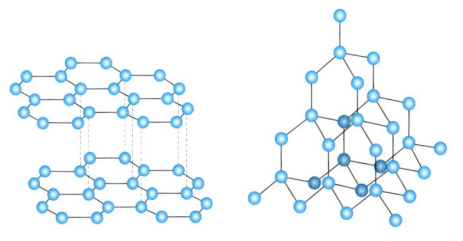

흑연의 탄소 알갱이들    다이아몬드의 탄소 알갱이들

# 물질의 성질과 쓰임새

냄비는 대부분 금속으로 만들어져 있다. 냄비를 금속으로 만든 이유는 무엇일까? 플라스틱이나 고무로 만들면 안 될까?

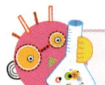

## 85 실험 물질의 단단한 정도 알아보기

주위의 여러 가지 물질은 각각 그 성질이 다르다. 여러 가지 물질을 서로 긁어 보는 과정을 통해 물질의 단단한 정도를 알아보자.

**준비물** 나무젓가락, 철 못, 플라스틱 숟가락, 스티로폼 수수깡, 구리판, 고무지우개

▲ 나무젓가락으로 철 못, 플라스틱 숟가락, 스티로폼 수수깡, 구리판, 고무지우개를 긁으면 스티로폼 수수깡과 고무지우개가 긁힌다.

▲ 철 못으로 플라스틱 숟가락, 스티로폼 수수깡, 구리판, 고무지우개를 긁으면 스티로폼 수수깡, 플라스틱 숟가락, 구리판, 고무지우개가 긁힌다.

▲ 플라스틱 숟가락으로 스티로폼 수수깡, 구리판, 고무지우개를 긁으면 스티로폼 수수깡, 고무지우개가 긁힌다.

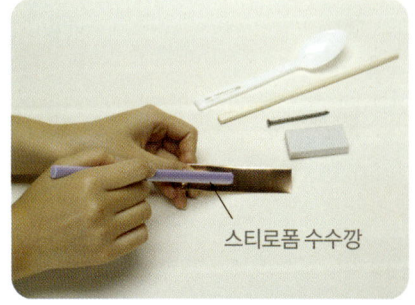

▲ 스티로폼 수수깡으로 구리판, 고무지우개를 긁으면 아무것도 긁히지 않는다.

▲ 구리판으로 고무지우개를 긁으면 긁힌다.

**실험으로 알게 된 점** 물질을 서로 긁어 본 결과, 철 못이 가장 단단하고, 수수깡(스티로폼)이 가장 무르다는 것을 알 수 있다. 단단한 것부터 물질을 나열하면 다음과 같다. 이와 같이 물질에 따라 단단한 정도가 다르다.

# 86 실험 물질의 유연한 정도와 물에 뜨는 정도 알아보기

주위의 여러 가지 물질은 각각 그 성질이 다르다. 여러 가지 물질을 구부려보고, 물에 넣어보는 과정을 통해 물질의 유연한 정도와 물에 뜨는 정도를 알아보자.

**준비물** 나무젓가락, 철 못, 플라스틱 숟가락, 스티로폼 수수깡, 구리판, 고무지우개, 수조

① 각 물질을 구부려보고 잘 구부러지는 순서로 나열해본다.

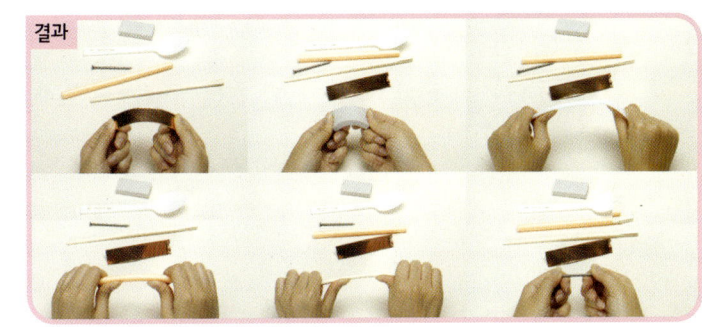

결과

▲ 구리판이 가장 잘 구부러지고, 그 다음으로 고무지우개, 플라스틱 숟가락, 스티로폼 수수깡, 나무젓가락, 철 못 순이다.

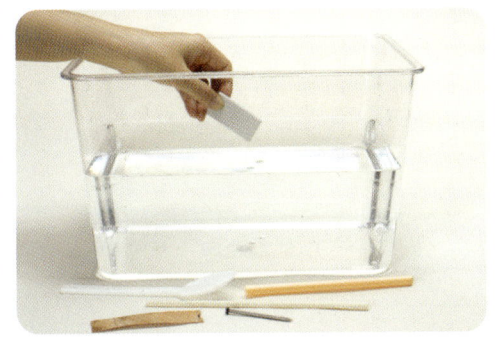

② 각 물질을 물에 넣어 뜨는 정도를 비교해본다.

결과

▲ 스티로폼 수수깡과 나무젓가락, 플라스틱 숟가락은 물에 뜨고, 철 못, 고무지우개, 구리판은 가라앉는다.

**주의** 물질의 재질과 종류, 모양에 따라 같은 물질이라도 물에 뜨고 가라앉는 성질이 다르게 나타날 수도 있다.
예) 플라스틱 숟가락, 고무지우개

**실험으로알게된점** 여러 물질을 구부렸을 때 구리판이 가장 잘 구부러지고, 철 못이 가장 구부러지지 않는다. 잘 구부러지는 순서대로 나열하면 구리판 > 고무지우개 > 플라스틱 숟가락 > 스티로폼 수수깡 > 나무젓가락 > 철 못이다. 또한 각 물질을 물에 넣었을 때, 스티로폼 수수깡과 나무젓가락, 플라스틱 숟가락은 물 위에 뜨지만 나머지 물질들은 바닥으로 가라앉는다.
이와 같이 각 물질의 유연한 정도와 물에 뜨는 정도가 다른 것을 통해 물질들이 각기 다른 성질을 가지고 있다는 것을 알 수 있다.

## 과학자의눈 물질의 성질

풍선을 종이나 플라스틱으로 만들지 않고 고무로 만드는 이유는 탄력이 있어서 잘 늘어나는 고무의 성질 때문이다. 이와 같이 물질은 색깔, 냄새, 맛, 모양, 굳기, 유연성 등의 독특한 성질을 지니고 있는데, 이를 **물질의 성질**이라고 한다. 일반적으로 물질이 지니고 있는 성질에 따라 물질의 쓰임새가 결정된다.

◀ 고무는 잘 늘어나는 성질이 있어서 풍선, 고무줄 등에 이용된다.

우리 주위에는 한 가지 물질이 다양한 물체로 만들어져 사용되는 예가 많다. 물체를 만드는 데 그 물질의 어떠한 성질이 이용된 것일까? 우리 주변에서 한 가지 물질이 여러 가지 용도로 만들어진 경우를 찾고, 사용된 성질을 알아보자.

**준비물** 나무, 고무, 유리 등으로 만들어진 물체

 나무

 의자
 나무젓가락
 칠판
 블록
 문
 야구방망이

 고무

 공
 고무신
 지우개
 고무장갑
 타이어
 풍선

 유리

 유리병
 유리창
 거울
 어항
 전구
 유리컵

 금속

 못
 칼
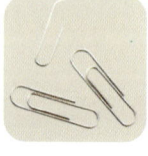 클립
 사슬
 냄비
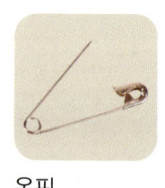 옷핀

 플라스틱

 숟가락
 블록
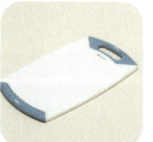 도마
 칫솔
 슬리퍼
 휴지통

 비닐

 일회용 장갑
 과자 봉지
 비닐랩
 비닐하우스
 우의
 비닐봉지

## 사용된 물질의 성질

- 부드럽고 불투명하다.
- 따뜻한 느낌이다.
- 지나치게 단단하지 않아 안전하다.
- 쉽게 부서지거나 깨지지 않는다.
- 잘 휘어지지 않는다.
- 열이나 전기가 전달되지 않는다.

나무

- 유연하고 탄력적이다.
- 질기며 잘 부서지지 않는다.
- 열이나 전기가 전달되지 않는다.
- 불투명하다.
- 잘 늘어난다.
- 물을 흡수하지 않는다.

고무

- 빛이 잘 통과하여 투명하다.
- 매끄럽다.
- 깨지기 쉽다.
- 뜨거운 열에도 잘 견딘다.
- 전기가 통하지 않는다.
- 물을 흡수하지 않는다.

유리

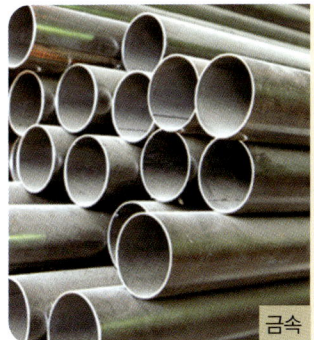

- 단단하고 쉽게 부서지지 않는다.
- 차갑다.
- 불투명하다.
- 열이 잘 전달되고 전기가 잘 통한다.
- 광택이 난다.
- 녹이 슬기 쉽다.

금속

- 부드럽고 가볍다.
- 쉽게 부서지지 않는다.
- 빛이 잘 통하게 할 수도 있고 통하지 않게 할 수도 있다.
- 전기가 통하지 않는다.
- 열에 약하다.
- 물을 흡수하지 않는다.

플라스틱

- 가볍고 질기다.
- 투명하다.
- 불에 약하다.
- 전기가 통하지 않는다.
- 물을 흡수하지 않는다.

비닐

**조사로 알게 된 점** 유리라는 한 가지 물질로 유리병, 유리창, 거울, 어항, 전구, 컵 등 다양한 물체를 만든다. 이와 같이 우리 주위의 물체들을 살펴보면, 한 가지 물질이 다양한 쓰임새로 사용되는 경우를 많이 볼 수 있다. 한 가지 물질이 여러 가지 물체로 만들어질 때에는 각 물질들이 가지고 있는 고유한 성질이 이용된다.

**과학자의 눈**

## 금속과 철

금속은 철, 금, 은, 구리, 아연 등 광택이 나는 물질로서 전기와 열을 잘 전달한다. 흔히 '금속' 하면 철을 떠올리는데, 철은 다양한 금속들 중 하나일 뿐이다. 우리 주위의 물체에는 철 외에도 다양한 금속이 사용된다. 동전 역시 금액에 따라 조금씩 차이가 나지만 알루미늄, 구리, 아연, 니켈이라는 다양한 금속으로 만들어져 있다. 또한 통조림이나 음료수 캔도 같은 종류의 금속으로 만들어진 것 같아 보여도 알루미늄으로 만들어진 것과 철로 만들어진 것이 있다.

알루미늄 캔

철 캔

여러 종류의 캔

고무로 지우개, 풍선 등을 만드는 것과 같이 우리는 한 가지 물질로 여러 종류의 물체를 만들어 사용한다. 그렇다면 반대로 한 가지 물체를 여러 가지 물질로 만들어 사용하기도 할까? 우리 주변에서 쓰임새는 같으나 다른 물질로 만들어진 경우를 찾고, 좋은 점과 나쁜 점을 조사해 보자.

**준비물** 다양한 물체의 사진

**컵** 유리, 종이, 금속, 도자기, 플라스틱 등으로 만든다.

▲ 유리컵 : 투명하여 내용물을 쉽게 알 수 있고, 열에 잘 견디나 깨지기 쉽다.

▲ 종이컵 : 싸고 가벼워 사용하기 쉬우나 여러 번 사용하기 어렵다.

▲ 금속 컵 : 가볍고, 잘 깨지지 않으나 열이 쉽게 전달된다.

▲ 도자기 컵 : 열에 잘 견디나 무거우며 깨지기 쉽다.

**의자** 나무, 가죽, 금속, 플라스틱 등으로 만든다.

   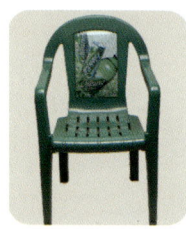

▲ 나무 의자 : 촉감이 좋고, 차갑지 않으며 단단하고 튼튼하나 열에 약하다.

▲ 가죽 의자 : 촉감이 좋고, 푹신하며 부드럽지만 값이 비싸다.

▲ 금속 의자 : 단단하나 차갑고 무겁다.

▲ 플라스틱 의자 : 가볍고, 단단하나 푹신하지 않다.

**그릇** 유리, 나무, 종이, 플라스틱 등으로 만든다.

▲ 유리그릇 : 투명하여 내용물을 쉽게 알 수 있고, 열에 잘 견디나 깨지기 쉽다.

▲ 나무 그릇 : 잘 깨지지 않고 열 전달이 빠르지 않으나, 긁히기 쉽고 물에 오래 닿으면 상하기 쉽다.

▲ 종이 그릇 : 싸고 가벼우나 여러 번 사용하기 어렵다.

▲ 플라스틱 그릇 : 싸고 가벼우며, 단단하나 긁히기 쉽다.

**조사로 알게 된 점** 우리가 사용하는 물체들을 살펴보면, 컵, 그릇, 의자 등과 같이 쓰임새는 같지만 다양한 물질로 만들어져 있음을 알 수 있다. 이와 같이 물체를 다양한 물질로 만들어 내는 것은 물질의 특성을 살려 물질 각각의 좋은 점을 최대한 이용하기 위한 것이다.

컴퓨터를 나무로 만들면 어떨까? 이미 사용하고 있는 물체나 물건들을 새로운 물질로 만들어 보거나 그림으로 그려보자. 또 새로운 물질로 만들었을 때의 장점과 단점을 찾아보자.

준비물 색연필, 사인펜, 스케치북

물질 · 물체와 물질

## 컴퓨터를 나무로 만들면?

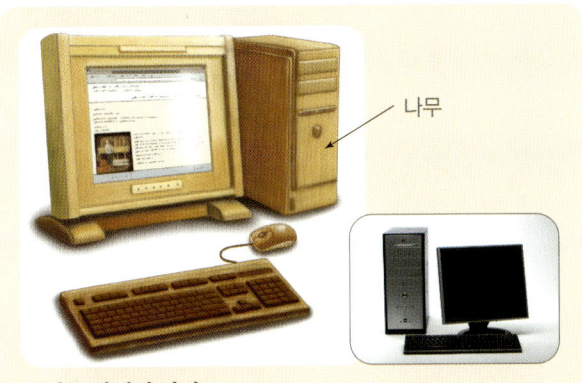

나무

- 나무 향기가 난다.
- 나무의 부드러운 감촉을 느낄 수 있다.
- 쉽게 깨지거나 금이 가지 않는다.
- 열을 잘 방출하지 못한다.

## 자동차를 고무로 만들면?

고무

- 흠집이 잘 나지 않는다.
- 쉽게 휘어져서 모양이 변하여 안전하지 않다.

## 가방을 비닐로 만들면?

비닐

- 매우 가볍고 저렴하며, 비가 올 때 속이 젖지 않는다.
- 가방 안에 든 물건이 보이며, 오래 사용하기 어렵다.

**조사로 알게된 점** 현재 우리가 사용하는 물체를 새로운 물질로 만들어 사용할 때 좋은 점이 생길 수도 있고, 나쁜 점이 생길 수도 있다. 우리의 생활을 풍요롭게 만들기 위해서는 끊임없는 연구와 노력이 필요하다.

## 과학자의 눈
## 옥수수로 만든 플라스틱

원유를 이용하여 만들어지는 플라스틱은 가볍고 단단하며 다양한 색깔로 만들 수 있기 때문에 우리 생활 속에서 흔하게 사용된다. 하지만 플라스틱은 썩는 데 오랜 시간이 걸려 환경을 오염시키는 문제가 있다. 최근에는 옥수수와 같은 곡물을 사용해서 썩을 수 있는 플라스틱을 만들어 휴대폰에 이용하기도 하였다.

# 물질의 상태

우리 주위의 수많은 물질은 고체, 액체, 기체라는 세 가지 상태로 존재한다. 고체, 액체, 기체는 어떠한 성질을 지니고 있을까?

 ## 90 실험 고체의 특징 알아보기

연필, 지우개, 필통, 책상 등 우리 주위에 보이는 대부분의 물체들은 고체이다. 고체는 어떤 특징이 있는지 알아보자.

**준비물** 여러 가지 모양의 투명한 그릇, 지우개, 연필

▲ 지우개와 연필을 각각 여러 가지 모양의 그릇에 넣은 후 모양을 살펴본다.

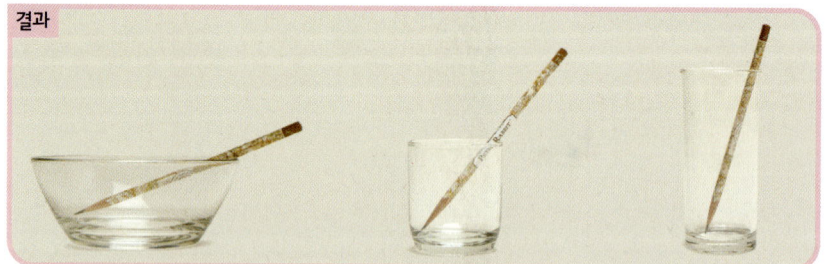

▲ 연필의 모양 : 담는 그릇이 달라져도 연필의 모양과 크기는 변하지 않는다.

▲ 지우개의 모양 : 담는 그릇이 달라져도 지우개의 모양과 크기는 변하지 않는다.

**실험으로 알게 된 점** 연필, 그릇, 책상, 지우개 등과 같은 물체들은 눈으로 볼 수 있으며, 손으로 잡을 수 있다. 또한 담는 그릇이 달라져도 모양과 크기는 변하지 않는다. 이와 같은 특징을 갖는 물체를 **고체**라고 한다.

◀ 고체는 손으로 잡을 수 있다.

### 과학자의 눈
## 물질의 상태

우리 주위에는 다양한 물체와 물질들이 있으며, 각각 고체, 액체, 기체의 세 가지 상태 중 한 가지 상태로 존재한다. 공, 책상, 가방 등과 같이 일정한 모양과 크기를 지니고 있는 상태를 **고체**, 물, 우유, 주스, 기름 등과 같이 담는 그릇에 따라 모양이 변하며 양이 변하지 않는 물질의 상태를 **액체**, 공기, 헬륨 등과 같이 일정한 모양도 없고 일정한 부피도 없는 물질의 상태를 **기체**라고 한다.

▲ 수영장의 물은 액체, 튜브는 고체, 튜브 속에 넣은 공기는 기체이다.

고체는 담는 그릇에 따라 모양이 변하지 않는 특징이 있다. 그렇다면 소금, 설탕, 모래와 같은 가루 물질은 고체일까, 아닐까? 가루 물질들을 다양한 모양의 그릇에 담아 보면서 어떤 상태인지 알아보자.

**준비물** 모래, 여러 가지 모양의 투명한 그릇, 돋보기

① 모래를 여러 모양의 투명 그릇에 담아본다.

▲ 담는 그릇에 따라 모래가 담겨진 모양이 다르다.

② 모래 한 톨을 여러 모양의 투명 그릇에 담은 후 돋보기로 모래의 모양을 관찰해본다.

▲ 담는 그릇이 달라져도 모래 한 톨의 모양은 변하지 않는다.

**실험으로 알게된 점** 우리 주위에서 흔히 볼 수 있는 소금, 설탕, 모래와 같은 가루 물질들은 작은 알갱이들이 모여 있는 것이다. 담는 그릇에 따라 가루가 담긴 전체의 모양이 변하는 것으로 보이지만, 가루를 이루고 있는 알갱이 하나 하나의 모양은 변하지 않는다. 따라서 가루 물질은 고체 상태이다.

**과학자의 눈**

## 담는 그릇이 달라져도 고체의 모양이 변하지 않는 이유

물질은 보이지 않을 정도로 아주 작은 알갱이들로 이루어져 있다. 그런데 고체는 이 알갱이들 사이의 간격이 매우 좁으며, 빽빽하다. 이러한 알갱이들 사이에는 서로 끌어당기는 힘이 작용하는데, 알갱이 사이의 간격이 좁다 보니 서로 끌어당기는 힘의 크기도 매우 크다. 따라서 알갱이들은 자유롭게 돌아다니지 못하고 제자리에서 떨리는 정도의 운동만 한다. 이렇게 입자들이 자유롭게 이동할 수 없기 때문에 고체는 모양이 변하지 않는다.

매우 좁고, 서로 끌어당기는 힘이 강해서 모양이 변하지 않아.

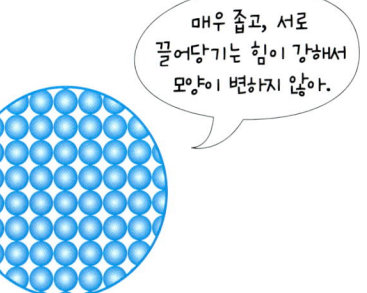

고체 상태의 알갱이들 ▶

우리 주위에 있는 물이나 우유, 주스와 같은 물질들은 어떤 특징을 갖고 있으며, 액체란 무엇인지 알아보자.

**준비물** 여러 가지 모양의 유리그릇, 눈금 실린더, 물감이나 색소, 물, 유성펜

① 눈금 실린더에 색소를 탄 물을 넣는다.

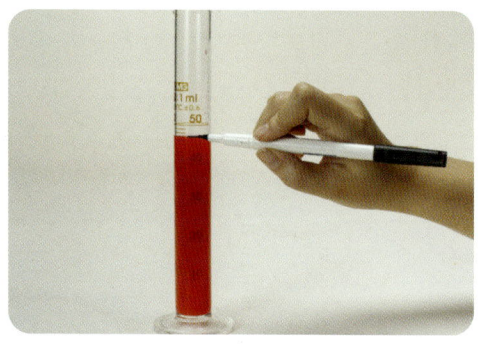

② 물의 모양을 살펴보고, 물의 높이를 유성펜으로 표시한다.

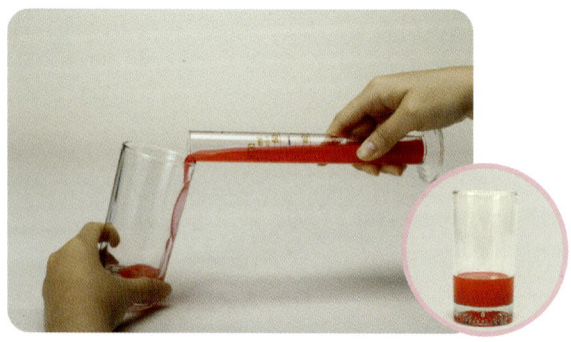

③ 눈금 실린더에 든 물을 컵에 부은 뒤, 물의 모양을 살펴본다.

▲ 유리컵 속 물의 모양

④ 컵에 든 물을 삼각 플라스크에 붓고 물의 모양을 살펴본다.

▲ 삼각 플라스크 속 물의 모양

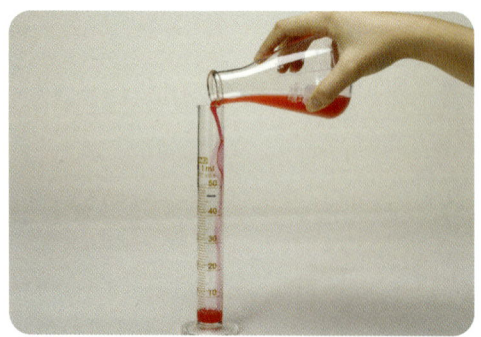

⑤ 삼각 플라스크에 든 물을 처음의 눈금 실린더에 다시 붓고 처음 물 높이와 비교한다.

결과

▲ 처음 물 높이와 같다.

**실험으로 알게 된 점** 색소를 탄 물을 여러 가지 모양의 그릇에 부어 보면, 담는 그릇의 모양에 따라 물의 모양이 변하는 것을 볼 수 있다. 그러나 물을 흘리지 않는 한 물의 양은 변하지 않는다. 이렇게 물, 주스, 우유, 기름 등과 같이 담는 그릇에 따라 모양은 변하지만 그 양은 변하지 않는 물질을 **액체**라고 한다. 일정한 모양이 없다 보니 액체는 고체와 달리 손으로 잡을 수 없다.

▲ 그릇(고체)은 손으로 잡을 수 있지만, 그 속의 물(액체)은 손으로 잡을 수 없다.

우리 주위에 항상 공기가 있지만 공기를 직접 볼 수는 없다. 그렇다면 어떻게 공기가 있다는 사실을 확인할 수 있을까? 풍선과 바람개비를 이용해서 공기가 있음을 알아보고, 공기를 이용하는 경우를 조사해보자.

준비물 고무풍선, 수수깡, 바람개비 도안, 가위, 압정

▲ 풍선을 불어 공기를 가득 넣는다.

▲ 풍선의 입구를 얼굴 가까이 대고 살짝 열어 바람을 느낀다.

▲ 바람개비를 만든다.

▲ 입으로 불거나 바람개비를 가지고 달리는 등 여러 가지 방법을 이용해 바람개비를 돌려 본다.

## 공기를 이용한 경우

자동차 타이어

튜브

풍력 발전

선풍기

열기구

실험으로알게된점 부푼 풍선의 입구를 얼굴 가까이 대고 입구를 열면 공기의 흐름인 바람을 직접 느낄 수 있다. 또 바람개비가 돌아가는 모습, 운동장에 있는 깃발이 펄럭이는 모습, 연이 날아가는 모습 등을 통하여 공기가 있음을 알 수 있다. 이와 같이 공기는 눈에 보이지는 않지만 우리 주위에 항상 존재한다. 공기는 기체 상태로써 일정한 모양과 양이 없으며 풍력 발전이나 열기구, 타이어 등에 이용된다.

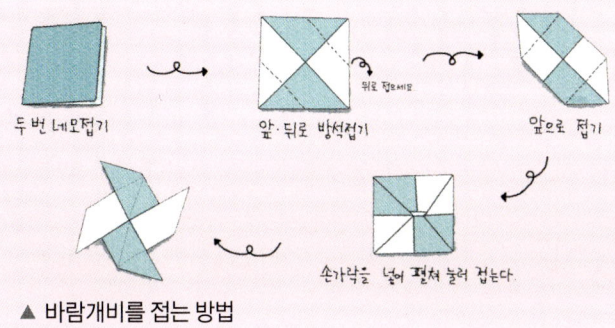

두 번 네모접기    앞·뒤로 방석접기    앞으로 접기    손가락을 넣어 펼쳐 눌러 접는다.

▲ 바람개비를 접는 방법

풍선에 공기를 넣어 여러 모양을 만들어 보면서 공기의 특징을 알아보자.

준비물  공기 주입기, 아트 풍선

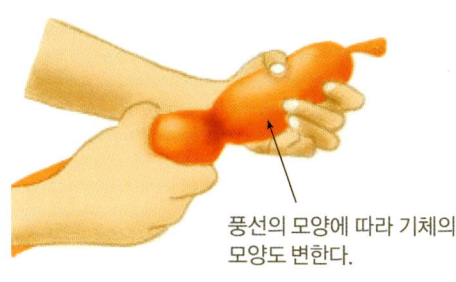

풍선의 모양에 따라 기체의 모양도 변한다.

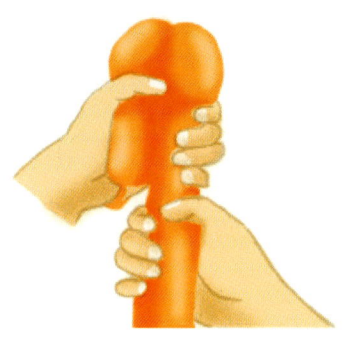

① 꼬리 부분을 남기고 풍선에 공기를 넣어 준다.

② 풍선을 약간 당기면서 꼬아 머리를 만든다.

③ 귀를 만들기 위해 두 부분으로 나누어 풍선을 꼬아 준다.

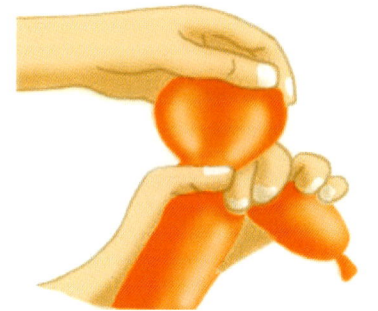

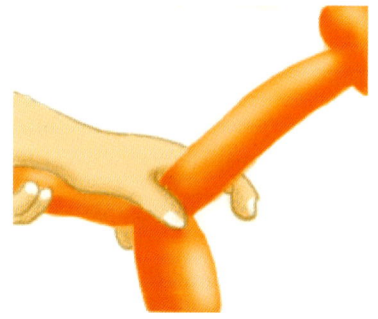

④ 모양을 다듬어 귀를 만든다.

⑤ 같은 방법으로 몸체 부분을 만든다.

⑥ 앞다리를 만든다.

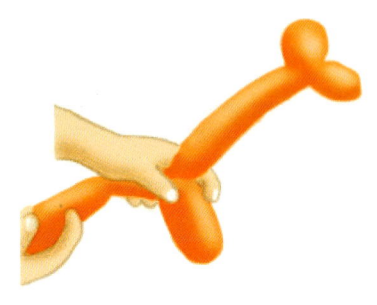

각 부분을 차지하고 있는 기체의 양이 다르다.

⑦ 뒷다리를 만든다.

⑧ 꼬리를 만든다.

⑨ 강아지 완성!

**실험으로 알게된 점**  긴 풍선에 공기를 넣은 후 비틀거나 묶어서 여러 가지 동물 모양을 만들 수 있다. 그것은 풍선 속에 공기가 들어 있기 때문이다. 풍선 속에 들어 있는 공기는 눈에 보이지 않는다. 또한 풍선의 모양이 바뀌면 공기의 모양도 바뀌며, 공기를 많이 넣건 적게 넣건 항상 풍선 전체를 고르게 채운다. 이와 같은 성질을 가진 물질의 상태를 기체라고 한다. 기체의 이러한 성질 때문에 아트 풍선을 만들 수 있는 것이다. 기체는 액체와 마찬가지로 손으로 잡을 수 없다.

**물질의 상태에 따라 분류하기**

우리 주위의 물질은 고체, 액체, 기체 중 한 가지 상태로 존재한다. 고체, 액체, 기체의
특징을 생각해보고, 다음 여러 가지 물질을 고체, 액체, 기체로 분류해보자.

준비물 모래, 우유, 부탄 가스,
지우개, 풍선, 주스, 가
위, 연필

모래   부탄 가스   지우개   주스

가위   우유   풍선 속 공기   연필

**일정한 모양이 있는가?**

예                                                                          아니오

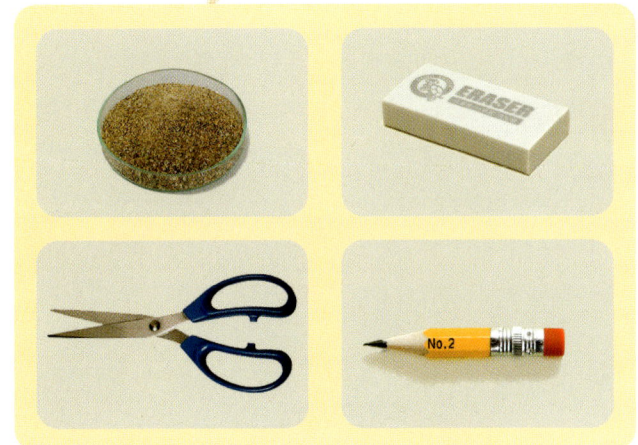

▲ 고체 : 일정한 모양과 부피를 가진다.

**부피가 일정한가?**

예                                                                          아니오

▲ 액체 : 일정한 모양은 없으나 부피는 일정하다.          ▲ 기체 : 모양과 부피가 모두 일정하지 않다.

관찰로알게된점 고체는 모양과 부피가 일정하고, 액체는 모양은 일정하지 않지만 부피는 일정하다. 또, 기체는 모양과
부피가 모두 일정하지 않다. 이와 같이 물질의 상태에 따라 다른 특징을 이용하여 주위의 물질을 고체,
액체, 기체로 나눌 수 있다.

# 액체의 부피

같은 부피라도 모양이 다른 그릇에 담긴 두 액체는 그 부피가 다르게 보이기도 한다. 어떻게 하면 액체의 부피를 정확하게 비교할 수 있을까?

## 96 실험 모양이 다른 그릇에 담긴 액체의 부피 비교하기

모양이 다른 그릇에 담긴 액체의 부피는 어떻게 비교할 수 있을까? 옆으로 넓은 그릇과 좁고 긴 그릇을 이용하여 액체의 부피를 비교해보자.

**준비물** 모양이 다른 3개의 그릇, 옆으로 넓은 투명한 그릇, 좁고 긴 투명한 그릇, 색소 또는 물감, 유성펜, 물

① 모양이 다른 그릇 3개에 물을 각각 넣고 어느 그릇의 물이 가장 많은지 생각해본다.

② (가)의 물을 좁고 긴 그릇에 부은 뒤, 물의 높이를 눈금으로 표시한다. (가)의 물을 원래 그릇에 부어 놓고, (나)와 (다)도 각각 같은 방법으로 눈금을 표시한다.

③ 이번에는 옆으로 넓은 그릇에 (가), (나), (다)의 물을 차례로 한 가지씩 부으면서 각 물의 높이를 눈금으로 표시한다.

**실험으로 알게된 점** 넓은 그릇에 표시된 눈금의 간격은 좁고, 좁은 그릇에 표시된 눈금의 간격은 넓다. 따라서 액체의 부피를 비교할 때에는 부피 차이를 쉽게 알아볼 수 있도록 좁은 그릇을 이용하는 것이 좋다.

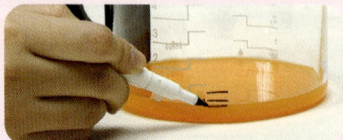

▲ 넓은 그릇에 넣었을 때 눈금 간격이 좁다.

▲ 좁고 긴 그릇에 넣었을 때 눈금 간격이 넓다.

### 과학자의 눈 부피와 들이

**부피**란 '물체가 공간에서 차지하는 크기'이고, **들이**는 '어떤 그릇이 담을 수 있는 최대의 크기'를 말한다. 이처럼 부피와 들이가 서로 다른 개념인데도 불구하고 일상생활에서 혼동되어 사용될 때가 많다. 오른쪽 그림과 같은 상자의 경우, 파란색 부분의 크기는 부피이고, 빨간색 부분의 크기는 들이이다.

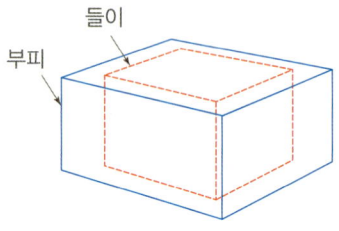

▲ 부피는 상자가 차지하는 크기이고, 들이는 이 상자에 담을 수 있는 최대의 크기를 의미한다.

액체의 부피를 정확하게 측정하기 위해서 눈금 실린더를 이용한다. 눈금 실린더의 사용 방법을 알아보고, 직접 액체의 부피를 측정해보자.

준비물 50mL · 100mL · 250mL · 500mL 눈금 실린더, 여러 종류의 음료수

## 눈금 실린더 사용 방법

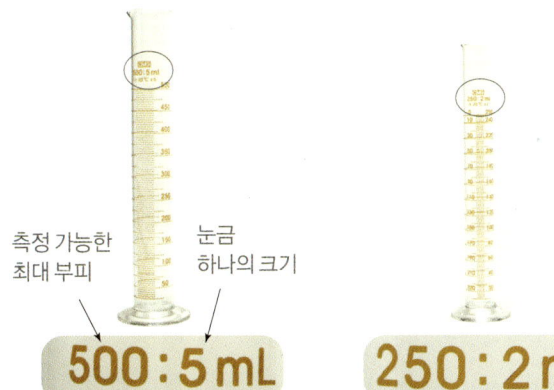

측정 가능한 최대 부피

눈금 하나의 크기

**500 : 5 mL**    **250 : 2 mL**    **100 : 1 mL**    **50 : 1 mL**

▲ 눈금 실린더 상단의 왼쪽 숫자는 측정 가능한 최대 부피, 오른쪽 숫자는 눈금 하나의 크기를 나타낸다.

▲ 눈금 실린더에 액체를 넣을 때는 눈금 실린더를 기울여 벽면을 따라 흘러들어가게 하며, 마지막에는 스포이트로 정확한 양을 조절한다.

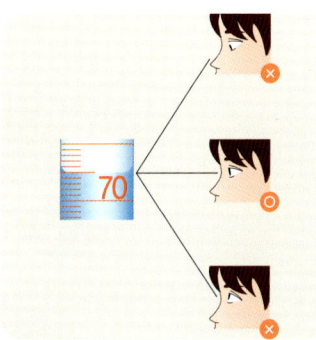

▲ 액체의 오목한 밑부분과 눈높이를 같게 한 후 눈금을 읽는다.

## 액체의 부피 측정하기

▲ 눈금 실린더에 음료수를 따르고, 음료수에 적혀 있는 부피와 측정된 부피의 차이를 비교해본다.

결과

▲ 음료수 용기에 표시된 부피는 실제 부피와 차이가 난다.

**실험으로알게된점** 눈금 실린더는 액체의 부피를 잴 때 주로 사용하며, 비커보다 모양이 가늘고 길며, 눈금이 더 세밀하게 표시되어 있다. 액체의 부피를 측정하기 위해서는 눈금 실린더를 약간 기울인 후 벽면을 따라 흘러내리도록 붓고, 수면의 오목한 밑부분과 눈이 수평이 되게 한 후 눈금을 읽는다.

요리할 때나 약을 먹을 때 등 생활 속에서 액체의 부피를 측정하는 경우가 많다. 그런데 액체의 부피를 측정하는 이유는 무엇일까? 액체의 부피를 측정하는 경우를 조사해 보고, 측정하는 이유에 대해 알아보자.

**준비물** 계량컵, 계량숟가락, 약병, 약수저 등

### 요리할 때

▲ 계량컵, 계량숟가락 등을 이용하여 정확한 양의 재료로 음식을 만든다.

### 약 또는 분유를 먹을 때

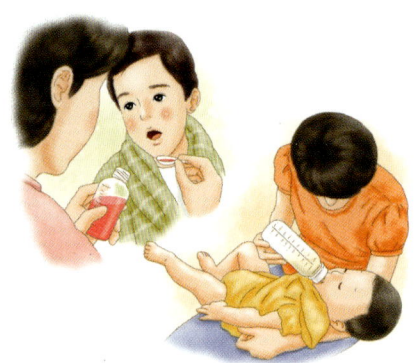

▲ 약병, 약수저 등을 이용해서 정확한 양의 약을 먹고, 젖병으로 알맞은 양의 분유를 먹인다.

### 기름을 넣을 때

▲ 전자 계량기를 이용하여 기름의 부피를 측정하며, 기름값을 정확하게 계산한다.

### 빨래를 할 때

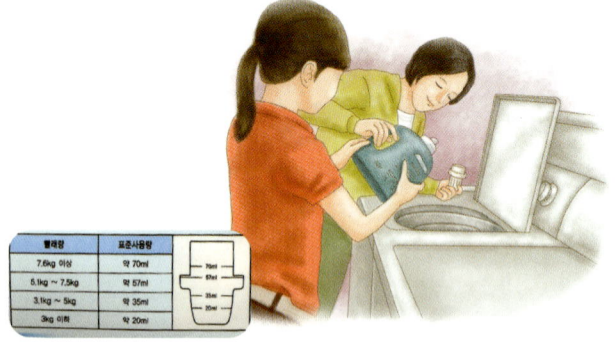

▲ 뚜껑에 표시된 눈금을 이용하여 빨래의 양에 따라 알맞은 양의 세제를 넣는다.

**조사로 알게된 점** 실생활에서 액체의 부피를 정확하게 측정해야 하는 경우가 많다. 재료의 양이 맞지 않으면 음식의 맛이 없고, 정확한 양의 약을 먹지 않으면 건강에 해로우며, 기름의 양이 정확하지 않으면 소비자로부터 불만을 살 수 있다. 또 세제를 너무 많이 사용하면 빨래에 세제가 남아 피부에 해롭고 환경 오염을 일으킬 수 있다.

▲ 실험실에서 약품의 양을 정확히 맞춘다.

▲ 요리를 할 때 재료의 양을 정확히 맞춘다.

▲ 병원에서 약의 양을 정확히 맞춘다.

액체의 부피를 측정할 수 있는 기구를 만들어보고, 만든 부피 측정 기구를 이용하여 액체의 부피를 측정해보자.

**준비물** 플라스틱 컵, 약병, 시트지, 유성펜, 가위

① 약병을 이용하여 물 50mL를 컵에 붓는다.

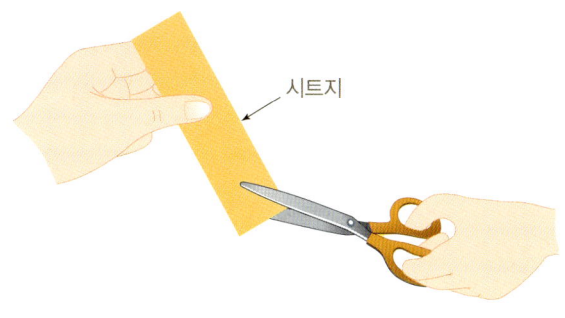

② 시트지를 직각삼각형 모양으로 잘라 '50'을 쓴 후, 컵에 붙인다.

③ ①, ②의 과정을 반복하여 높아진 물의 높이를 눈금으로 표시한다.

④ 내가 만든 부피 측정 기구로 여러 가지 액체의 부피를 측정해본다.

**실험으로 알게된 점** 우리 주위의 그릇을 이용하여 나만의 부피 측정 기구를 만들 수 있다. 부피 측정 기구를 만들 때에는 부피가 정확하게 표시되어 있는 용기를 이용한다. 먼저 눈금의 간격은 얼마로 할지, 측정할 최대의 부피는 어느 정도로 할지, 기구의 모양과 크기는 어떻게 할지 등을 생각해야 한다. 눈금의 크기를 작게 만들수록, 부피를 정확히 측정할 수 있다.

**과학자의 눈**

### 뷰렛과 피펫

액체의 부피를 측정하는 실험 기구에는 눈금 실린더 외에 뷰렛과 피펫이 있다. 뷰렛은 빨대 형태의 긴 유리관으로, 세밀하게 눈금이 표시되어 있어 일정한 양의 액체를 취할 때 사용한다. 피펫은 일정한 양의 액체를 넣거나 꺼내는 기구로 일정한 부피를 취하는 홀 피펫과 세밀하게 눈금이 그어진 메스 피펫이 있다.

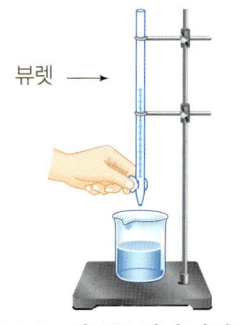

▲ 뷰렛 : 벨브를 열어 일정한 양의 액체를 덜어낸다.

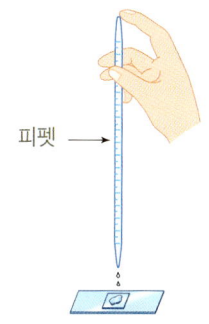

▲ 피펫 : 한쪽 끝을 막은 손을 떼면 피펫 속의 액체가 나온다.

액체의 부피 **137**

# 기체의 부피와 무게

우리 주위는 공기로 둘러싸여 있다. 우리는 숨을 쉴 때에도 공기를 들이마시고 내쉰다. 기체에도 부피와 무게가 있을까?

## 100 실험 컵 속의 종이배가 어떻게 되는지 알아보기

물에 띄운 종이배를 컵으로 씌운 후 눌러 보면서 종이배의 위치 변화와 수조의 물 높이 변화를 관찰해 봄으로써 공기의 성질을 알아보자.

**준비물** 수조 2개, 물, 종이배 2개, 송곳, 유성펜, 투명한 플라스틱 컵 2개

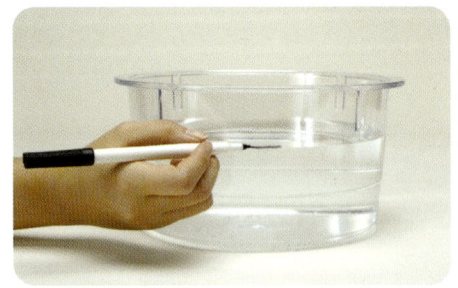
① 2개의 수조에 물을 각각 2/3 정도 붓고, 수조 벽에 물의 높이를 표시한다.

② 2개의 플라스틱 컵 중 하나의 바닥에 구멍을 뚫는다.

③ 종이배를 접어 각각 수조의 물 위에 띄운다.

④ 바닥에 구멍이 있는 컵과 없는 컵으로 각각의 종이배를 씌운 후 천천히 눌러 본다.

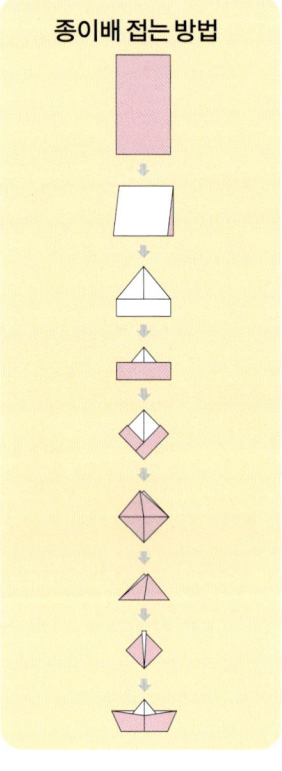
종이배 접는 방법

### 과학자의 눈

**기체**

우리 주변에서 흔히 볼 수 있는 기체는 공기이다. 공기는 질소, 산소, 아르곤, 이산화탄소 등의 여러 가지 기체들이 섞여 있는 혼합물이다. 기체 알갱이는 빠른 속도로 자유롭게 운동을 하며, 고체와 달리 정해진 모양과 형태가 없다. 기체의 이러한 성질 때문에 네모난 그릇 속의 기체는 네모난 모양이고, 둥근 그릇 속의 기체는 둥근 모양이 된다. 이처럼 기체의 모양은 담는 그릇에 따라 달라지며, 기체의 부피는 곧 그릇의 부피가 된다.

## 기체의 부피를 이용한 것들

과자 봉지 속에 들어 있는 기체는 과자가 부서지는 것을 막는다.

뒷꿈치 부분에 공기가 들어간 운동화는 발에 가해지는 충격을 줄여 준다.

종아리를 마사지 해 주는 기계도 공기가 들어가 부풀어지면서 다리 근육을 주물러준다.

### 바닥에 구멍이 없는 컵으로 종이배를 눌렀을 때

① 구멍이 없는 컵으로 종이배를 씌운다.

② 컵을 아래로 누른다.

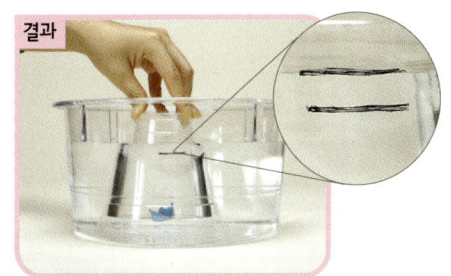

결과

▲ 종이배가 수조 바닥에 닿으며, 수조의 물 높이가 높아진다.

### 바닥에 구멍이 있는 컵으로 종이배를 눌렀을 때

① 구멍이 있는 컵으로 종이배를 씌운다.

② 컵을 아래로 누른다.

결과

▲ 종이배의 위치와 수조의 물 높이는 변하지 않는다.

〈컵 속 종이배의 위치 변화와 수조의 물 높이 변화〉

| 구분 | 바닥에 구멍이 없는 컵 | 바닥에 구멍이 있는 컵 |
|---|---|---|
| 컵 속 종이배의 위치 | 수조 아래쪽으로 내려간다. | 종이배의 위치 변화가 없다. |
| 컵 속의 물 | 컵 속에 물이 들어오지 않는다. | 컵 속에 물이 가득 찬다. |
| 수조의 물 높이 | 물 높이가 점점 높아진다. | 물 높이의 변화가 없다. |

실험으로알게된점 바닥에 구멍이 없는 컵으로 누를 때는 컵 속에 들어 있던 공기 때문에 컵 속으로 물이 들어가지 못한다. 반면에 구멍이 있는 컵으로 누를 때는 컵 속의 공기가 구멍을 통해 빠져나가기 때문에 그 공간만큼 컵 속으로 물이 들어간다. 이를 통해 컵 속의 공기가 공간을 차지하고 있다는 것을 알 수 있다. 즉, 기체도 액체나 고체와 같이 부피를 지니고 있다.

일회용 비닐 장갑을 이용해 광고 풍선을 만들어 수조에 넣고, 위 아래로 움직일 때 나타나는 변화를 관찰하는 과정을 통해 기체가 공간을 차지하고 있음을 알아보자.

**준비물** 일회용 비닐 장갑, 수조, 유성펜, 1.5L 들이 페트병, 가위, 고무줄

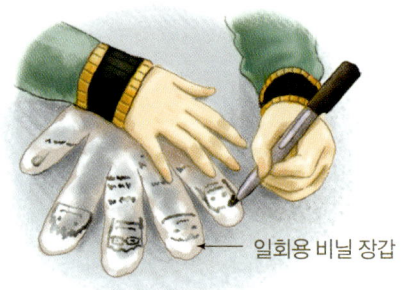
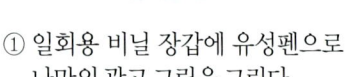

① 일회용 비닐 장갑에 유성펜으로 나만의 광고 그림을 그린다.

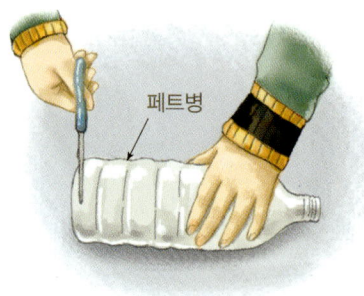

② 페트병의 아래 부분을 가위로 자른다.

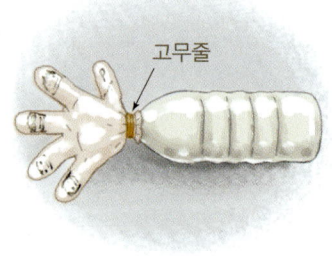

③ 고무줄을 이용해 일회용 비닐 장갑을 페트병의 입구에 묶는다.

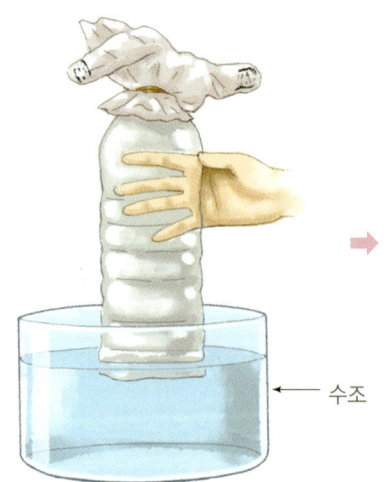

④ 페트병을 똑바로 세운 후, 물이 들어 있는 수조에 넣고 페트병을 위, 아래로 움직인다.

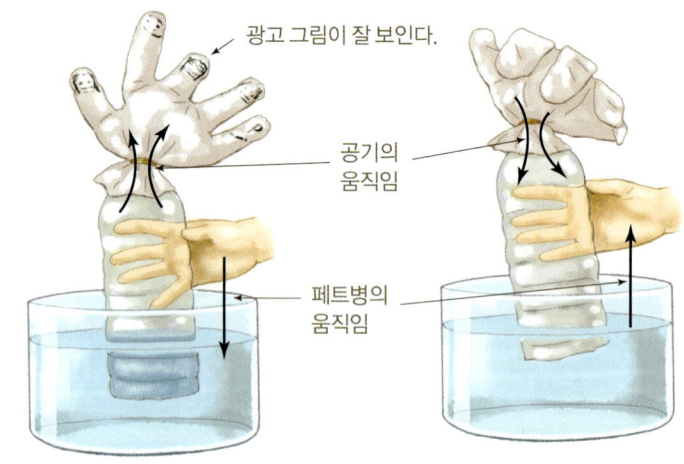

▲ 페트병을 물 아래로 누르면 비닐 장갑에 공기가 들어가 완전히 펴지고 팽팽해진다.

▲ 페트병을 물 위로 올리면 비닐 장갑에서 공기가 빠져나와 쭈글쭈글해진다.

**실험으로 알게된점** 페트병을 아래로 누르면 비닐 장갑이 부풀고, 위로 올리면 비닐 장갑이 쭈글쭈글해지는 것을 관찰할 수 있다. 이것은 기체가 공간을 차지하고 있기 때문에 나타나는 현상이다.

페트병을 아래로 내리면 페트병 안쪽으로 물이 들어가면서 페트병에 있던 공기를 위쪽으로 밀어올린다. 이 공기가 비닐 장갑으로 들어가서 공간을 차지하게 되므로 비닐 장갑이 부풀어오르는 것이다. 반대로 페트병을 물 위로 올리면 페트병을 채우고 있던 물이 빠지면서 비닐 장갑에 있던 공기가 페트병까지 내려오게 된다. 따라서 기체의 양은 그대로인데 기체가 차지하는 공간이 넓어지므로 비닐 장갑이 쭈글쭈글해지는 것이다. 실제로 거리에서 춤추는 광고 풍선 인형을 본 적이 있을 것이다. 그것은 풍선 인형 아래에 직접 바람을 쏘아 주는 기계가 있어서 풍선 인형 안으로 공기를 넣어 주었다가 빼주었다 하기 때문이다.

공기를 넣기 전과 넣은 후 공의 무게가 어떻게 달라지는지 전자 저울을 이용해서 측정해보고, 이를 통해 기체가 무게를 가지고 있는지 알아보자.

준비물 공, 전자 저울, 공기 펌프

① 공기가 빠진 공을 전자 저울에 올려놓고 무게를 측정해본다.

② 공기 펌프로 공에 공기를 넣는다.

③ 공기가 들어 있는 공을 전자 저울에 올려놓고 무게를 측정해본다.

결과

▲ 공기를 넣기 전 공의 무게는 104g이다.

결과

▲ 공기를 넣은 후 공의 무게는 108g이다.

실험으로알게된점 공기를 넣기 전 공의 무게는 104g이고, 공기를 넣은 후 공의 무게는 108g이다. 따라서 공 속에 들어 있는 공기의 무게는 4g이며, 이를 통해 공기도 무게가 있다는 것을 알 수 있다. 그러나 일상 생활에서는 주위가 항상 공기로 둘러싸여 있고 우리 몸이 공기의 무게에 적응하고 있으므로 그 무게를 거의 느끼지 못한다.

## 생명 지킴이 자동차 에어백

자동차 충돌 사고가 나면 좌석의 앞쪽에서 에어백이 부풀어오른다. 이 에어백은 충돌 사고의 충격에 의해 사람들이 크게 다치지 않도록 도와주는 생명 지킴이이다. 에어백은 기체의 부피를 이용한 것인데, 에어백 안에는 질소 기체를 발생시키는 물질이 들어 있다. 자동차가 충돌할 때 발생하는 불꽃에 의해 0.03초 안에 질소 기체가 만들어지고, 이 질소 기체가 에어백 속으로 들어가 충돌과 거의 동시에 에어백이 부풀게 되는 것이다. 이렇게 부풀어진 에어백은 자동차가 부딪힐 때 우리 몸에 전해지는 충격을 줄여 주는 중요한 역할을 한다.

# 생활 속의 혼합물

과일 샐러드 속 여러 가지 과일들을 섞기 전과 섞은 후의 색깔, 모양, 맛은 같을까? 다를까?

 **103** 실험 **과일 샐러드 만들기**

과일 샐러드를 만들어보고, 샐러드가 되기 전과 샐러드 상태에서 과일의 변화를 관찰하면서 혼합물에 대해 알아보자.

**준비물** 사과, 방울토마토, 키위, 포도 등 여러 가지 과일과 드레싱

① 준비된 과일의 색깔과 맛을 관찰한다.

② 과일을 섞는다.

③ 과일에 드레싱을 넣는다.

▲ 사과 : 색깔은 노란색이고 단맛이 난다.

④ 드레싱과 과일을 섞은 후 샐러드의 색깔과 맛을 관찰한다.

▲ 방울토마토 : 색깔은 붉고 단맛이 난다.

▲ 키위 : 색깔은 연두색이고 새콤달콤한 맛이 난다.

▲ 포도 : 색깔은 보라색이고 단맛이 난다.

**실험으로알게된점** 과일 샐러드에는 키위, 사과, 포도, 방울토마토 등의 여러 가지 과일과 드레싱이 함께 섞여 있다. 과일 샐러드와 같이 두 가지 이상의 물질이 서로 섞여 있는 물질을 **혼합물**이라고 한다. 과일 샐러드를 만들기 전과 후에 과일의 색깔과 맛은 크게 달라지지 않는다. 다만 과일 샐러드에서는 드레싱의 맛이 먼저 느껴지고 그 후에 과일의 맛이 느껴질 뿐이다. 즉, 물질은 섞기 전과 섞인 후의 성질이 변하지 않는다.

우리가 일상 생활에서 사용하는 물건 중에 혼합물은 얼마나 많이 있을까? 주위에서 볼 수 있는 물건은 어떤 물질로 이루어져 있는지 조사하면서 혼합물을 찾아보자.

준비물 　요구르트 병, 과자, 주스, 라면, 알루미늄 호일

물질 · 물체와 물질

◀ 요구르트 병은 폴리스틸렌 이라는 물질로만 이루어진 순물질이다.

알루미늄 호일은 알루미늄으로만 이루어진 순물질이다. ▶

■ 영업허가번호 : 경기 평택 제 인
■ 치수 : 20cm×30m×16μ
■ 재질 : 알루미늄 　■ 제조일자 :
■ 취급상 주의사항
1. 절임, 된장, 간장등의 산분, 염분이 강한 식품을

성/초콜릿가공품 · 원재료명 퓨어초콜릿(정백당, 코코아버터(네덜란드산), 전지분위/우유 국산), 코코아 밀 미국산), 퓨어초콜릿청크(코코아메스, 정백당, 코코아버터, 전지분유, 레시틴(대두), 계란, 가공버터, 정 염, 천연바닐라추출물 · 포장재질 · 폴리프로필렌 · 유통기한 · 별도표기일까지 · 소비자상담 · 본제품에 이상이 있을 자분쟁해결기준에 의거 정당한 곳에 · 보관상의 · 직사광선을 피하여 온도, 습도가 낮은 곳에 보관해 주시 될 수 있으면 빨리 드십시오 · 자원은 아름답게 환경은 깨끗하게 · 제품의 신선도 보존을 위해 질소충전 포

▲ 과자는 여러 가지 물질이 섞여 있는 혼합물이다.

료명 및 함량 : 오렌지과즙25% | 스라엘산), 감귤 과즙 9%(국산), 물, 액상과당, 산도조절저 미C & 카로틴 합성착향료(오렌...

▲ 주스는 여러 가지 물질이 섞여 있는 혼합물이다.

· 식품의 유형 : 유탕면류 · 원재료명 : 원산지 · 면/소맥분(미국산, 호주산), 팜유, 감자전분, 초산전분, 난각칼슘, 야채조미 추출물, 정제염, 면류첨가알칼리제, 산도조절 올리고녹차풍미액, 비타민B2, 스프류/정제염

▲ 라면과 스프는 여러 가지 물질 이 섞여 있는 혼합물이다.

조사로 알게된점 　제품의 포장재를 살펴보면, 각 제품이 어떤 물질로 이루어져 있는지 알 수 있다. 요구르트 병은 PS라고 불리는 물질로만 이루어져 있고, 호일은 알루미늄으로만 이루어져 있다. 하지만 과자는 계란, 전지 분 유 등, 주스는 구연산, 합성착향료 등, 라면은 전분, 각종 식품 첨가물 등이 섞여 있는 혼합물이다. 이와 같이 우리 주위의 많은 물건은 혼합물로 이루어져 있다.

## 과학자의 눈

### 순물질과 혼합물

우리 주위의 물질은 순물질과 혼합물로 나눌 수 있다. **순물질**은 물, 소금, 순금, 나무 등과 같이 한 종류의 물질만으로 이루어진 물질을 말하고, **혼합물**은 두 가지 이상의 순물질이 섞여서 만들어진 물질이다. 우리가 매일 사용하는 연필은 나무와 흑연이라는 물질이 섞인 혼합물이다. 혼합물은 섞여 있는 물질이 고르게 섞여 있는가에 따라 균일 혼합물과 불균일 혼합물로 나눌 수 있다. 공기, 설탕물, 간장과 같이 순물질이 고르게 섞여 있는 혼합물을 균일 혼합물이라고 한다. 이 와는 달리 가만히 놓아 두면 가루 물질이 가라앉는 코코아처럼 고르게 섞여 있 지 않은 혼합물을 불균일 혼합물이라고 한다.

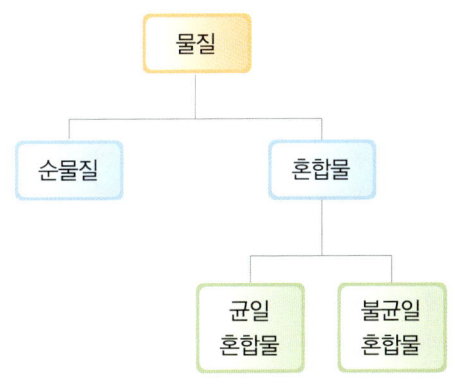

물질 — 순물질 / 혼합물 — 균일 혼합물 / 불균일 혼합물

# 혼합물의 분리

마른 풀 속에 떨어진 바늘을 쉽게 찾을 수 있는 방법은 무엇일까?
물속에 녹아 사라진 소금을 다시 얻을 수 있을까?

## 105 관찰  콩, 쌀, 좁쌀의 혼합물 관찰하기

콩, 쌀, 좁쌀의 혼합물을 관찰하고, 각 물질의 특징을 알아냄으로써 콩, 쌀, 좁쌀의 다른 점을 찾아보자.

준비물  콩, 쌀, 좁쌀의 혼합물, 접시

◀ 콩
알갱이가 둥글고 크기는 가장 크다.

◀ 쌀
알갱이가 둥글면서 약간 길쭉하며 크기가 콩보다 작고 좁쌀보다 크다.

◀ 좁쌀
알갱이가 둥글고 크기가 가장 작다.

관찰로 알게 된 점  콩, 쌀, 좁쌀을 관찰해 보면 알갱이의 모양은 모두 둥근 모양이지만, 색깔과 알갱이의 크기는 약간씩 차이가 난다는 것을 알 수 있다. 따라서 눈으로 각 알갱이를 구별할 수는 있으나 각 알갱이를 일일이 손으로 분리해 내기는 쉽지 않다. 콩, 쌀, 좁쌀의 혼합물에서 세 가지 물질을 구별할 수 있는 가장 큰 특징은 알갱이의 크기이다.

## 혼합물을 분리하는 이유

우리 주위에 존재하는 대부분의 물질은 혼합물의 상태로 존재한다. 그렇기 때문에 우리 생활에 필요한 물질을 얻기 위해 혼합물을 분리해야 하는 경우가 많다. 예를 들어 생활 도구, 건축물, 예술품 등에 사용되는 철은 우리 생활에 꼭 필요한 금속이다. 철은 철광석에 붙어 있는 철을 분리하여 얻을 수 있다. 철광석을 용광로 속에 넣고 1250 ℃의 뜨거운 공기를 불어넣으면 철광석이 녹으므로 철을 분리해 낼 수 있다. 혼합물을 분리할 때에는 혼합물에 섞여 있는 물질의 특성에 맞게 적절한 방법을 선택해야 한다. 알갱이의 크기, 자석에 붙는 성질, 물에 녹고 녹지 않는 성질, 서로 섞이지 않는 성질 등을 이용하면 혼합물을 쉽게 분리할 수 있다.

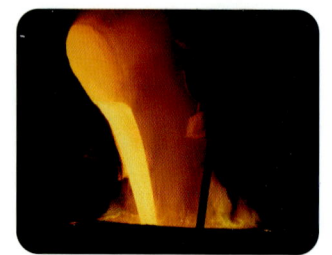
▲ 용광로에서 순수한 철을 분리해 낸다.

콩, 쌀, 좁쌀의 혼합물을 분리해보면서 알갱이의 크기 차이를 이용한 혼합물의 분리 방법을 알아보자.

**준비물** 콩, 쌀, 좁쌀의 혼합물, 구멍이 큰 체, 구멍이 작은 체, 쟁반 또는 접시, 흰 종이

## 구멍이 작은 체를 먼저 이용할 경우

→ 구멍이 작은 체

▲ 구멍이 작은 체에 혼합물을 넣고 가볍게 쳐 주면 체 아래로 좁쌀이 빠져나간다.

→ 구멍이 큰 체

▲ 그 다음 구멍이 큰 체에 혼합물을 넣고 가볍게 쳐 주면 체 아래로 쌀이 빠져나가고, 콩이 체에 남는다.

## 구멍이 큰 체를 먼저 이용할 경우

→ 구멍이 큰 체

▲ 구멍이 큰 체에 혼합물을 넣고 가볍게 쳐 주면 체 아래로 쌀과 좁쌀이 빠져나간다.

→ 구멍이 작은 체

▲ 그 다음 구멍이 작은 체에 쌀과 좁쌀의 혼합물을 넣고 가볍게 쳐 주면 체 아래로 좁쌀이 빠져나가고, 체에 쌀이 남는다.

> **실험으로 알게된 점** 알갱이의 크기가 다른 콩, 쌀, 좁쌀의 혼합물은 구멍의 크기가 다른 체를 사용하면 쉽게 분리할 수 있다. 구멍이 큰 체는 쌀과 좁쌀은 통과시키되 콩은 통과할 수 없는 크기의 구멍이어야 한다. 반면에 구멍이 작은 체는 좁쌀은 통과시키되 쌀과 콩은 통과할 수 없는 크기의 구멍이어야 한다. 구멍이 작은 체부터 사용하면 먼저 좁쌀이 빠져나가 분리되고, 그 다음 구멍이 큰 체에서 쌀이 빠져나가 쌀과 콩을 분리할 수 있다. 구멍이 큰 체부터 사용하면 먼저 쌀과 좁쌀이 빠져나가 콩을 분리할 수 있고, 그 다음 구멍이 작은 체에서 쌀과 좁쌀을 분리할 수 있다.

### 과학자의 눈
## 알갱이 크기 차이를 이용한 분리의 예

◀ 방충망
방충망은 구멍이 작아 공기는 통과할 수 있지만 벌레는 통과할 수 없다.

◀ 동전 분리기
동전의 크기 차이를 이용해 종류별로 분리할 수 있다.

혼합물의 분리　**145**

거름 장치를 이용하면 흙탕물을 물과 흙으로 분리할 수 있다. 이때 흙탕물로부터 분리된 물의 색깔은 어떠할까? 거름 장치를 꾸미는 방법을 알아보고, 흙탕물을 물과 흙으로 분리해보자.

준비물  거름종이, 비커 2개, 흙, 물, 숟가락, 깔때기, 스탠드

## 거름 장치 꾸미기

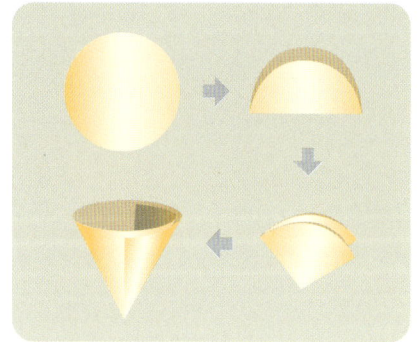

① 거름종이를 접는다.

② 거름종이를 깔때기에 끼운다.

③ 거름 장치를 설치한다. 이때 깔때기의 끝이 비커 벽면에 닿아야 한다.

## 흙탕물 분리하기

① 물에 흙을 섞어 흙탕물을 만든다.

② 거름 장치를 이용해 흙탕물을 거른다.

▲ 거름종이 위에 흙이 남고, 비커에는 물이 걸러진다.

실험으로 알게된점 거르기 전 흙탕물의 색깔은 진하고 뿌옇지만 거름 장치를 이용해서 흙탕물을 거르면, 거름종이 위에 흙이 남아 있고 물만 거름종이를 통과하므로 비커에 깨끗한 물이 들어 있게 된다. 이와 같이 거름 장치를 이용한 혼합물의 분리 방법도 알갱이의 크기 차이를 이용한 것이다. 거름종이의 구멍은 물 알갱이보다 크고 흙 알갱이보다 작기 때문에 흙탕물을 거름종이 위에 부으면 알갱이가 큰 흙은 거름종이에 남고, 알갱이가 작은 물만 거름종이를 통과하므로 비커에 모이게 되는 것이다.

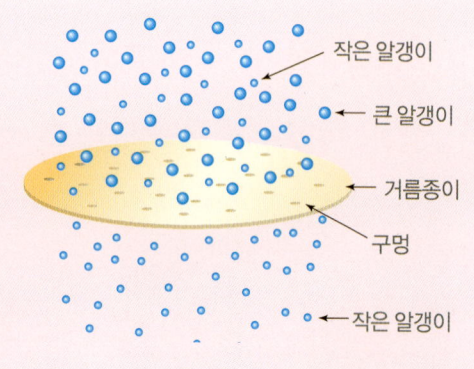

모래와 철 가루를 관찰해보고, 모래와 철 가루가 섞여 있는 혼합물을 분리해보자.

**준비물** 모래, 철 가루, 페트리 접시 3개, 자석, 비닐

### 모래와 철 가루 관찰하기

자석  페트리 접시

모래

◀ 모래
누르스름하고 알갱이가 작으며 자석에 붙지 않는다.

철 가루 ▶
검은색이고 알갱이가 모래보다 작으며 자석에 잘 붙는다.

자석

철 가루

### 모래와 철 가루의 혼합물 분리하기

① 자석을 비닐로 싼다.

모래와 철 가루의 혼합물

② 모래와 철 가루를 섞은 후, 자석을 대고 휘젓는다.

③ 빈 페트리 접시에 자석을 옮긴 후, 비닐을 벗겨 철 가루를 분리한다.

**실험으로 알게된 점** 모래는 자석에 붙지 않지만 철 가루는 자석에 붙는다. 이런 성질을 이용해서 모래와 철 가루의 혼합물을 분리할 수 있다. 이때 자석을 비닐로 싸는 이유는 자석에 붙은 철 가루를 쉽게 떼어내기 위해서이다.

**과학자의 눈**

## 벼에 들어 있는 철 가루 분리

우리가 매일 먹는 쌀을 얻는 과정에도 자석을 이용한 혼합물의 분리가 이루어진다. 쌀의 원재료인 벼는 왕겨층, 미강층, 배(씨눈), 배유(씨젖)로 이루어져 있다. 쌀을 얻기 위해서는 벼에서 왕겨층과 미강층을 제거해야 하는데, 이를 **도정**이라고 한다. 그런데 기계를 사용하다 보니 도정 과정에서 쌀 속에 철 가루가 들어가는 경우가 흔히 있다. 그래서 도정을 거친 뒤 가장 마지막 단계에서 쌀은 자석봉을 지나게 된다. 이 과정을 통해 쌀 겉표면에 붙어 있을 철 가루가 제거된다.

자석봉으로 쌀에 붙어 있을 철 가루를 제거한다.

물질 · 물체와 물질

물과 식용유의 혼합물을 관찰하고 스포이트를 이용해 혼합물을 분리해 봄으로써 서로 섞이지 않는 액체 혼합물을 분리하는 방법을 알아보자.

> **준비물** 시험관 2개, 시험관대, 비커, 스포이트, 물, 식용유, 스탠드, 분별 깔때기, 고무 마개, 스탠드링

### 물과 식용유의 혼합물 관찰하기

① 2개의 시험관에 물과 식용유를 혼합하되 식용유의 양을 달리한다.

② 시험관을 고무 마개로 막고 가볍게 흔들어 준 뒤, 혼합물을 관찰한다.

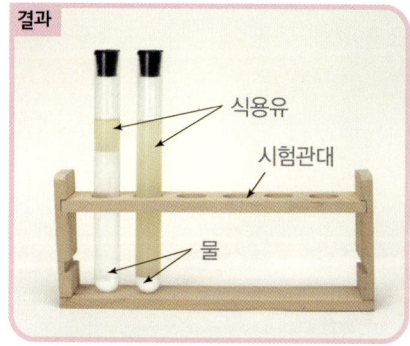

▲ 물과 식용유의 혼합물을 가만히 놓아 두면 물과 식용유가 분리되는데, 이때 양에 상관없이 식용유가 물 위에 뜬다.

### 물과 식용유의 혼합물 분리하기

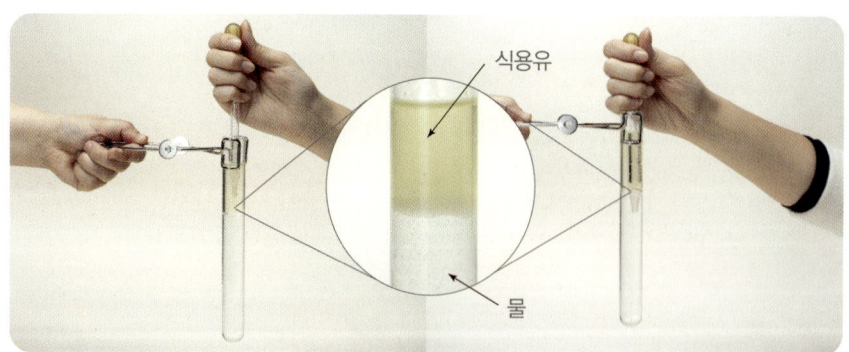

▲ 스포이트를 이용해, 위층의 식용유를 빨아들이거나 아래층의 물을 빨아들여 분리한다.

▲ 분별 깔때기를 이용해서 분리할 수도 있다. 분별 깔때기에 물과 식용유 혼합물을 넣은 후 콕을 열면 아래층의 물이 나온다.

**실험으로알게된점** 식용유는 물에 섞이지 않고 물보다 가볍기 때문에 물 위에 뜬다. 시험관을 기울여 물과 식용유의 혼합물을 분리하려고 하면 식용유가 물과 함께 나올 수 있다. 따라서 스포이트를 이용해서 위층의 식용유 또는 아래층의 물만 빨아들이거나 분별 깔때기를 이용해 아래층의 물만 나오게 해 분리한다. 이밖에도 흡착포를 이용해 물과 기름을 분리해 낼 수도 있다. 흡착포는 기름만 흡수하는 종이로, 페트리 접시와 같이 납작한 그릇에 든 물 위에 기름이 퍼져 있을 때 사용하면 편리하다. 그러나 흡수한 기름만 따로 모을 수 없는 단점이 있다.

▲ 물과 식용유가 함께 나온다.

바닷물로부터 소금을 얻는 원리는 무엇일까? 소금물에서 소금을 분리해 내는 실험을 통해 물의 증발을 이용한 혼합물의 분리 방법을 알아보자.

준비물 소금, 물, 비커, 약숟가락, 유리막대, 증발 접시, 알코올램프, 삼발이, 쇠그물, 도가니 집게

유리막대

약숟가락 · 증발 접시

① 물에 소금을 녹여 소금물을 만든다.

증발 접시

② 소금물을 증발 접시에 붓는다.

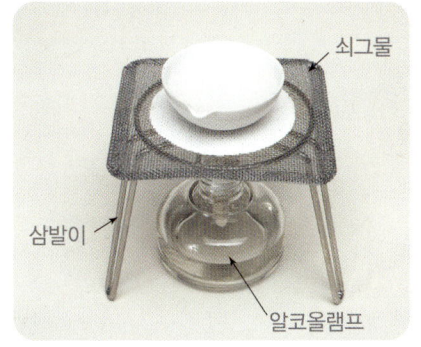

쇠그물

삼발이

알코올램프

③ 소금물이 담긴 증발 접시를 가열한다.

**결과**

▲ 소금물을 가열하면 점점 물의 양이 줄어든다.

소금

▲ 물이 끓으며 증발 접시의 벽면에 소금이 생긴다.

▲ 물이 없어지면 벽면에 붙은 소금이 톡톡 튄다.

**실험으로 알게된 점** 소금물을 증발 접시에 붓고 계속 가열하면 물이 점점 줄어들면서 증발 접시의 벽면에 하얀 물질이 생긴다. 계속 가열하여 물이 없어지면 하얀 가루 물질이 톡톡 튀는 것을 관찰할 수 있는데, 이로써 벽면에 생긴 하얀 가루 물질이 소금임을 알 수 있다.

이 분리 방법은 소금과 물의 끓는점 차이를 이용한 것이다. 물은 100℃에서 끓지만 소금은 매우 높은 온도에서 끓기 때문에 소금물을 증발 접시에 부은 후 끓이면 물만 증발하고 소금이 남게 되는 것이다.

**과학자의 눈**

## 바닷물 담수화 장치

사막이 많고 물이 부족한 중동 지역에서는 소금 등의 물질이 들어 있는 바닷물을 먹을 수 있는 물로 만들어 사용하는데, 이를 **담수화**라고 한다. 담수화 방법 중 한 가지로 증발법이 있다. 이는 바닷물을 끓여서 증발한 수증기만 모아 다시 물로 만드는 방법이다.

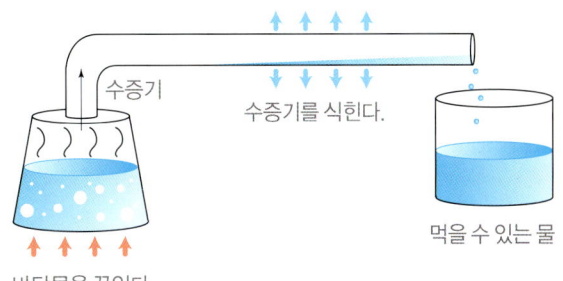

수증기

수증기를 식힌다.

먹을 수 있는 물

바닷물을 끓인다.

물질 · 물체와 물질

여러 가지 혼합물의 분리 방법을 이용하여 콩, 모래, 소금, 철 가루가 섞여 있는 혼합물을 분리해보자.

**준비물** 콩, 모래, 소금, 철 가루, 증발 접시, 체, 자석, 알코올램프, 깔때기, 거름종이, 스탠드, 비커, 비닐, 약숟가락, 쇠그물, 유리막대

① 콩, 모래, 소금, 철 가루를 섞는다.

② 비닐을 씌운 자석을 ①의 혼합물에 가져다 댄다.

▲ 혼합물 중 철 가루가 분리된다. 비닐을 벗겨 내면 철 가루를 떼어 낼 수 있다.

③ 혼합물을 체로 거른다.

▲ 혼합물 중 콩만 체에 남으므로 분리해 낼 수 있다.

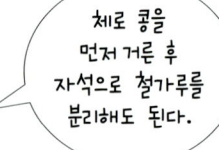

체로 콩을 먼저 거른 후 자석으로 철가루를 분리해도 된다.

④ 모래와 소금의 혼합물을 물에 넣어 저어 준다.

▲ 모래는 녹지 않고 소금만 물에 녹는다.

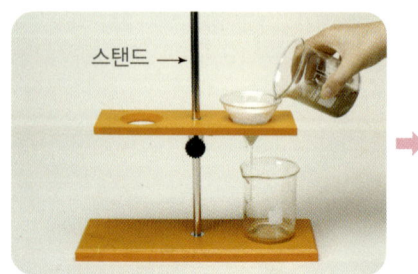

⑤ 거름 장치로 걸러 낸다.

▲ 모래가 거름종이에 걸러지므로 분리해 낼 수 있다.

⑥ 소금물을 증발 접시에 붓고 가열한다.

▲ 물이 증발하고 나면 소금이 남는다.

## 혼합물 분리 과정

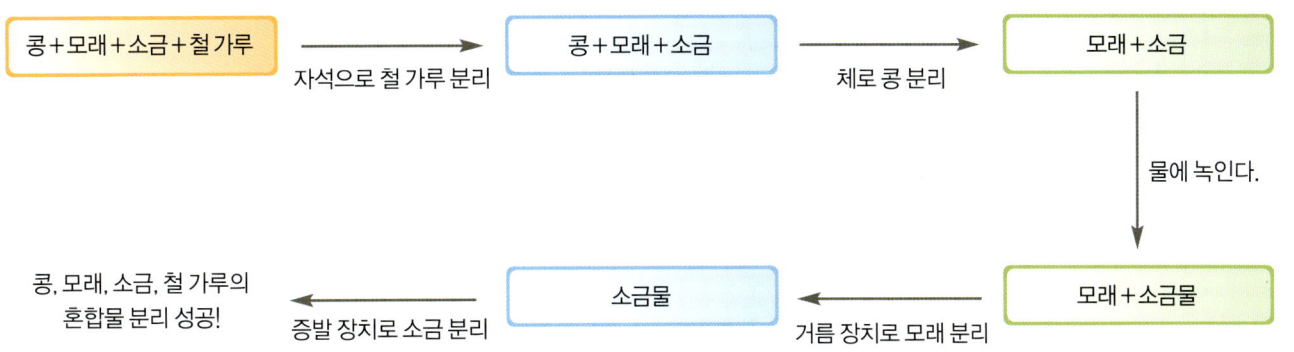

| 콩+모래+소금+철 가루 | → 자석으로 철 가루 분리 → | 콩+모래+소금 | → 체로 콩 분리 → | 모래+소금 |

물에 녹인다.

| 콩, 모래, 소금, 철 가루의 혼합물 분리 성공! | ← 증발 장치로 소금 분리 ← | 소금물 | ← 거름 장치로 모래 분리 ← | 모래+소금물 |

**실험으로알게된점** 콩, 모래, 소금, 철 가루의 혼합물을 분리하기 위해서는 각 물질의 특성을 알고 있어야 한다. 콩은 다른 물질보다 크기가 크고, 철 가루는 자석에 붙고, 모래는 알갱이의 크기가 작지만 물에 녹지 않으며, 소금은 물에 녹지만 끓는점이 높다. 따라서 자석, 체, 거름 장치, 가열 장치를 이용하면, 혼합물을 각각의 물질로 분리할 수 있다. 이와 같이 각 물질의 성질을 알면 더 많은 물질이 섞여 있는 혼합물도 쉽게 분리할 수 있다.

## 과학자의 눈
## 원유의 분리

원유도 여러 가지 물질이 섞여 있는 혼합물이다. 원유는 섞여 있는 물질들의 끓는점이 각각 다른 성질을 이용한 다소 복잡한 과정을 거쳐 분리된다. **끓는점**이란 액체가 끓어서 기체로 되기 시작하는 온도를 의미한다. 따라서 원유를 가열하면 끓는점이 가장 낮은 물질이 먼저 기체가 되어 증류탑의 가장 높은 곳으로 올라가서 분리되는데, 이때 얻는 것이 LPG라고 불리는 액화 석유 가스이다. 이런 식으로 원유를 계속 가열하면 끓는점에 따라 가솔린, 등유, 경유, 중유 등을 얻을 수 있다. 이때 끓는점이 높은 물질일수록 증류탑의 아래에서 분리된다. 원유에서 분리된 물질은 자동차의 연료, 가정의 연료로 주로 이용되며, 분리하고 남은 찌꺼기인 아스팔트는 도로 포장에 이용된다.

끓는점
30~180℃ → 액화 석유 가스 : 자동차 연료, 가정 산업용 연료

50~200℃ → 가솔린(휘발유) : 자동차 연료, 화학 공업 및 화공 약품의 원료

증류탑 →

150~250℃ → 등유 : 가정용 연료, 화학 공업 및 화공 약품의 원료

200~350℃ → 경유 : 디젤 기관의 연료, 가정용 연료

200~350℃ → 중유 : 디젤 기관의 연료, 대형 보일러 연료

가열된 원유

찌꺼기

350℃ 이상 → 아스팔트, 찌꺼기 : 도로 포장

▲ 원유는 액화 석유 가스, 가솔린(휘발유), 등유, 경유, 중유 등의 혼합물이다. 섞여 있는 물질들의 끓는점이 각각 다른 성질을 이용하면 원유를 분리할 수 있다.

두부 만드는 과정을 살펴보면서 어떤 혼합물의 분리 방법이 이용되었는지 알아보자.

준비물 콩, 믹서, 헝겊, 냄비, 간수, 우유곽, 유리컵, 가열 기구, 송곳, 주걱 또는 숟가락, 접시

① 콩을 깨끗이 씻어 하루 동안 물에 불린 후 믹서에 넣고 잘게 갈아 놓는다.

② 믹서로 간 콩에 물을 부은 후 끓인다.

③ 큰 그릇 위에 헝겊을 놓고 걸러 낸다.
▲ 덩어리와 콩물이 분리된다.

④ 헝겊을 통과한 콩물을 다시 냄비에 넣고 끓인다.

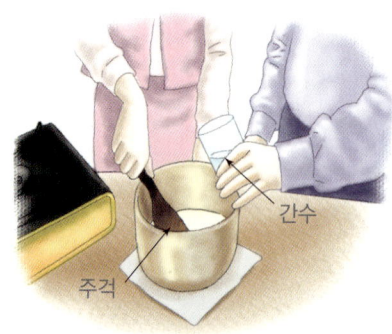

⑤ 몇 분 동안 끓인 후, 불을 끄고 간수를 조금 넣고 천천히 저어 주다가 덩어리가 생기기 시작하면 젓는 것을 멈춘다.

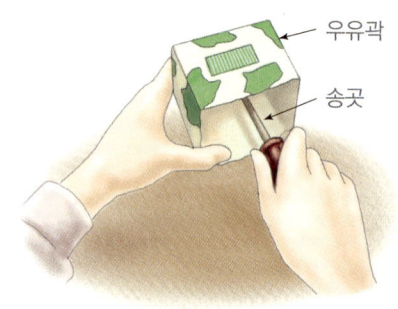

⑥ 빈 우유곽의 바닥에 송곳으로 구멍을 뚫는다.

⑦ 우유곽에 헝겊을 깔고, 엉긴 콩물을 붓는다.
▲ 콩단백질 덩어리를 얻는다.

⑧ 물이 든 컵을 우유곽 위에 올려놓는다.

⑨ 잠시 후 꺼내면, 두부 완성!

실험으로알게된점 믹서로 간 콩에 물을 부으면 일부 물질이 물에 녹는다. 과정 ③에서 헝겊을 통해 물에 녹은 물질과 녹지 않은 물질로 분리된다. 걸러낸 콩물을 다시 끓인 후 간수를 넣어 주면 콩단백질 덩어리가 생기는데, 과정 ⑦에서 이 덩어리를 얻게 된다. 이때 물이 많이 빠져나가도록 하기 위해서 무거운 물체(물이 든 컵)를 올려놓는 것이다. 이와 같이 두부를 만드는 과정에 이용된 혼합물의 분리 방법은 물에 녹는 성질과 녹지 않는 성질, 알갱이의 크기 차이를 이용한 것이다.

# 자원의 순환, 재사용과 재활용

생활 속에서 흔히 볼 수 있는 혼합물 분리의 예는 쓰레기의 분리이다. 쓰레기를 분리해 버리면 다시 사용하거나 새로운 자원으로 만들어 재이용할 수 있기 때문이다. 이와 같이 쓰레기를 다시 사용하거나 새로운 자원으로 만들어 재이용하는 것을 **자원의 순환**이라고 한다.

자원의 순환 방법에는 재사용과 재활용이 있다. **재사용**(reuse)은 쓰고 버린 물건을 손질하여 그 용도대로 다시 사용하는 것을 말한다. 텔레비전, 냉장고, 컴퓨터, 헌옷, 유리병 등을 다시 사용하는 것이 그 예이다. **재활용**(recycling)은 쓰고 버린 물건을 그대로 사용하는 것이 아니라 특별한 방법으로 손질하고 다른 방식으로 되살려 사용하는 것을 말한다. 예를 들면 신문 폐지를 박스 등의 종이 물품으로 다시 만들거나 페트병을 가공해 건축자재 부가물로 쓰는 것 등이다. 이 둘을 비교해 보면, 재활용은 쓰고 버린 물건에 새로운 자원을 투입하여 손질을 해야 하는 반면, 재사용은 이러한 과정을 특별히 거치지 않으므로 자원을 많이 절약할 수 있다. 따라서 쓰레기를 종류에 따라 올바른 방법으로 분리하여 버리는 노력이 무엇보다 중요하다. 쓰레기를 재사용, 재활용하면 자원을 절약할 수 있을 뿐만 아니라 쓰레기로 덮여 가는 지구의 환경도 살릴 수 있을 것이다.

| 구분 | 올바른 쓰레기 재활용 방법 | | |
|------|------|------|------|
| 종이 | 신문지는 적당량 묶어 내놓는다. | 비닐 코팅된 책의 겉표지는 떼어서 버린다. | 우유곽은 깨끗이 씻어 말린 후 내놓는다. |
| 유리 | 유리병 뚜껑을 함께 버리지 않는다. | 병의 색깔을 구별하여 버린다. | 병 속에 이물질을 넣지 않는다. |
| 플라스틱 | 부착 상표는 떼어 낸다. | 재활용 표시를 확인한다. | 포장한 스티로폼은 판매자가 직접 가져간다. |
| 캔 | 캔 뚜껑은 캔 속에 넣어 버린다. | 가스 통은 구멍을 뚫은 뒤 압축하여 버린다. | |
| 헌 옷 | 옷은 서로 바꾸어 입는다. | 단추나 지퍼는 따로 떼어내 보관한다. | 옷은 차곡차곡 모아 묶어서 내놓는다. |

# 물과 우리 생활

우리 주변에 물은 몇 가지 모습으로 존재할까? 또 우리는 어느 정도의 물을 사용할까?

##  113 조사  물의 세 가지 상태 알아보기

물은 우리 생활에 아주 중요한 자원이다. 물의 세 가지 상태의 특징을 알아보고 우리 생활에 이용되는 예를 조사해보자.

준비물 다양한 물의 모습 사진

얼음

섭씨 0℃ 아래의 온도에서 존재하는 물의 고체 상태로, 담는 그릇에 상관없이 일정한 모양과 부피를 가지고 있다.

생선의 신선도 유지

얼음으로 만든 조각 작품

이글루

상온에서의 무색, 무취, 무맛의 액체로, 일정한 모양이 없어 담는 그릇에 따라 모양은 달라지지만 부피는 일정하다.

식물에 주는 물

수영장 물

마시는 물

물

하얀 김은 액체 상태!
무색 부분은 기체 상태의 수증기!
수증기

무색, 무취로 존재하는 물의 기체 상태로, 일정한 모양과 부피가 없어 담는 그릇에 따라 모양과 부피가 달라진다.

가습기

스팀 다리미

찜솥

조사로 알게된 점 지구상에 존재하는 물은 고체 상태인 얼음, 액체 상태인 물, 기체 상태인 수증기 중 한 가지의 상태로 존재한다. 얼음은 모양과 부피가 일정하며, 물은 모양은 일정하지 않지만 부피가 일정하고, 기체는 모양과 부피가 모두 일정하지 않다. 또한 물은 상태에 따라 이용하는 예가 서로 다르다.

양치질할 때 사용하는 물의 양을 측정해보고, 물을 아껴 쓰기 위한 방법을 조사해보자.

**준비물** 세숫대야, 시계, 1.5L들이 페트병, 컵, 칫솔, 깔때기, 치약

물질 · 물

## 양치질할 때 사용하는 물의 양 측정

① 양치질하는 데 걸리는 시간을 측정한다.

② 양치질하는 데 걸리는 시간만큼 물을 틀어 놓고 세숫대야에 받는다.

③ 세숫대야에 받은 물을 1.5L 페트병에 옮겨 담는다.

④ 컵을 이용하여 양치질할 때 몇 컵의 물을 사용하는지 알아본다.

⑤ 양치질할 때 사용한 양만큼 물을 페트병에 담는다.

**결과**

▲ 세숫대야에 받은 물은 페트병 4개의 분량이다. 즉 물을 틀어 놓은 채 양치질을 하면 많은 양의 물을 낭비하게 된다.

◀ 컵을 이용해 사용한 물은 페트병 절반의 분량이다. 즉 컵에 물을 받아 사용하면 물을 절약할 수 있다.

## 수돗물을 아껴쓰는 방법

▲ 세수와 설거지를 할 때는 물을 받아서 사용한다.

▲ 샤워하는 시간을 절반으로 줄인다.

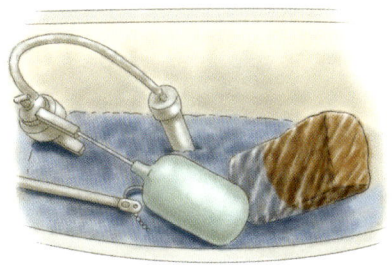

▲ 변기에 물을 채운 병이나 벽돌을 넣는다.

**실험으로알게된점** 양치질할 때 물을 틀어 놓지 않고 컵을 이용하면 사용하는 물의 양을 70~80% 정도 줄일 수 있다. 일상생활에서 세수와 설거지를 할 때에도 물을 받아서 하고, 샤워하는 시간을 줄이고, 변기에 물을 채운 병 등을 넣는다면 수돗물을 아껴쓸 수 있다. 이밖에도 수돗물을 아껴쓰려면 적당량의 합성 세제를 사용하고, 절약형 절수기를 설치하는 방법도 있다.

# 물과 얼음

물을 가득 담은 물통을 얼리면 물통이 터지는 경우가 있다. 왜 그런 것일까?

## 115 관찰 물과 얼음 관찰하기

물과 얼음을 관찰해보고, 물이 얼음으로 될 때의 변화를 살펴보자.

준비물 얼음, 물

고체 상태인 얼음에 열을 가하면 액체 상태인 물이 된다.

액체 상태인 물은 낮은 온도(0℃ 이하)에서 고체 상태인 얼음이 된다.

### 주변에서 볼 수 있는 현상

▲ 추운 겨울이 되면 강물이 얼어 얼음이 되었다가 봄이 오면 다시 녹아 물로 변한다.

▲ 추운 겨울에 내린 눈은 주위의 온도가 올라가면 녹는다.

### 얼음과 물의 특징

| 구분 | 얼음 | 물 |
|------|------|-----|
| 모양 | • 얼음이 만들어진 그릇의 모양과 같다.<br>• 일정한 모양을 가지고 있다. | • 담는 그릇에 따라 모양이 달라진다.<br>• 일정한 모양이 없다. |
| 색깔 | • 가장자리 부분은 투명하다.<br>• 얼음 가운데 부분이 흰색이다. | • 투명하다.<br>• 색깔이 없다. |
| 느낌 | • 차갑고 단단하다. | • 온도에 따라 느낌이 다르다. |

관찰로 알게 된 점 고체인 얼음은 일정한 모양이 있으나, 액체인 물은 담는 그릇에 따라 모양이 달라진다. 얼음에 열을 가하면 물이 되고, 물을 0℃ 이하로 냉각시키면 얼음이 된다.

## 과학자의 눈
### 얼음이 뿌옇게 보이는 이유

얼음은 물의 고체 상태로, 1기압일 때 0℃에서 만들어지기 시작해서 그 이하의 온도에서 존재한다. 얼음은 물처럼 무색 투명하다. 그런데 얼음 가운데는 왜 뿌옇게 보일까? 그것은 물속의 공기 때문이다. 물이 얼면서 물속에 녹아 있던 공기는 빠져나가지 못하고 조그만 공간을 이루게 된다. 이러한 공간에 빛이 통과하면서 얼음이 뿌옇게 보이게 되는 것이다. 특히 물이 바깥쪽부터 얼면서 공기들이 가운데에 몰리게 되므로 얼음의 가운데 부분이 더 뿌옇게 보인다. 맑고 투명한 얼음을 얻기 위해서는 얼리기 전에 물을 끓여 주어 공기들을 제거해 주거나 공기들이 빠져나갈 수 있도록 충분한 시간을 주면서 서서히 얼리면 된다.

물이 얼음으로 될 때 무게와 부피는 어떻게 변하는지 알아보자.

**준비물** 전자 저울, 고무 마개, 시험관, 유리막대, 소금, 얼음, 비커, 유성펜, 물

물질 · 물

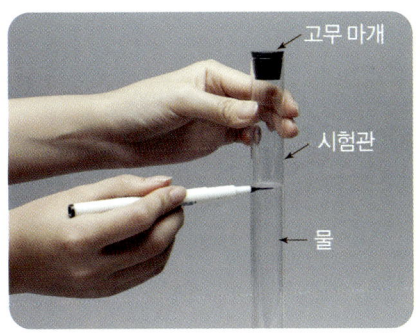

① 고무 마개가 있는 시험관에 물을 반 정도 넣고 물의 높이를 표시한다.

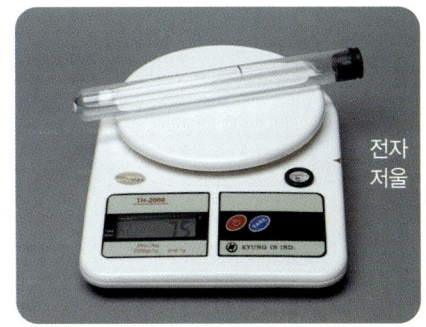

② 전자 저울을 이용해 물이 든 시험관의 무게를 측정한다.

③ 비커에 얼음과 소금을 넣고 유리막대로 잘 저어 준다.

④ 얼음과 소금이 들어 있는 비커에 물이 든 시험관을 넣는다.

⑤ 시험관 속 물의 부피 변화를 관찰한다.

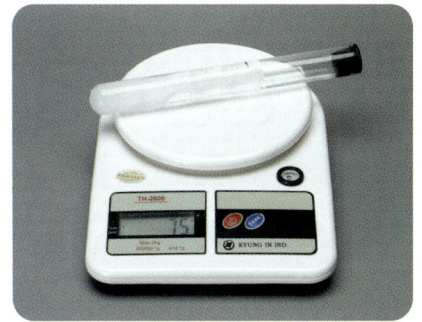

⑥ 전자 저울을 이용해 물이 언 시험관의 무게를 측정한다.

**결과**

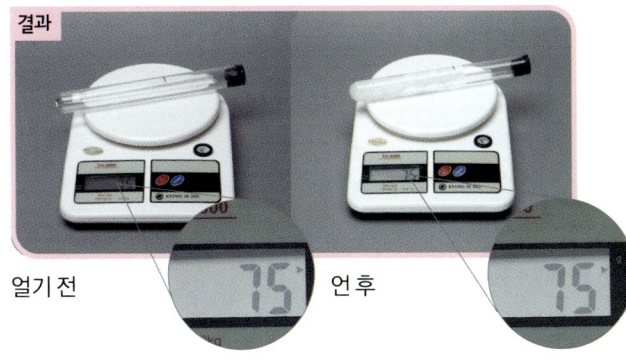

얼기 전    언 후

▲ 물이 얼기 전과 언 후의 무게 변화
물이 얼기 전과 완전히 언 후의 무게는 변화가 없다.

**결과**

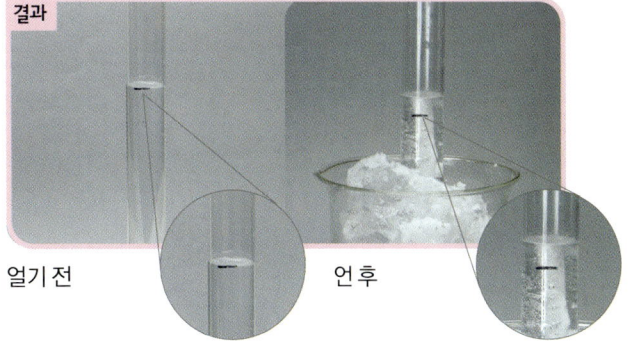

얼기 전    언 후

▲ 물이 얼기 전과 언 후의 부피 변화
물이 얼기 전보다 완전히 언 후의 부피가 더 크다.

**주의** 얼음이 언 시험관의 바깥 표면에 물방울이 맺히면 무게에 영향을 줄 수 있으므로 물기를 완전히 닦아야 한다.

**실험으로 알게 된 점** 물은 시험관 겉면부터 얼기 시작하여 점차 가운데 부분으로 얼면서 불투명해진다. 물이 얼기 전과 언 후의 무게는 변화가 없는데, 이것으로 물은 상태가 변해도 무게의 변화가 없다는 것을 알 수 있다. 부피의 경우 얼기 전보다 언 후의 부피가 더 증가한다. 물을 가득 채운 물통을 냉동실에 넣으면 물통이 터지거나 추운 겨울날 수도관이 터지는 것도 물이 얼면서 부피가 증가하기 때문에 생기는 현상이다.

생활 속에서 물이 얼 때 부피가 늘어나는 현상을 쉽게 관찰할 수 있다. 물이 얼 때 부피가 늘어나는 원리는 음료수 병에도 숨어 있다. 음료수 병에 물을 얼려 보고 어떤 변화가 생기는지 알아보자.

**준비물** 뚜껑이 있는 빈 음료수 병, 물, 냉장고

① 빈 음료수 병에 물을 가득 넣고 뚜껑을 꼭 막는다.

② 물을 가득 넣은 음료수 병을 냉동실에 넣는다.

③ 하루 후 음료수 병의 모습을 관찰한다.

**결과**

▲ 얼음이 되면서 부피가 늘어나 유리병이 깨진다. 플라스틱 병의 경우엔 볼록해진다.

**실험으로 알게된 점** 빈 음료수 병에 물을 가득 채우고 냉동실에 넣어 얼리면 음료수 병이 깨진다. 이는 물이 얼면서 부피가 늘어나기 때문이다. 일상생활에서 겨울철에 수도관이 터지거나 물을 가득 넣은 장독대가 깨지는 일이 일어나기도 하는데, 이 현상 또한 같은 이유에서이다. 따라서 용기에 주스나 물을 담을 때에는 항상 약간의 공간을 남겨 두어야 한다. 시중에 판매되고 있는 음료수와 튜브형 아이스크림에 내용물이 담겨 있는 모습에도 그 원리가 숨어 있다. 얼렸을 때 병이 쉽게 깨지거나 튜브가 찢어지지 않게 하기 위해서 내용물을 담을 때에는 항상 공간을 조금 남겨 둔다.

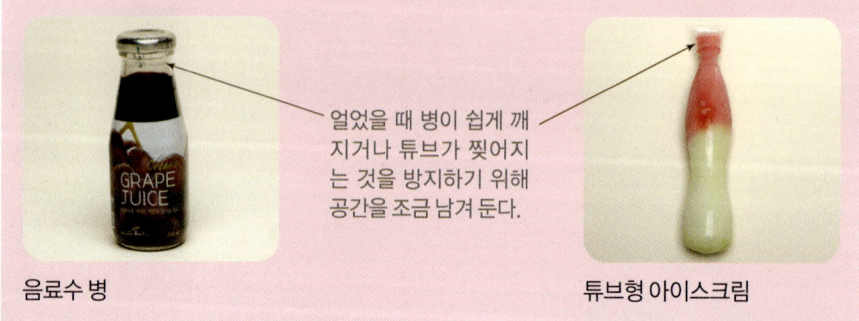

얼었을 때 병이 쉽게 깨지거나 튜브가 찢어지는 것을 방지하기 위해 공간을 조금 남겨 둔다.

음료수 병

튜브형 아이스크림

### 녹고 있는 빙하

물에 있는 얼음이 녹아도 물의 높이는 변하지 않는다. 그런데 왜 빙하가 녹으면 해수면이 상승할까? 그 이유는 남극과 북극의 지형 차이 때문이다. 북극은 바다로 이루어져 있어 빙하가 녹아도 전체 물의 높이에 변화를 주지 않는다. 하지만 남극은 대륙으로 이루어져 있어 대륙 위에 존재하는 빙하가 녹으면서 바다로 흘러들어 가므로 해수면이 올라가게 된다. 즉 지구 온난화로 인하여 해수면이 상승하는 것은 바다 위의 빙하가 녹기 때문이 아니라, 대륙에 있는 빙하가 녹으면서 물의 양이 증가하기 때문이다.

▲ 대륙에 있는 빙하가 녹아 내리면 해수면이 상승한다.

얼음은 0℃보다 높은 온도에서 물로 변한다. 얼음이 물로 변할 때 무게와 부피 변화의 특징을 알아보자.

**준비물** 전자 저울, 유성펜, 철사, 눈금 실린더, 얼음, 물

물질 · 물

① 눈금 실린더에 물을 넣고 높이를 표시한다.

얼음을 가라앉게 하기 위해 철사로 묶는다.

② 얼음을 철사로 묶는다.

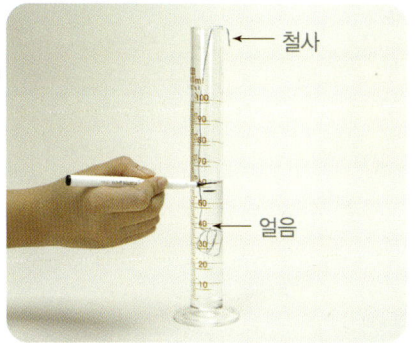

③ 철사로 묶은 얼음을 눈금 실린더에 넣고 물의 높이를 표시한다.

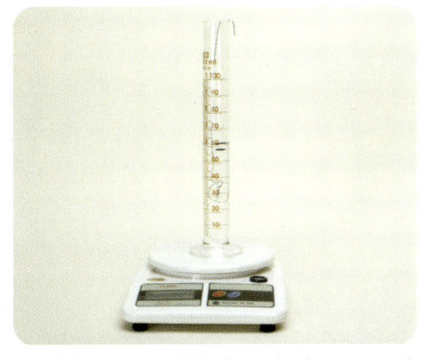

④ 철사로 묶은 얼음이 들어 있는 눈금 실린더의 무게를 측정한다.

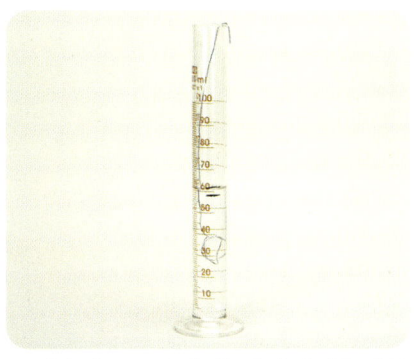

⑤ 얼음이 모두 녹은 후 물의 부피를 관찰한다.

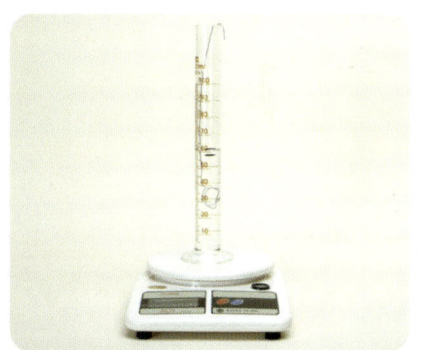

⑥ 얼음이 모두 녹은 후 철사가 든 눈금 실린더의 무게를 측정한다.

**결과**

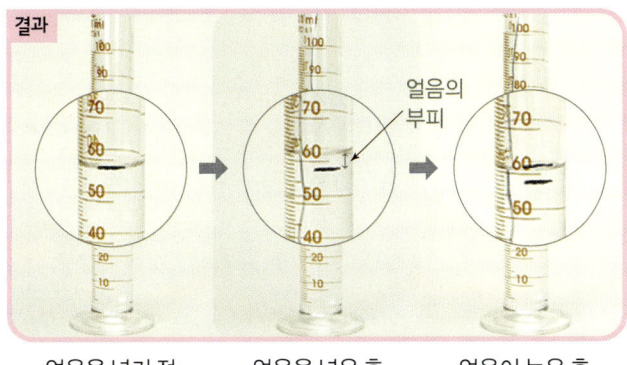

얼음을 넣기 전 → 얼음을 넣은 후 → 얼음이 녹은 후

얼음의 부피

▲ 늘어난 물의 부피가 얼음의 부피이다. 이 얼음이 모두 녹으면 물의 높이가 약간 낮아진다.

**결과**

철사를 묶은 얼음이 들어 있는 눈금 실린더의 무게

얼음이 모두 녹은 후 눈금 실린더의 무게

▲ 얼음이 모두 녹은 후에도 무게는 변하지 않는다.

**실험으로 알게된 점** 얼음이 녹으면 얼음이 들어 있을 때보다 물의 높이가 조금 낮아진다. 이것으로 얼음의 부피가 물보다 크다는 것을 알 수 있다. 또한 얼음이 든 눈금 실린더의 무게는 얼음이 녹은 뒤에도 변하지 않는다. 그 이유는 얼음이 물로 변하여도 무게가 변하지 않기 때문이다. 즉 얼음의 상태가 물로 변할 때, 부피는 줄어들지만 무게는 줄어들지 않는다는 것을 알 수 있다.

# 물과 수증기

빨래에 있던 물은 어디로 갔을까? 또 냉장고에서 꺼낸 시원한 물통 표면에 생기는 물방울은 어디에서 왔을까?

## 119 실험   물이 증발할 때의 변화 관찰하기

비커에 담겨 있는 물이 점점 줄어드는 현상을 통해 물이 증발할 때의 변화에 대해 알아보자.

**준비물** 크기가 같은 비커 2개, 유성펜, 랩, 고무줄, 물

① 크기가 같은 비커 2개에 같은 양의 물을 넣고 높이를 표시한다.

② 한 개의 비커에만 랩을 씌우고, 고무줄로 고정시킨다.

③ 물이 든 2개의 비커를 햇빛이 잘 비치는 곳에 둔다.

**결과**

▲ 랩을 씌운 비커
비커 안쪽의 벽에 물방울이 맺혀 있으며, 물의 양이 거의 줄지 않았다.

**결과**

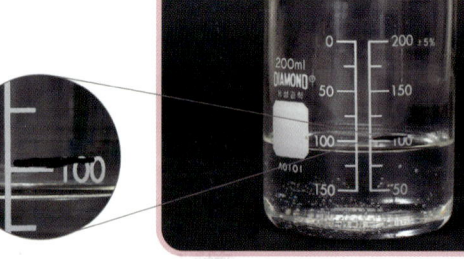

▲ 랩을 씌우지 않은 비커
비커 안쪽의 벽에 물방울이 없으며, 물의 양이 줄었다.

**실험으로 알게 된 점**   랩을 씌우지 않은 비커에 담겨 있는 물의 양은 시간이 지나면서 줄어든다. 그 이유는 비커에 담겨 있던 물이 기체 상태인 수증기로 변하여 공기 중으로 나갔기 때문이다. 이와 같이 물의 표면에서 액체 상태인 물이 기체 상태인 수증기로 변하는 현상을 **증발**이라고 한다. 랩을 씌운 비커의 경우 시간이 지나도 물이 줄어들지 않고 비커 안쪽의 벽에 물방울이 맺혀 있는 것을 볼 수 있다. 이는 비커 속의 물이 증발하지만 랩에 막혀 공기 중으로 나가지 못하면서, 비커 안쪽의 벽면에 다시 물방울로 맺힌 것이다.

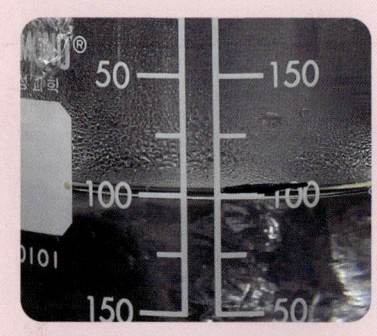

비커 안쪽의 벽면에 맺힌 물방울

**물이 끓을 때의 변화 관찰하기**

비커에 담긴 물을 계속 가열하면 어떤 현상이 나타날까? 물이 끓을 때의 변화를 관찰해보자.

**준비물** 비커, 끓임쪽, 유성펜, 알코올램프, 삼발이, 쇠그물, 점화기

① 가열 장치를 꾸민다.

물이 갑자기 끓는 것을 방지하기 위해 끓임쪽을 넣는다.

② 비커에 물과 끓임쪽을 넣고 물의 높이를 표시한다.

③ 물이 든 비커를 가열하면서 변화를 관찰한다.

### 물을 가열하는 동안 물의 변화

### 가열 후 물의 부피 변화

▲ 물을 가열하면 작은 기포가 생기고, 이 기포가 점점 커지면서 물 표면 위로 올라온다.

▲ 처음에 표시했던 물의 높이보다 낮아졌다.

**실험으로알게된점** 물을 가열하면 물속에서 작은 기포가 생긴다. 이는 액체인 물이 높은 온도에 의해 기체인 수증기로 변한 것이다. 물을 가열할수록 비커에 생기는 기포의 수와 크기가 증가하다가 물의 표면과 물의 내부 모두에서 수증기인 기포가 발생하는데, 이 현상을 **끓음**이라고 한다. 물이 끓을 때 소리가 나는 이유는 물속에서 생긴 수증기가 물의 표면에서 터지기 때문인데, 한꺼번에 많은 양의 기포가 발생되면 소리가 더욱 커지게 된다. 물이 끓으면 비커의 물이 줄어드는데, 그 이유는 비커에 담긴 액체인 물이 기체인 수증기로 변하여 공기 중으로 날아갔기 때문이다.

**과학자의눈**
## 증발과 끓음의 차이

증발과 끓음은 모두 액체인 물이 기체인 수증기로 변하는 현상을 나타내지만, 물이 수증기로 변하는 위치에 따라 용어가 달라진다. **증발**은 물의 표면에서 온도와 상관없이 일어나는 현상으로, 같은 양의 물일지라도 온도가 높거나 공기와 맞닿아 있는 부분이 넓을수록 증발이 잘 일어난다. **끓음**은 물이 100℃가 되었을 때 물의 표면뿐만 아니라 물의 내부에서도 기체인 수증기로 변하게 되는 현상이다. 물이 끓는 동안에도 물의 표면에서는 증발이 계속 일어난다.

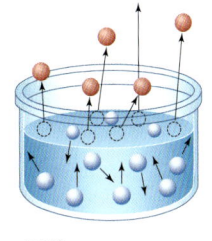

증발

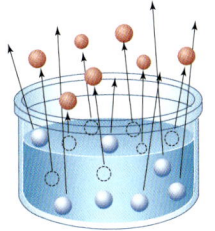

끓음

얼음이 담긴 컵의 표면과 뜨거운 물이 담긴 컵의 표면에서 나타나는 현상을 관찰하고, 응결 현상에 대해 알아보자.

**준비물** 유리컵 2개, 뜨거운 물, 얼음물, 티슈

◀ 얼음물을 넣은 컵을 티슈 위에 올려놓는다.

뜨거운 물을 넣은 컵을 ▶ 티슈 위에 올려놓는다.

**결과**

컵의 바깥 표면에서 물이 담긴 부분에만 물방울이 맺혀 있다.

컵 바깥 표면에 맺혔던 물방울이 커지면서 아래로 흘러 티슈가 젖었다.

**결과**

컵의 안쪽에서 물이 담겨 있지 않은 윗부분에 물방울이 맺혀 있다. 이 물방울은 커지면서 다시 컵 속의 물로 흘러 들어간다.

**실험으로 알게된점** 우리 눈에 보이지 않지만 공기 중에는 많은 양의 수증기가 포함되어 있다. 기체 상태인 수증기는 온도가 낮은 물체에 닿으면 액체 상태인 물로 변하게 된다. 이처럼 우리 눈에 보이지 않는 수증기가 액체 상태인 물이 되는 현상을 응결 또는 **액화**라고 한다. 얼음물이 든 컵에 맺힌 것은 공기 중의 수증기가 차가운 컵의 바깥쪽 표면에 닿아 물방울로 변한 것이다. 반면 뜨거운 물이 든 컵 속에 맺힌 것은 컵 속의 물에서 증발해 나온 수증기가 온도가 낮은 컵 안쪽 표면에 닿아 물방울로 변한 것이다.

**과학자의 눈**

## 물을 만나면 변하는 염화코발트 종이

차가운 물병의 바깥 표면에 생긴 액체 방울이 물인지 아닌지를 확인하기 위해 염화코발트 종이를 사용한다. 염화코발트 종이는 물과 만나면 푸른색이 붉은 색으로 변하는 성질이 있다. 따라서 무엇인지 모르는 액체가 물인지를 확인하기 위해 푸른색 염화코발트 종이를 사용한다.

생활 속 응결 현상을 조사해 봄으로써 응결 현상에 대해 이해해보자.

▲ 추운 곳에서 따뜻한 곳으로 이동하면 안경이 뿌옇게 된다.

▲ 뜨거운 물에서 증발된 수증기가 컵라면 뚜껑을 만나 물방울로 변한다.

▲ 입에서 나온 뜨거운 입김이 차가운 유리창에 닿아 물방울로 변한다.

▲ 제트기에서 나오는 수증기가 차가운 공기를 만나 뿌옇게 된다.

▲ 추운 겨울날 입김을 불면 입김이 뿌옇게 변한다.

▲ 욕실에서 뜨거운 물을 사용하면 차가운 거울이 뿌옇게 변한다.

▲ 공기 중의 수증기가 하늘 높이 올라가면 온도가 낮아져 물방울로 변해 구름이 된다.

▲ 이른 새벽, 땅의 온도가 공기의 온도보다 낮아지면 땅 근처의 수증기가 물방울로 변해 안개가 된다.

▲ 이른 새벽, 공기 중의 수증기가 차가운 물체에 닿아 이슬이 된다.

**조사로 알게된 점** 수증기가 찬 물체에 닿아 식어서 물방울로 맺히는 현상을 응결이라고 한다. 우리 주위에서 응결 현상을 흔히 볼 수 있다. 욕실의 천장이나 거울에 물이 맺히는 것, 풀잎에 이슬이 맺히는 것, 안개가 만들어지는 것 등이 모두 응결 현상이다.

### 과학자의 눈
### 인공 강우

인공 강우란 인위적으로 구름에 구름의 씨를 뿌려 비나 눈이 내리도록 하는 것이다. 비행기를 이용하여 드라이아이스를 구름 속에 뿌리거나 요오드화은을 발생시켜 구름의 작은 알갱이를 큰 빗방울로 만들어 비를 내리게 한다. 2008년 베이징 올림픽이 열렸을 때, 중국에서 대기를 깨끗하게 하기 위해 인공 강우 방법을 이용하기도 하였다.

방법1
① 드라이아이스 또는 빙핵 단백질 알갱이를 뿌림.
② 뿌려진 알갱이 주위에 미세한 수분 알갱이가 달라붙음.
③ 주변의 찬 공기로 인해 얼음 알갱이가 생김.

방법2
① 요오드화은을 만드는 연소탄을 떨어뜨림.
② 연소탄이 타면서 요오드화은 알갱이를 방출함.
③ 얼음 알갱이가 무거워 떨어지면서 녹아 빗방울이 됨.

## 123 조사 물의 순환 과정 조사하기

물은 태양에 의해서 끊임없이 증발한다. 그런데 바닷물의 양은 왜 줄어들지 않는 걸까? 물의 양이 변하지 않는 이유를 알아보자.

**준비물** 물의 순환을 볼 수 있는 그림

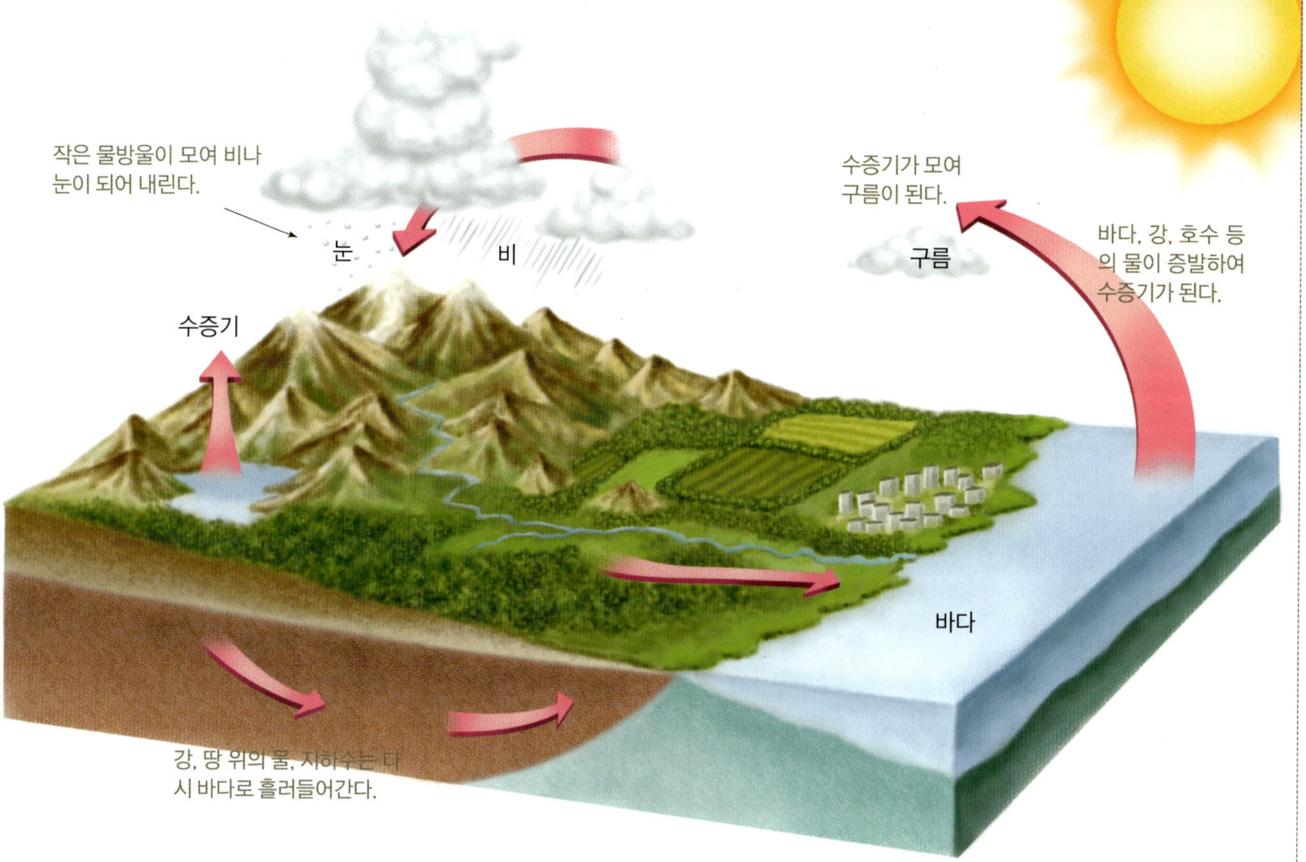

작은 물방울이 모여 비나 눈이 되어 내린다.
눈
비
수증기가 모여 구름이 된다.
구름
바다, 강, 호수 등의 물이 증발하여 수증기가 된다.
수증기
바다
강, 땅 위의 물, 지하수는 다시 바다로 흘러들어간다.


▲ 액체 상태인 물은 태양의 열에 의해 증발되어 기체 상태인 수증기로 변한다. 공기 중의 수증기가 하늘 높이 올라가 온도가 낮아지면 응결되어 구름을 형성하고, 이 구름은 다시 비나 눈이 되어 땅으로 내린다. 이러한 상태 변화를 통해 끊임없이 물이 순환하는 과정을 '물의 순환 과정'이라고 한다. 물의 순환 과정을 통해서 물의 상태는 끊임없이 변하지만 지구상에 있는 물의 양은 변하지 않는다.

### 물의 순환에 의해 나타나는 현상

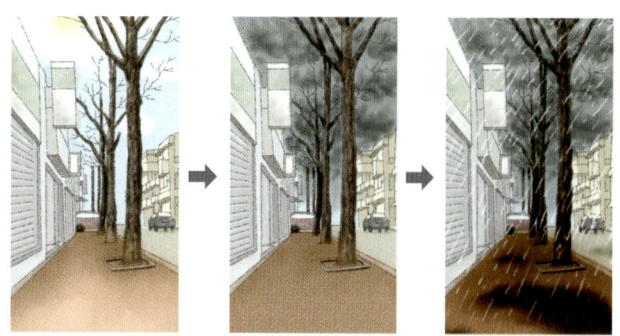

▲ 물의 순환에 의해 다양한 형태의 날씨 변화가 나타난다.

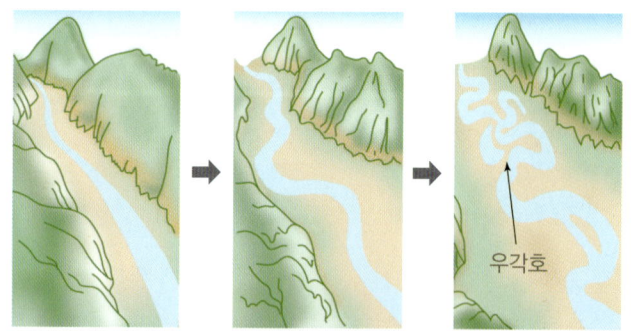

우각호


▲ 흐르는 물에 의해 지형의 모양이 변한다.

**조사로 알게 된 점** 지구상의 물은 태양의 열에 의하여 끊임없이 순환한다. 물의 순환 과정에서 물의 양은 변하지 않고 상태 변화만 일어난다. 즉 태양에 의해서 계속적인 증발 현상이 일어나더라도 이 수증기는 구름을 형성하고 다시 비나 눈이 되어 내리기 때문에 지구상에 있는 물의 양은 변하지 않게 된다.

# 신기한 얼음의 세계

대부분의 물질은 고체, 액체, 기체 상태 중 한 가지로 존재하고, 고체 → 액체 → 기체로 상태가 변할수록 부피는 증가하게 된다. 하지만 유일하게 예외인 것이 있다. 바로 물! 물이 얼음으로 변할 때 일어나는 신기한 현상에 대해 알아보자.

### 얼음의 부피가 증가하는 이유

물은 산소와 수소로 이루어진 물질로 물이 얼면서 부피가 증가하는 이유는 물을 이루는 알갱이의 배열이 변하기 때문이다. 물이 얼면 물 알갱이들은 가운데가 빈 육각 모양을 이루게 된다. 따라서 액체 상태인 물보다 고체 상태인 얼음의 부피가 더 커지는 것이다. 반대로 얼음이 물로 되면 이 구조가 깨져서 자유로워진 물 알갱이가 육각 구조의 빈 공간으로 들어갈 수 있게 되어 얼음일 때보다 부피가 줄어들게 된다.

▲ 물보다 얼음의 부피가 더 크다.

### 얼음이 물에 뜨는 이유

100mL의 물을 얼리면 얼음의 무게는 변하지 않지만 부피는 100mL보다 커진다. 따라서 100mL의 물과 100mL의 얼음의 무게를 비교하면 얼음의 무게가 물보다 적게 나간다. 어떤 물질이 물에 뜨고 가라앉는 성질은 바로 같은 부피에 대한 질량이 물보다 크고 작은가에 달려 있다. 따라서 얼음은 물에 뜨게 되는 것이다. 겨울에 기온이 영하로 떨어지면 호수의 물이 얼게 된다. 이때 얼음이 호수 바닥으로 가라앉지 않고 호수 표면에 뜨게 된다. 그러면 결과적으로 표면의 얼음이 영하의 찬 공기를 막아 주는 역할을 하므로 물고기들이 물속에서 살 수 있게 된다.

▲ 호수의 얼음은 물 위에 뜬다.

### 물 위에 떠 있는 것은 일부일 뿐!

물이 든 컵에 얼음을 넣은 뒤 물의 높이를 표시해 놓으면, 얼음이 다 녹아도 물의 높이는 변하지 않는다. 즉, 물 밖으로 나와 있는 얼음은 물이 얼음이 되면서 늘어난 부피를 의미하는 것이다. 물이 얼음으로 변하면서 늘어나는 부피는 약 8%이다. 즉 우리가 물 위에서 볼 수 있는 빙산의 크기는 전체의 약 8%로, 나머지 92%는 물 밑에 있다. 따라서 빙산이 있는 곳을 항해하는 배들은 물속에 잠겨 있는 나머지 92%나 되는 빙산에 부딪히지 않도록 주의해야 한다.

우리 눈에 보이는 빙산은 전체의 약 8%뿐이다. ▶

물질 · 물

# 에너지

start!

자석

자석과 물체

자석과 자석

자석과 생활

과학의 광장

소리

소리 내기

소리 전달하기

'에너지'란 물체가 일을 할 수 있는 능력으로 우주 전체의 모든 물질간의 운동과 특성을 연구합니다. 소리와 빛을 포함하는 파동, 힘과 운동, 전기와 자기, 열에너지 등 모든 만물의 원리를 탐구해 봅시다.

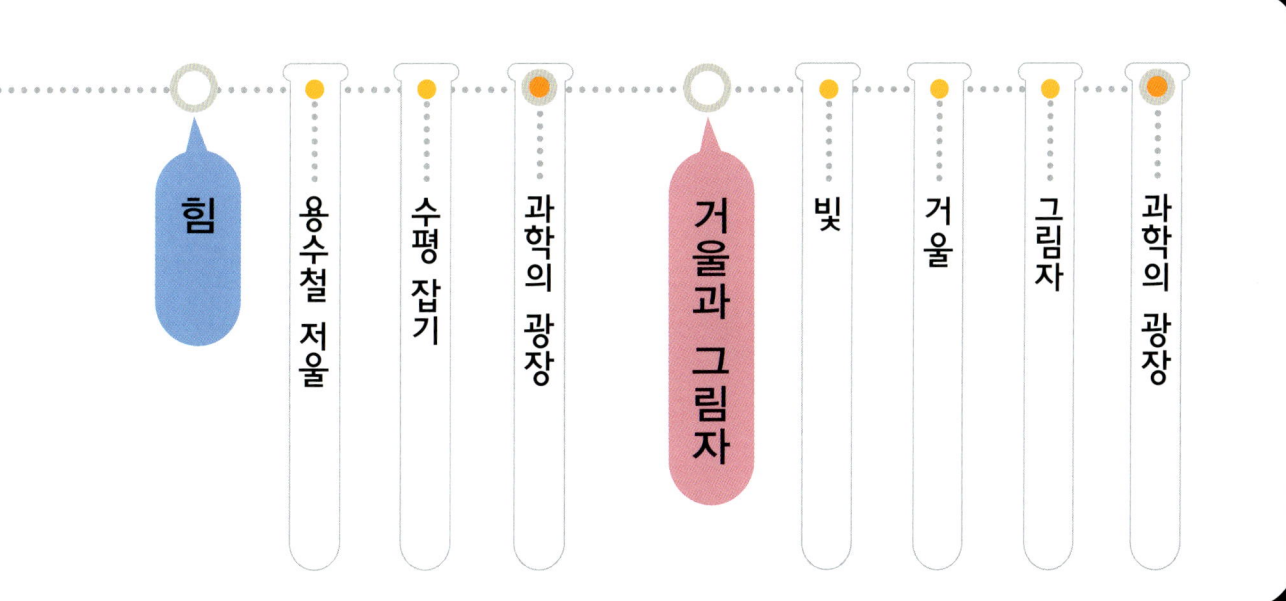

힘

용수철 저울

수평 잡기

과학의 광장

거울과 그림자

빛

거울

그림자

과학의 광장

# 자석과 물체

자석에 붙는 물체는 어떤 것일까? 또 자석에는 어떤 힘이 존재하는 것일까?

## 124 실험 자석에 여러 가지 물체 붙여보기

여러 가지 물체를 자석에 붙여보고, 자석에 붙는 물체와 붙지 않는 물체를 분류해보자. 그리고 자석에 붙는 물체는 어떤 특징이 있는지 알아보자.

**준비물** 자석, 클립, 가위, 연필, 못, 안경, 다양한 음료수 캔, 동전, 압정

▲ 철로 만든 캔은 자석에 붙는다.

▲ 알루미늄으로 만든 캔은 자석에 붙지 않는다.

▲ 플라스틱으로 된 안경은 자석에 붙지 않는다.

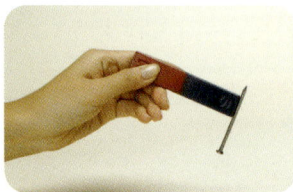

▲ 철로 만든 못은 자석에 붙는다.

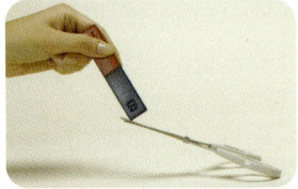

▲ 철로 만든 가위의 칼날 부분이 자석에 붙는다.

▲ 나무와 흑연으로 만든 연필은 자석에 붙지 않는다.

▲ 구리로 만든 동전은 자석에 붙지 않는다.

▲ 철로 만든 클립은 자석에 붙는다.

### 〈자석에 붙는 물체의 분류〉

| 자석에 붙는 물체 | 자석에 붙지 않는 물체 |
| --- | --- |
| 철로 만든 캔, 못, 가위의 칼날 부분, 클립 | 알루미늄 캔, 안경, 연필, 구리 동전 |

**실험으로 알게된 점** 자석에 붙는 물체는 철로 만들어져 있다는 공통점이 있다. 자석에 붙지 않는 물체는 유리, 알루미늄, 구리, 플라스틱, 나무, 고무 등이 있다.

## 과학자의 눈

### 자석

자석은 철을 끌어당기는 성질을 가지고 있다. 이렇게 철을 끌어당기는 모습이 마치 어머니가 자식을 끌어안는 인자함을 나타낸다고 해서 '**자석**'으로 부르게 되었다. 또한, 항상 남쪽을 가리킨다고 하여 '지남철'이라고도 하였다. 자석의 모양은 다양하지만, 모두 철을 끌어당긴다는 공통적인 성질을 가지고 있다.

봉자석

막대 자석

동전 자석

고리 자석

말굽 자석

책받침 위에 철 가루를 뿌려 놓고, 책받침 아래에 자석을 갖다 대어 움직이면 철 가루가 자석을 따라 움직이는 것을 볼 수 있다. 종이나 유리판을 이용하여 자석의 끌어당기는 힘에 대하여 알아보자.

준비물 막대 자석, 실, 클립, 셀로판테이프, 종이, 유리판

에너지·자석

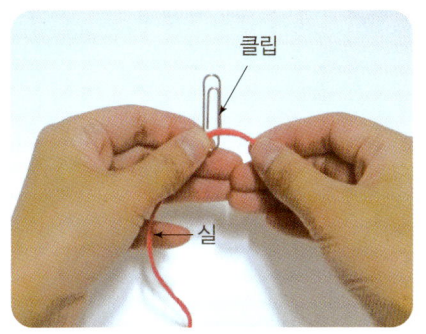

① 클립에 실을 묶는다.

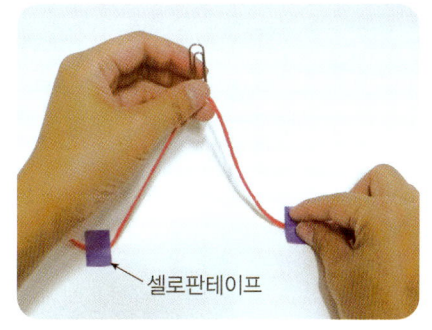

② 셀로판테이프로 실의 끝부분을 책상에 고정시킨다.

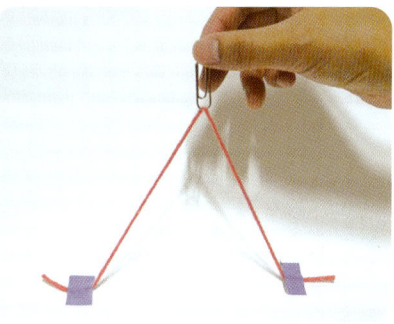

③ 손으로 클립을 당기고 자석을 가까이 가져간다.

**결과**

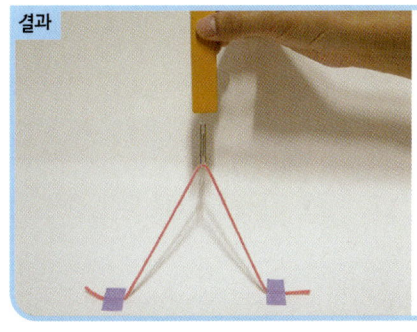

▲ 클립에서 손을 떼도 클립은 여전히 공중에 떠 있다.

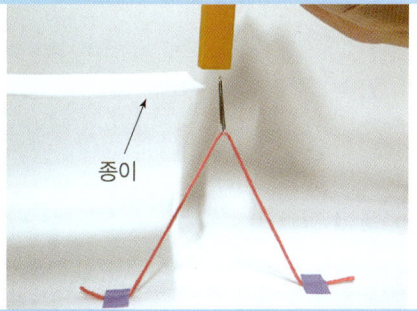

▲ 클립과 자석 사이에 종이를 끼워도 클립은 여전히 공중에 떠 있다.

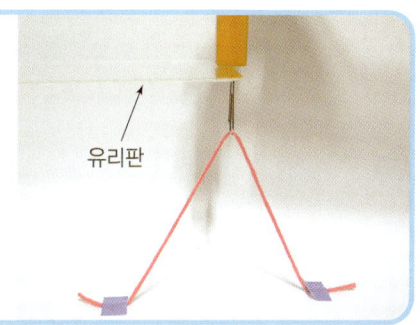

▲ 클립과 자석 사이에 유리판을 끼워도 클립은 여전히 공중에 떠 있다.

실험으로알게된점  물체와 직접 닿아야만 자석의 힘이 작용하는 것은 아니다. 자석과 물체가 서로 떨어져 있거나 그 사이에 종이나 유리판과 같은 다른 물체가 있어도 자석의 힘은 작용한다. 그렇기 때문에 손을 떼거나 클립과 자석 사이에 종이나 유리판을 두어도 클립이 공중에 떠 있을 수 있는 것이다. 이와 같이 자석이 철로 된 물체를 끌어당기는 힘을 **자석의 힘** 또는 **자기력**이라고 한다.

과학자의 눈
## 자석에 붙지 않는 금속

금속에는 철, 구리, 아연, 알루미늄 등이 있다. 이 중에서 자석에 붙는 금속은 철이고, 나머지 금속은 붙지 않는다. 그렇다면 동전은 자석에 붙을까, 붙지 않을까? 10원짜리 동전은 황동(구리 65%, 아연 35%), 50원짜리 동전은 양백(구리 70%, 아연 18%, 니켈 12%), 100원짜리와 500원짜리 동전은 모두 백동(구리 75%, 니켈 25%)으로 되어 있다. 따라서 동전은 자석에 붙지 않는다. 또 주방에서 사용되는 알루미늄 호일도 자석에 붙지 않는다.

▲ 동전, 알루미늄 호일은 자석에 붙지 않는다.

자석의 모든 부분은 철을 당기는 힘이 같을까? 또, 자석의 종류에 따라 자석의 힘이 미치는 위치는 어떻게 다를까? 자석과 철 가루를 이용한 실험을 통해 여러 가지 모양 자석의 극을 찾고, 자석이 철을 당기는 힘이 모두 같은지 알아보자.

**준비물** 막대 자석, 말굽 자석, 고리 자석, 철 가루가 담긴 통, 지우개 4개, 투명 아크릴판, 흰 종이, 신문지

① 신문지를 바닥에 깐다.

② 투명 아크릴판이 놓일 네 모서리에 지우개를 하나씩 놓는다.

막대자석이 아크릴판에 붙지 않도록 높이를 조절한다.

③ 중앙에 막대 자석을 놓고 투명 아크릴판을 위에 덮는다.

④ 투명 아크릴판 위에 흰 종이를 올린다.

종이컵에 작은 구멍을 뚫어서 철가루 통을 만들 수 있다.

⑤ 철 가루를 흰 종이 위에 골고루 뿌린다.

철가루가 한쪽으로 기울지 않도록 주의한다.

⑥ 투명 아크릴판을 톡톡 쳐서 철 가루가 자연스럽게 이동하도록 한다.

⑦ 막대 자석 대신 다른 모양의 자석으로도 실험해본다.

**결과**

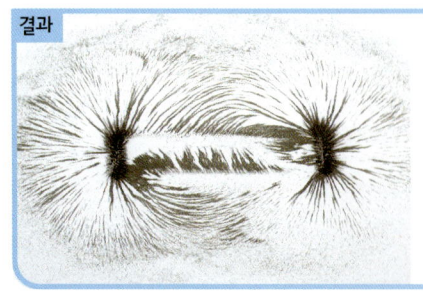

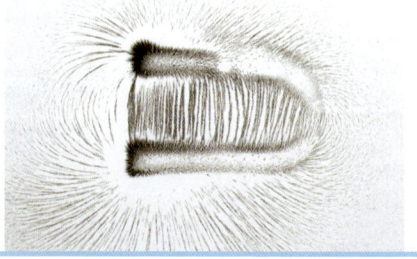

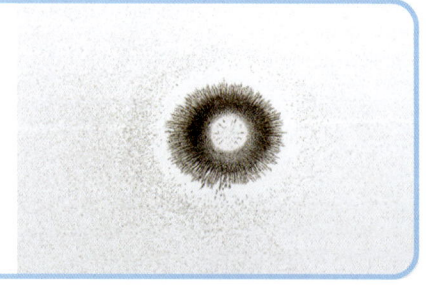

▲ 막대 자석
막대 자석의 양 끝부분에 철 가루가 가장 많이 붙는다.

▲ 말굽 자석
말굽 자석의 양 끝부분에 철 가루가 가장 많이 붙는다.

▲ 고리 자석
고리 자석의 위쪽과 아래쪽의 도넛 모양 면에 철 가루가 가장 많이 붙는다.

**실험으로 알게된 점** 자석에서 철 가루가 가장 많이 붙어 있는 부분이 물체를 끌어당기는 힘이 가장 센 부분이다. 철 가루가 붙어 있는 부분이 일정하지 않은 것으로 보아, 자석의 모든 부분에서 당기는 힘이 모두 같지는 않다. 이처럼 자석에서 철 가루가 가장 많이 붙어 있는 부분을 자석의 극이라고 한다. 자석 모양에 관계없이 모두 자석의 극이 존재한다.

자석을 바닥에 두지 않아도 자석의 극은 동일할까? 자석의 극을 사방에서 볼 수 있는 입체 장치를 만들어 자석의 극을 찾아보자.

준비물 투명 플라스틱 병, 식용유, 철 가루, 유리막대, 막대 자석, 시험관(막대 자석의 길이와 비슷한 크기), 셀로 판테이프

① 투명 플라스틱 병 속에 식용유를 2/3 정도 채우고 철 가루를 넣는다.

식용유

② 투명 플라스틱 병 마개를 닫고 철 가루와 식용유가 잘 섞이도록 흔든다.

철 가루

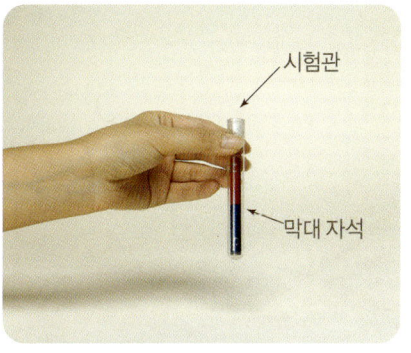

③ 시험관에 막대 자석을 넣고 입구를 비닐로 막은 후, 셀로판테이프로 고정한다.

시험관

막대 자석

④ 막대 자석이 든 시험관을 ②의 투명 플라스틱 병에 넣는다.

⑤ 식용유를 거의 가득 채운 후 병의 마개를 완전히 닫고, 철 가루를 관찰한다.

결과

▲ 사방에서 막대 자석의 양 끝으로 철 가루가 모여 붙는다.

실험으로 알게 된 점 앞면, 뒷면 등 사방에서 막대 자석을 관찰해도 막대 자석의 양 끝에 철 가루가 모여 있는 것을 관찰할 수 있다. 즉, 막대 자석의 극은 사방에서 보았을 때도 양 끝임을 알 수 있다.
고리 자석의 경우에는 윗면과 아랫면 쪽에 철 가루가 가장 많이 모인다. 즉, 고리 자석의 극은 윗면과 아랫면 쪽임을 알 수 있다.

## 과학자의 눈
## 자석의 극 표시

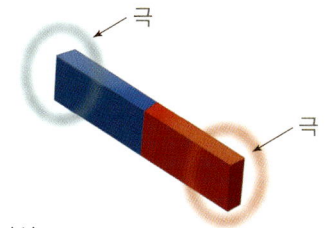

극

극

▲ 막대 자석
막대 자석의 양 끝부분이 막대 자석의 극이다.

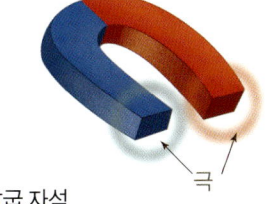

극

▲ 말굽 자석
말굽 자석의 양 끝부분이 말굽 자석의 극이다.

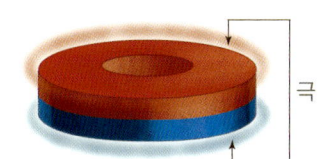

극

▲ 고리 자석
고리 자석의 위쪽과 아래쪽 면이 고리 자석의 극이다.

# 자석과 자석

철을 잡아당길 때와는 달리 자석이 자석을 만났을 때, 이 둘 사이에 어떤 일이 생길까?

## 128 실험 극의 종류 알아보기

자석의 극은 어떤 성질을 나타내며, 극의 종류는 몇 가지인지 알아보기 위해 막대 자석과 색깔 스티커를 이용해서 자석의 극을 서로 가까이해 보자.

**준비물** 극 표시가 없는 막대 자석 3개, 여러 가지 색깔의 스티커

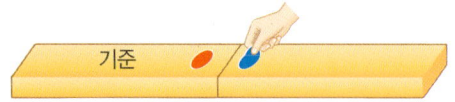

① 막대 자석 하나를 기준으로 삼고, 한쪽 끝에 빨간색 스티커를 붙인다.

② 기준인 막대 자석에 다른 막대 자석을 가까이 대어 보았을 때 서로 밀면 같은 색 스티커를 붙인다.

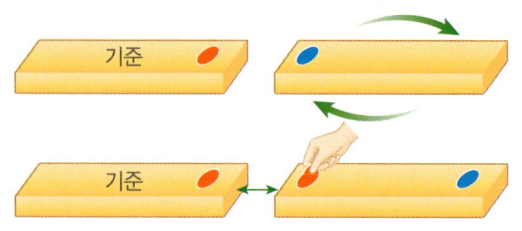

③ 기준인 막대 자석에 다른 막대 자석을 가까이 대어 보았을 때 서로 당기면 다른 색 스티커를 붙인다.

④ 기준이 아닌 막대 자석을 돌려서 반대쪽 극을 대어 보았을 때 서로 밀면 같은 색 스티커를 붙인다.

**결과**

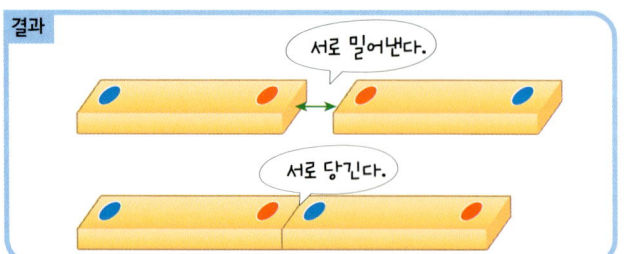

서로 밀어낸다.

서로 당긴다.

▲ 기준인 막대 자석을 빼고 다른 자석끼리 서로 극을 가까이 가져가서 서로 밀면 같은 색, 서로 당기면 다른 색 스티커를 붙였더니 한 개의 자석에는 2개의 서로 다른 색의 스티커가 붙어 있었다.

**실험으로 알게 된 점** 모든 자석의 양쪽에는 서로 다른 색, 즉 2가지 색의 스티커가 붙게 된다. 그러므로 자석의 극의 종류는 2가지이며, 자석의 양 끝에 있다는 것을 알 수 있다. 또 같은 색 스티커를 붙인 쪽끼리는 서로 밀고, 다른 색 스티커를 붙인 쪽끼리는 서로 당기는 것으로 보아, 자석의 같은 극끼리는 서로 밀고, 다른 극끼리는 서로 당긴다는 것도 알 수 있다.

### 과학자의 눈

## 자석의 극의 성질

자석이 철을 당기는 힘이 가장 센 곳이 자석의 극이다. 자석의 극끼리 가까이 대어 보면 서로 당기기도 하고, 서로 밀어내기도 한다. 서로 당기는 두 자석의 극은 각각 다른 성질을 갖고 있고, 서로 밀어내는 두 자석의 극은 서로 같은 성질을 갖고 있기 때문이다.

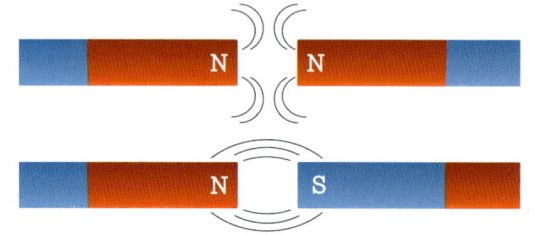

## 129 실험  극의 종류가 몇 가지인지 알아보기

자석을 반으로 쪼개면 막대 자석의 양쪽 끝에 있던 자석의 극은 어떻게 될까? 쪼개진 자석에 각각 하나의 극만 남게 될까? 자석을 반으로 쪼개어 보는 실험을 통해 자석이 쪼개지면 자석의 극도 함께 나누어지는지 알아보자.

**준비물** 극 표시가 없는 막대 자석(여러 번 쪼개어 쓸 수 있는 큰 자석), 여러 가지 색깔의 스티커

에너지·자석

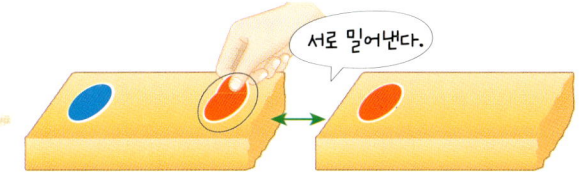

▲ 반으로 자른 막대 자석 중 하나를 돌려서 스티커가 있는 쪽과 잘린 쪽을 가까이 가져가 보았더니 서로 밀어내어 같은 색 스티커를 붙였다.

▲ 반으로 자른 막대 자석 중 스티커가 없는 쪽을 스티커가 있는 쪽과 가까이 가져가 보았더니 서로 당겨서 다른 색 스티커를 붙였다.

① 앞에서 실험한 막대 자석 중 하나를 반으로 쪼갠 후, 2조각의 막대 자석을 가까이 대어 보고 서로 당기면 다른 색, 서로 밀면 같은 색 스티커를 붙인다.

▲ 가운데 두 자석을 돌려서 스티커가 붙어 있는 면과 붙어 있지 않은 면을 가까이해 보았더니 서로 밀어내어 각각 같은 색 스티커를 붙였다.

▲ 자석을 돌려서 스티커가 붙어 있지 않은 면을 스티커가 붙어 있는 면과 가까이해 보았더니 서로 당겨서 각각 서로 다른 색 스티커를 붙였다.

② 반으로 자른 자석을 다시 한 번 더 반으로 쪼갠 후, 서로 대어 보면서 같은 색 또는 다른 색 스티커를 붙인다.

**실험으로 알게 된 점** 자석을 반으로 쪼개면 2개인 자석의 극을 하나씩 나누어 가져 각각 하나의 극만 가진 자석이 될 것이라 생각된다. 그러나 이런 일은 절대로 일어나지 않는다. 자석을 반으로 쪼개어서 스티커를 붙이는 실험을 해 보

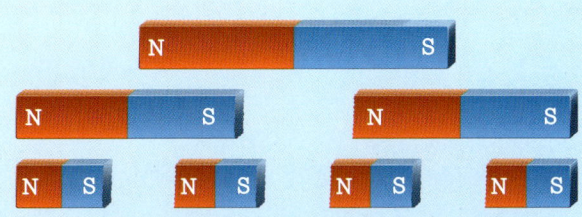

면, 여전히 하나의 자석에는 2개의 서로 다른 색의 스티커가 붙는 것을 확인할 수 있다. 계속해서 반으로 쪼개어 나가도 마찬가지다. 즉, 세상에서 가장 작은 자석이라 할지라도 항상 2개의 극을 갖는다.

자석의 극에는 2가지가 있다는 것을 알았다. 그렇다면 자석의 두 극을 어떻게 구분할 수 있을까? 나침반과 막대 자석을 이용해서 자석의 극을 찾아보자.

**준비물** 막대 자석, 수조, 일회용 접시, 물, 나침반

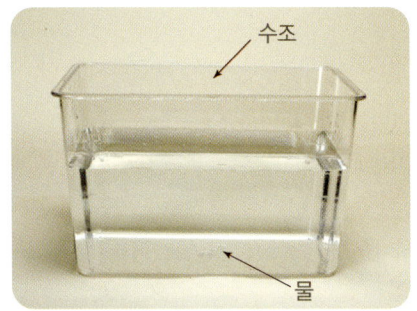
① 수조에 물을 2/3정도 채운다.

② 물을 채운 수조에 일회용 접시를 물에 띄운다.

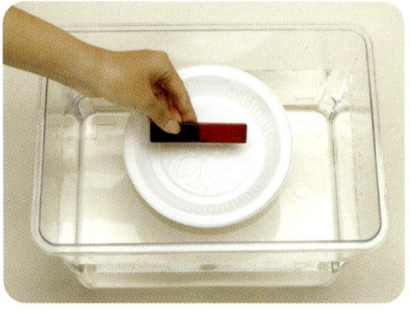
③ 일회용 접시 안으로 물이 들어가지 않도록 막대 자석을 살며시 놓는다.

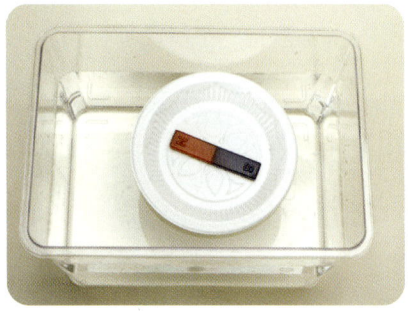
④ 막대 자석이 어느 한 방향을 가리킬 때까지 계속 움직이는 것을 볼 수 있다.

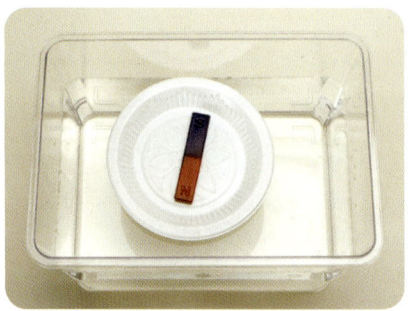
⑤ 막대 자석이 완전히 멈췄을 때 바늘이 가리키는 방향을 관찰한다.

⑥ 막대 자석이 가리키는 방향과 나침반 바늘이 가리키는 방향을 서로 비교한다.
▲ 두 물체가 가리키는 방향은 같다.

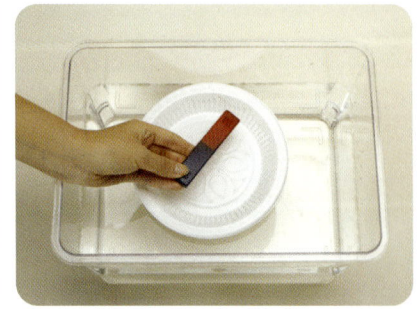
⑦ 일회용 접시에 막대 자석을 다른 방향으로 살며시 놓는다.

⑧ 막대 자석이 계속 움직이다가 완전히 멈추면 나침반 바늘이 가리키는 방향과 비교한다.
▲ 두 물체가 가리키는 방향은 같다.

**주의** 실험 결과에 영향을 줄 수 있으므로 수조 주변에 다른 자석이나 쇠붙이를 두지 않는다. 또, 나침반을 자석 가까이에 가져가면 나침반의 바늘이 움직일 수 있다. 따라서 실험 전에 미리 나침반 바늘이 가리키는 방향을 확인해 두는 것이 좋다.

**실험으로알게된점** 어떤 방향으로 자석을 물 위에 띄우더라도 항상 일정한 방향을 가리킨다. 자석의 방향은 위 실험에서와 같이 나침반의 바늘이 가리키는 방향과도 항상 일치하는데, 이것으로써 자석과 나침반에 서로 같은 힘이 작용한다는 것을 알 수 있다. 즉, 나침반의 S극과 같은 방향을 가리키는 곳이 자석의 S극이고, 나침반의 N극과 같은 방향을 가리키는 곳이 자석의 N극이다.

나침반 바늘과 자석은 어떤 관계가 있길래 항상 같은 방향을 가리키고 있을까? 자석을 나침반 가까이 가져가 보고, 자석의 극과 나침반 바늘과의 관계를 알아보자.

준비물 막대 자석, 나침반

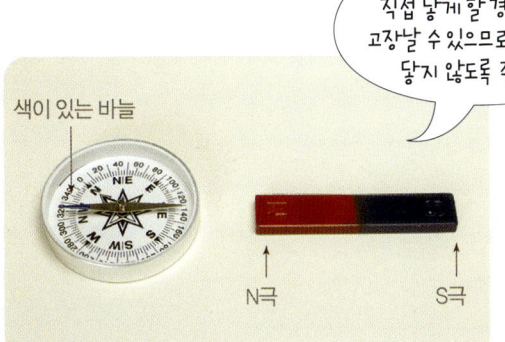

나침반 바늘에 자석을 직접 닿게 할 경우 나침반이 고장날 수 있으므로 너무 가까이 닿지 않도록 주의한다.

▲ 자석의 N극을 나침반 가까이 가져가면 나침반의 색이 있는 바늘을 밀어낸다.

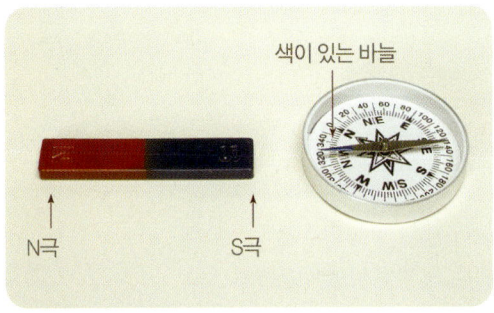

▲ 자석의 S극을 나침반 가까이 가져가면 나침반의 색이 있는 바늘을 당긴다.

▲ 자석을 나침반 가까이 가져간 후 자석을 나침반 가장자리를 따라 움직이면 나침반의 바늘이 자석을 따라 움직인다.

자석에서 북쪽을 가리키는 부분을 N극이라 하고, 주로 빨간색으로 나타낸다.

자석에서 남쪽을 가리키는 부분을 S극이라 하고, 주로 파란색으로 나타낸다.

▲ 자석의 극 : N극과 S극이 있다.

실험으로알게된점 자석을 나침반 가까이 가져가면 나침반의 색이 있는 바늘이 자석에 의해 당겨지거나 밀려나는 것을 볼 수 있다. 이것은 자석의 성질 중에서 서로 밀거나 서로 당기는 성질과 같은 현상이다. 이로써 나침반 바늘도 자석이라는 것을 알 수 있다. 나침반은 바늘이 항상 일정한 방향을 가리키는 성질을 이용한 물건으로 사람들이 길을 찾거나 바다에서 방향을 알 수 없을 때 사용한다.

과학자의눈
## 지구도 하나의 커다란 자석?

1600년대 영국 과학자 윌리엄 길버트는 '지구는 하나의 거대한 자석과 같다.'라고 했다. 지구 안쪽에는 열과 압력이 커서 금속이나 돌과 같은 암석이 녹아 흘러 이동하게 되는데, 이때 자석을 만들 수 있는 물질이 발생한다. 이렇게 그 물질이 한쪽 방향으로 흐르면 주변에 자석의 성질을 띠는 힘이 나타나서 지구가 커다란 자석처럼 2개의 다른 극을 가진다는 것이다. 이것을 지구 자기장이라고 한다. 이러한 이유로 나침반 바늘은 항상 일정한 방향을 가리킬 수 있는 것이다.

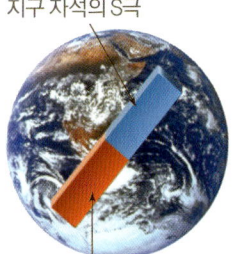

지구 자석의 S극

지구 자석의 N극

에너지·자석

막대 자석 2개를 이용해서 자석의 극 사이에 서로 어떤 힘이 작용하는지 알아보자. 힘을 더 잘 느끼기 위해 자석을 끈에 묶어 막대 자석을 가까이 가져가 보자.

**준비물** 막대 자석 2개, 털실

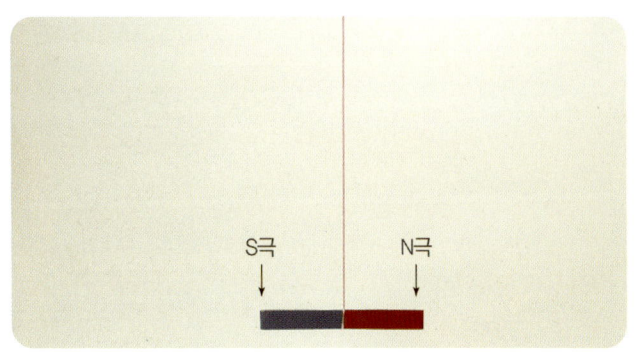

① 막대 자석의 가운데를 털실로 묶고 손으로 잡을 수 있도록 30cm정도 여분의 털실을 남겨 둔다.

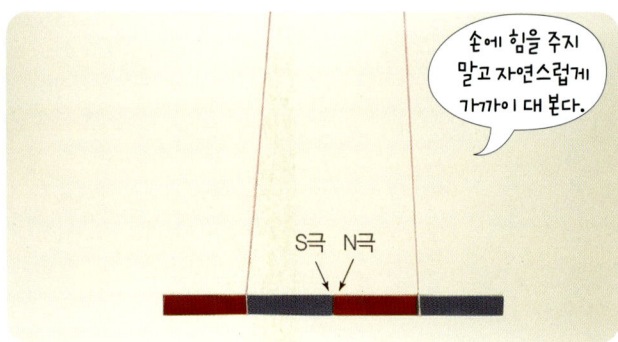

손에 힘을 주지 말고 자연스럽게 가까이 대 본다.

② 두 막대 자석의 N극과 S극을 서로 가까이 가져가서 두 자석 사이에 작용하는 힘을 느껴 본다.
  ▲ 서로 당기는 힘을 느낄 수 있다. 그러므로 N극과 S극이 붙는다.

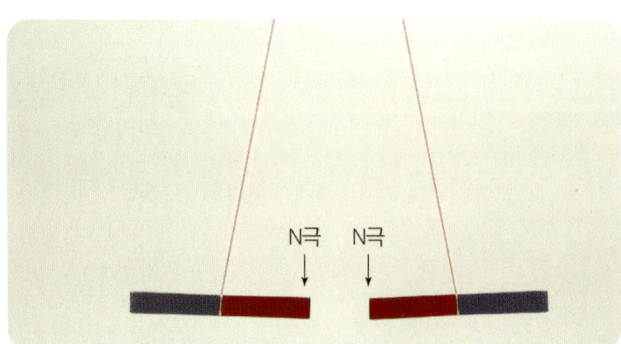

③ N극과 N극을 서로 가까이 가져가 본다.
  ▲ 서로 미는 힘이 느껴지며, 서로 밀어낸다.

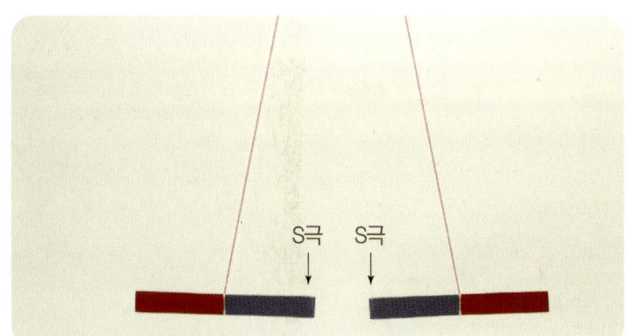

④ S극과 S극을 서로 가까이 가져가 본다.
  ▲ 서로 미는 힘이 느껴지며, 서로 밀어낸다.

**실험으로 알게된 점** S극과 N극은 서로 잡아당기는 힘이 작용하므로 붙는다. 즉, 다른 극끼리는 잡아당기는 힘이 작용한다. N극과 N극, S극과 S극은 서로 미는 힘이 작용하므로 붙지 않는다. 즉, 같은 극끼리는 미는 힘이 작용한다.

**과학자의 눈**

## 고리 자석의 극 사이의 힘

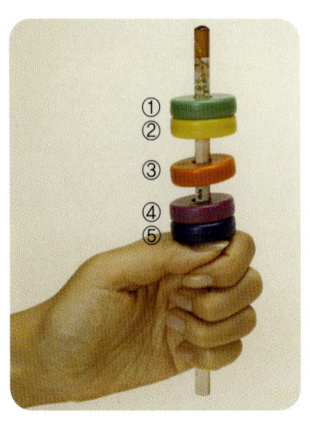

연필에 고리 자석을 5개 꽂고 자석이 서로 어떻게 위치하고 있는지 관찰해 보았다. 고리 자석도 서로 마주보는 면이 같은 극이면 미는 힘이 작용해서 자석끼리 떨어져 있게 된다. 반면, 서로 마주보는 면이 다른 극이면 당기는 힘이 작용해서 서로 붙어 있게 된다. 따라서 ②와 ③, ③과 ④는 미는 힘이 작용하므로 서로 같은 극이 마주보고 있다는 것을 알 수 있다. 또, ①과 ②, ④와 ⑤는 당기는 힘이 작용하므로 서로 다른 극이 마주보고 있다는 것을 알 수 있다.

◀ ①과 ②, ④와 ⑤는 서로 다른 극을 가진 면이 마주보고 있고, ②와 ③, ③과 ④는 서로 같은 극을 가진 면이 마주보고 있다.

자석의 극 사이에 작용하는 힘은 눈에 보이지 않는다. 철 가루를 이용하여 실험을 해보고, 자석 주위에 늘어선 철 가루의 모습은 어떤지 관찰하여 서로 밀고 당기는 힘을 확인해보자.

**준비물** 막대 자석 2개, 철 가루가 담긴 통, 지우개 4개, 투명 아크릴판, 흰 종이, 신문지

① 신문지를 바닥에 깐다.

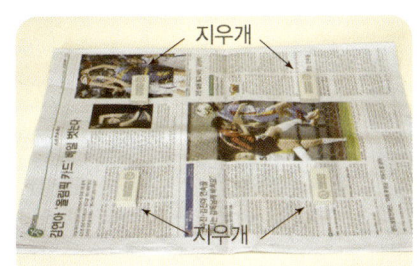

② 투명 아크릴판이 놓일 네 모서리에 지우개를 하나씩 놓는다.

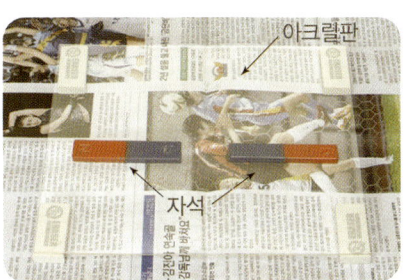

③ 막대 자석 2개가 서로 같은 극이 마주 보도록 일렬로 놓고 투명 아크릴판을 위에 덮는다.

④ 투명 아크릴판 위에 흰 종이를 올린다.

⑤ 철 가루를 흰 종이 위에 골고루 뿌린다.

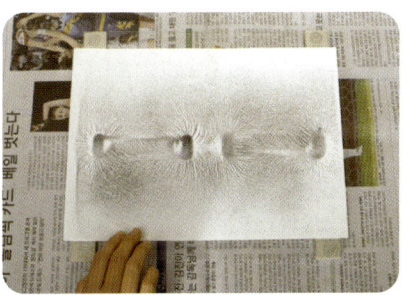

⑥ 투명 아크릴판의 가장자리를 손가락으로 톡톡 쳐서 철 가루가 자연스럽게 이동하도록 한다.

⑦ 막대 자석의 배치를 다르게 하여 실험해본다.

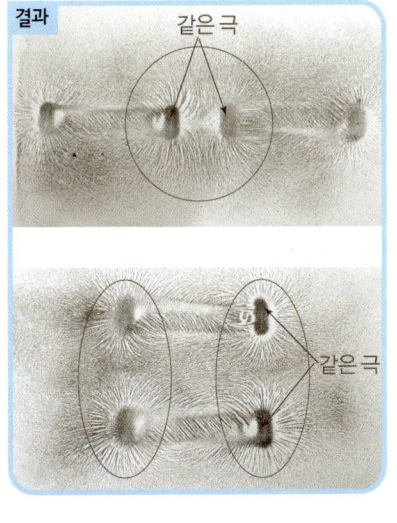

**결과**

◀ 같은 극이 서로 마주 보도록 막대 자석을 두면 두 극이 서로 철 가루를 밀어낸다.

◀ 막대 자석을 같은 극이 서로 마주 보도록 두 줄로 나란히 두면 두 극이 서로 철 가루를 밀어낸다.

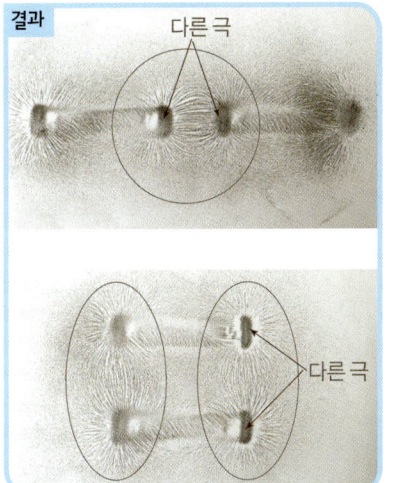

**결과**

◀ 다른 극이 서로 마주 보도록 막대 자석을 두면 두 극이 서로 이어지도록 철 가루가 늘어선다.

◀ 막대 자석을 다른 극이 서로 마주 보도록 두 줄로 나란히 두면 두 극이 서로 이어지도록 철 가루가 늘어선다.

**실험으로 알게 된 점** 자석의 같은 극끼리는 서로 밀어내는 힘이 있어서 극의 주변에서 철 가루도 밀어내는 모양을 나타낸다. 반면에 자석의 다른 극끼리는 서로 당기는 힘이 있어서 극의 주변에서 철 가루도 서로 부드럽게 연결되는 모양을 나타낸다.

나침반의 바늘은 작고 가벼워야 들고 다니기 편할 뿐만 아니라 자유롭게 돌아서 제대로 방향을 가리킬 수 있다. 나침반의 바늘은 자석인데, 자석을 작게 쪼개어 나침반을 만드는 것은 쉽지 않다. 대신 철로 된 못을 이용해 나침반 바늘로 쓰일 수 있도록 자석을 만들어보자.

**준비물** 못(바늘 또는 시침핀), 막대 자석, 클립

① 자석의 한쪽 극으로 못을 여러 번 문지른다.

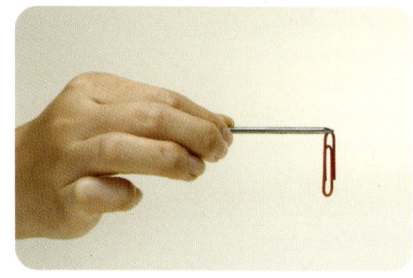

② 자석으로 문지른 못을 클립 가까이 가져가면 클립이 못에 붙는 것을 확인할 수 있다.

**주의** 못으로 자석을 만들 때에는 힘이 센 자석을 사용해야 한다. 못을 문질러야 못이 자석의 성질을 띨 수 있는데, 이때 반드시 자석의 한쪽 극으로, 한방향으로만 문질러야 한다.

**실험으로 알게된 점** 못에는 클립이 붙지 않는다. 하지만 자석으로 문지른 못에 클립이 붙는 것으로 보아, 자석으로 문지른 못이 자석의 성질을 지니게 되었다는 것을 알 수 있다. 이렇게 못이나 바늘, 시침핀과 같이 철로 된 물체를 자석으로 문지르면 자석의 성질을 띨 수 있는데, 이를 **자화**라고 한다.

자석으로 문질러 자석의 성질을 띠게 만든 바늘과 못을 이용해 다양한 방법으로 나침반을 만들어보자.

**준비물** 바늘, 수조 또는 투명한 그릇, 나뭇잎, 자석, 못, 실

### 자화된 바늘을 물 위에 띄우기

① 그릇에 물을 반 정도 채운다.

② 나뭇잎을 그릇의 물에 띄운다.

③ 물에 띄운 나뭇잎 위에 자화된 바늘을 조심스럽게 올린다.

④ 나뭇잎 위의 바늘이 완전히 멈출 때까지 기다렸다가 바늘이 가리키는 방향을 관찰한다.

**주의** 만들어진 나침반 주변에는 쇠로 된 물체나 자석이 없도록 해야 한다. 자석이나 철로 만든 물체의 영향으로 나침반 바늘의 방향이 바뀔 수 있기 때문이다.

## 자화된 못의 극

자화된 못에도 자석과 같이 N극과 S극이 존재한다. 자화된 못의 N극과 S극을 알아볼 때는 다른 자석의 N극 또는 S극을 가까이 가져가 그 반응을 살펴보면 된다. 예를 들어 자석의 N극을 못의 한쪽 끝에 가까이 가져갔을 때 밀어내면 그 부분은 N극이고, N극을 가까이 가져갔을 때 끌어당기면 그 부분은 S극이다.

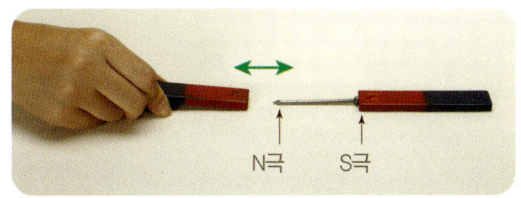

▲ 자석의 N극을 가까이 가져갔을 때 밀어내면 N극, 끌어당기면 S극이다.

## 자화된 물체를 원래대로 되돌리기

물체 속에는 보이지 않는 작은 자석들이 불규칙하게 있다. 철로 된 물체를 자석으로 문질렀을 때 그 물체가 자석의 성질을 띠는 것은, 물체 속에서 이 작은 자석들이 일정한 방향으로 정렬하기 때문이다. 이렇게 자화된 물체는 시간이 흐르면 저절로 작은 자석들의 배열이 흐트러지므로 자석의 성질을 잃고 원래의 물체로 돌아가게 된다. 한편, 강한 충격을 주거나 가열하면 보다 짧은 시간에 자석의 성질을 잃게 할 수 있다. 원래의 물체로 돌아가는 데 필요한 에너지를 주게 되기 때문이다.

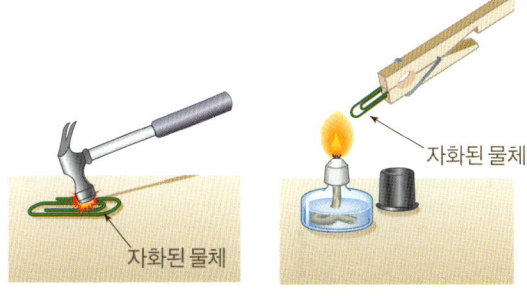

▲ 강한 충격을 주거나 가열하면 곧 자석의 성질을 잃게 된다.

### 자화된 못을 실로 매달기

① 실의 여분을 길게 남기고 자화된 못의 가운데 쯤을 실로 묶는다.

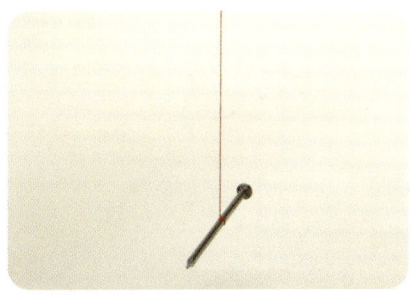

② 여분의 실을 손으로 잡고, 실에 묶인 못을 아래쪽에 늘어뜨려 못이 완전히 멈출 때까지 기다렸다가 못이 가리키는 방향을 관찰한다.

주의 실로 못을 묶은 후, 여분의 실을 손으로 잡고 못을 아래로 늘어뜨렸을 때, 못이 한쪽으로 기울어지지 않도록 주의한다. 또, 마찬가지로 나침반 주변에 철로 된 물체나 자석이 없도록 주의한다.

실험으로알게된점 나침반이 없는 경우에 못이나 바늘과 같이 가볍고 작은 철로 된 물체를 자화시켜 나침반 대신으로 사용할 수 있다. 물체가 자유롭게 움직일 수 있도록 물에 띄우거나 실로 매달면 나침반처럼 지구의 남북을 가리킨다. 이렇게 자화된 물체의 N극과 S극은 다른 자석을 가져갔을 때 자화된 물체의 반응을 보고 알 수 있다.

# 자석과 생활

우리 주변에서 자석을 이용한 물체에는 어떤 것이 있을까? 신용카드에서 자석이 이용된 부분은 어느 곳일까?

## 136 조사   생활 속의 자석 찾기

우리가 살아가는 데 자석이 없다면 어떻게 될까? 우리 생활 속에서 자석을 이용한 예를 찾아보고, 어떻게 이용되는지 알아보자.

**준비물**   자석 필통, 자석 집게, 자석 칠판, 클립 통, 바둑판, 자석 드라이버

▲ 자석 필통
  뚜껑에 자석과 쇠붙이가 있어서 여닫을 때 편리하다.

▲ 자석 집게
  여러 장의 종이를 묶은 뒤, 자석을 이용해 고정시킬 수 있다.

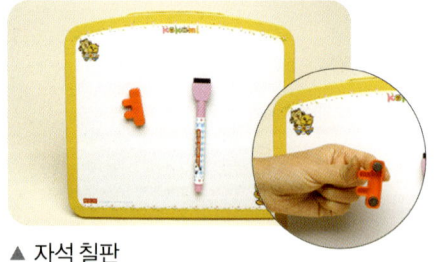

▲ 자석 칠판
  쇠판에 자석으로 만든 글자나 그림, 자석 집게 등을 붙일 수 있다.

▲ 클립 통
  자석을 이용해서 클립이 흩어지지 않게 할 수 있다.

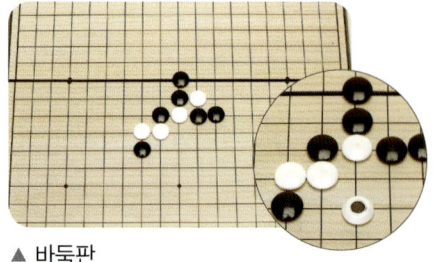

▲ 바둑판
  자석을 이용하여 바둑알이 움직이지 않도록 붙여서 사용할 수 있다. 이동하면서도 바둑을 즐길 수 있게 해 준다.

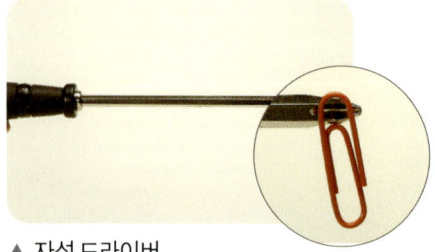

▲ 자석 드라이버
  드라이버가 자석으로 되어 있어서, 작은 나사를 드라이버 끝에 고정시키기 좋다.

**조사로 알게된 점**   철로 된 물체를 끌어당기는 자석의 성질을 이용하면 생활의 불편한 점을 편리하게 할 수 있다. 예를 들어 쇠판이나 냉장고 등의 바깥면을 다양한 모양의 자석을 붙여서 예쁘게 꾸밀 수 있고, 메모지 등을 붙여서 공간을 효율적으로 이용할 수 있다.

오늘날에는 자석의 성질을 이용하여 정보를 기록하기도 한다. 일반적으로 신용카드에 많이 사용되는 마그네틱 카드가 자석의 성질을 이용하여 정보를 저장한 것이다. 자석으로 기록한 정보는 어떤 모습을 나타내는지 실험을 통해 알아보자.

**준비물** 고운 철 가루(사산화삼철), 사용하지 않는 신용카드, 알코올, 스포이트, 비커, 유리막대, 약숟가락, 셀로판테이프, 흰 종이, 동전 자석

에너지·자석

① 비커에 50mL의 알코올을 넣고, 사산화삼철을 약숟가락의 작은 부분으로 한 숟가락 정도 넣는다.

② 사산화삼철이 잘 섞이도록 유리막대로 저어 준다.

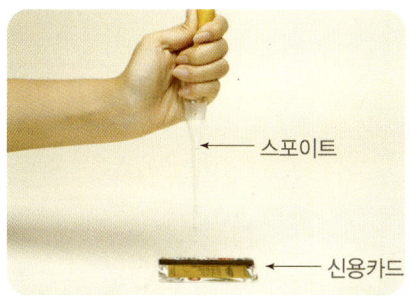

③ 사산화삼철이 섞인 알코올을 스포이트를 이용해서 신용카드의 검은 띠에 떨어뜨린다.

④ 알코올이 증발할 때까지 잠시 기다렸다가 알코올이 증발하면 셀로판테이프를 살짝 붙였다가 떼어낸 후, 흰 종이에 붙여본다.

**결과**

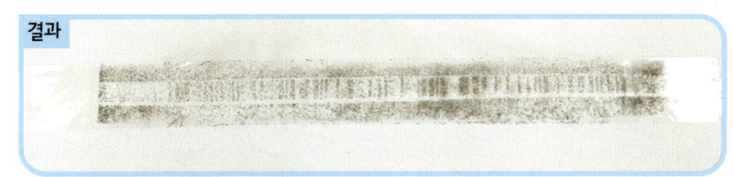

▲ 자석으로 기록된 정보의 모습
　일정한 띠 모양의 사산화삼철이 나타난다. 이는 상품의 바코드에 나타나 있는 검은띠와 비슷한 모양이다.

⑤ 카드에 붙어 있는 사산화삼철을 잘 닦아낸 후, 동전 자석으로 검은띠 부분을 문지른 후 이 실험을 반복해 본다.

**결과**

▲ 동전 자석으로 문지른 것
　자석으로 카드의 검은 띠를 문지른 후에는 사산화삼철의 배열이 일정하지 않다.

**실험으로알게된점** 이 실험을 통해 신용카드 등에 자석의 성질을 이용해서 정보를 기록한다는 것을 알 수 있다. 그리고 정보가 기록된 부분을 자석으로 문질렀을 때 사산화삼철의 배열이 일정하지 않은 것으로 보아 그 부분의 정보에 문제가 생겼다는 것을 알 수 있다.

그러므로 카세트 테이프, 신용카드, 비디오 테이프, 자기 디스크 등과 같이 자석의 성질을 이용해서 정보를 기록한 물건들은 자석과 가까이 두지 말아야 한다.

장난감에서 자석이 이용된 부분을 찾고, 여러 가지 장난감을 만들고 장난감에 이용된 자석의 성질을 찾아보자.

**준비물** 자석팽이, 극 붙임 딱지, 막대자석, 각종 자석, 클립, 나만의 준비물

## 장난감에 이용된 자석의 성질 찾기

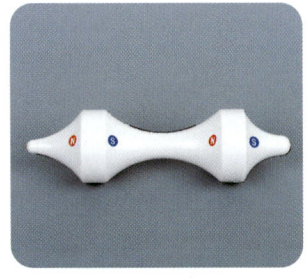

① 팽이에 막대자석을 붙여 보고 자석의 극을 찾아 극 붙임 딱지를 붙인다.

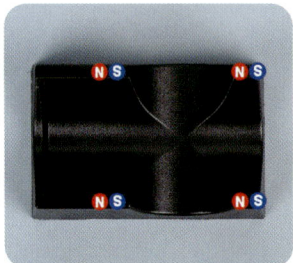

② 받침대에도 막대자석을 붙여 보고, 자석의 극을 찾아 극 붙임 딱지를 붙인다.

③ 받침대에 팽이를 올려두고 어떤 현상이 일어나는지 관찰해본다.

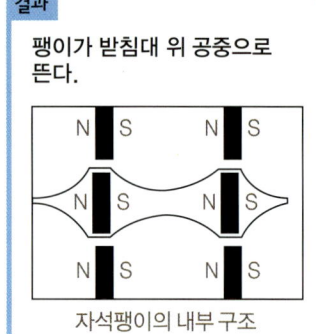

**결과**

팽이가 받침대 위 공중으로 뜬다.

자석팽이의 내부 구조

## 자석을 이용한 장난감

| 자동차 | 축구 게임 | 피에로 |
|---|---|---|
|  |  |  |
| 자동차 앞 뒤에 자석을 붙이고, 다른 자동차를 가까이 대면 자동차가 움직인다. | 축구 판과 인형을 만들고, 인형에 클립을 붙인 다음 판 아래에서 자석을 움직인다. | 피에로를 만들고 팔과 다리 끝에 각각 클립을 끼우고, 하드보드지 뒤에 자석을 대면 피에로의 팔과 다리가 움직인다. |

**실험으로 알게된점** 자석의 성질을 이용하면 다양한 장난감을 만들 수 있다. 자석이 같은 극끼리는 서로 밀어내고 다른 극끼리는 서로 당기는 성질과 철로 된 물체를 끌어당기는 성질이 이용되었다. 자석팽이와 자동차는 같은 극끼리 서로 밀어내는 성질이 이용되었고, 축구 게임과 피에로는 철로 된 물체를 끌어당기는 성질이 이용되었다.

### 과학자의눈
## 자석의 성질을 이용한 여러 가지 물체

철로 된 물체를 끌어당기는 성질을 이용한 물체에는 드라이버, 필통, 클립 통 등이 있고, 같은 극끼리 서로 밀고 다른 극끼리는 끌어당기는 성질을 이용한 물체에는 매미 자석, 자석팽이, 고리 자석 등이 있다. 일정한 방향을 가리키는 성질을 이용한 물체로는 나침반이 있고, 자화를 이용하여 정보를 저장하는 물체로는 통장, 신용카드, 컴퓨터 하드 디스크 등이 있다. 이러한 자석의 성질을 이용하여 여러 가지 물체를 만들 수 있다.

▲ 필통

▲ 클립통

# 지구 자기장이 사라진다면 어떤 일들이 일어날까?

지구 자기장이 있다는 것은 지구가 자석의 성질을 갖고 있다는 것을 말한다. 즉, 자석의 성질이 미치는 공간을 자기장이라고 하는데, 지구 자기장은 지구와 지구 주변의 가까운 우주 공간까지 영향을 미친다. 지구 자기장은 우리 눈에 보이지는 않지만 아주 중요한 영향을 미치고 있다. 지구 자기장이 없어진다면 지구에는 어떤 일들이 일어날까?

## 동물들이 길을 잃어버려요.

오래 전, 아주 먼 곳에 짧은 편지를 보내거나 쪽지를 보낼 때 비둘기를 사용했다. 비둘기는 모르는 곳에서도 집을 찾거나 길을 찾는 데 뛰어난 능력을 갖고 있기 때문이다. 비둘기가 가진 뛰어난 방향 감각과 집을 찾는 능력은 다름 아닌 자기장을 느끼는 감각의 결과라는 사실이 1979년에 밝혀졌다. 비둘기의 머리뼈와 뇌 사이에는 가로 2mm, 세로 1mm크기의 자석이 있다. 이 자석이 지구 자기장과 반응하여 방향을 잡는 역할을 하는 것이다. 비둘기 외에도 자기 집을 찾아 돌아오는 능력을 가진 동물은 대체로 지구 자기장을 느낄 수 있는 생체 자석을 지니고 있는 것으로 밝혀졌다. 지구 자기장이 사라진다면 이런 생체 자석을 지닌 동물들이 자기가 가야 할 방향을 잃고 집을 찾아가지 못하는 일이 벌어질 것이다. 그렇게 되면 비둘기가 방향 감각을 잃고 벽이나 창문, 차창을 향해 돌진해서 떼죽음을 당하는 일이 발생할 수도 있을 것이다.

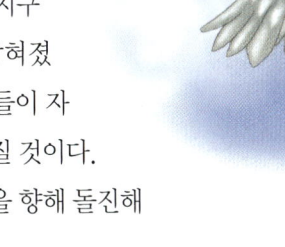

## 아름다운 오로라가 무시무시한 오로라로 변해요.

우주 공간에는 우주선이라는 강력한 에너지가 있다. 이 에너지는 끊임없이 지구로 날아오는데, 이 우주선을 막아서 지구의 생명체들을 보호해 주는 것이 바로 지구 자기장이다.

지구 자기장의 양 극지방에서 지구 내부로 들어온 우주선의 일부가 공기와 충돌하면서 생기는 것이 바로 아름다운 오로라 현상이다. 하지만 만일 지구 자기장이 없어진다면 지구는 우주에서 날아오는 우주선을 막지 못해서 큰 재앙을 맞이하게 될 것이다. 강력한 에너지가 그대로 지구에 들어오게 되면 우리가 사용하는 전기 제품들이 이유 없이 폭발하거나 더 이상 사용할 수 없게 되고, 정전이 되거나 통신이 끊어져서 전화나 인터넷 등도 사용할 수 없게 된다. 또한 우리에게 별다른 피해를 주지 않더라도 아름다운 오로라가 무시무시한 오로라로 변할 수도 있을 것이다.

# 소리 내기

주변에 있는 물체에서는 어떤 소리가 날까? 또 물체에서 소리가 나는 원리는 무엇일까?

## 139 조사   주변에서 들을 수 있는 소리 알아보기

우리 주변에는 장소에 따라, 소리를 내는 물체에 따라 다양한 소리들이 있다. 주변의 여러 가지 소리를 다양한 방법으로 구분해 보자.

## 140 실험   소리나는 원리 알아보기

소리가 나는 소리굽쇠에서 나타나는 다양한 현상을 관찰해 보자.

**준비물** 소리굽쇠, 고무망치, 수조, 물, 종이

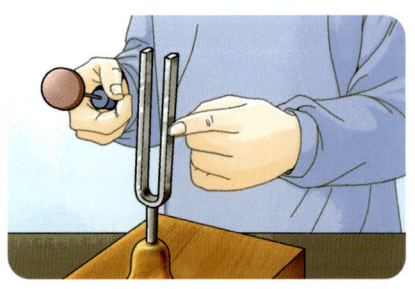
① 소리가 나는 소리굽쇠에 손을 살짝 대어 본다.

② 소리가 나는 소리굽쇠를 물에 대어 본다.

③ 소리가 나는 소리굽쇠에 얇은 종이를 살짝 대어본다.

**실험으로 알게된 점** 소리나는 소리 굽쇠에 손을 대면 떨림이 느껴지고, 물에 대면 물방울이 튀고, 종이를 대면 종이가 떨리며 '지이잉' 소리가 난다. 이를 통해 소리가 나는 물체는 떨림이 있음을 알 수 있다.

소리 중에는 큰 소리, 작은 소리, 높은 소리, 낮은 소리가 있다. 기타를 여러 가지 방법으로 연주해 보면서 어느 경우에 큰 소리가 나는지, 또 어느 경우에 높은 소리가 나는지 관찰해 보자.

준비물 기타

에너지 · 소리

## 기타 소리의 세기를 다르게 하기

① 기타를 세게 뚱기거나 줄을 세게 친다.

② 기타를 살살 뚱기거나 줄을 약하게 친다.

## 기타 소리의 높낮이를 다르게 하기

③ 기타 줄을 짧게 잡고 뚱긴다.

④ 기타 줄을 길게 잡고 뚱긴다.

줄감개

⑤ 줄감개로 줄을 팽팽하게 한 후 뚱긴다.

⑥ 줄감개로 줄을 느슨하게 한 후 뚱긴다.

**결과**

| 큰 소리가 나는 경우 | 작은 소리가 나는 경우 |
| --- | --- |
| 기타 줄을 세게 뚱긴 경우 | 기타 줄을 살살 뚱긴 경우 |
| 기타 줄을 짧게 잡고 뚱긴 경우 | 기타 줄을 길게 잡고 뚱긴 경우 |
| 기타 줄을 팽팽하게 한 경우 | 기타 줄을 느슨하게 한 경우 |

**관찰로 알게 된 점**

소리의 세기
물체의 떨리는 정도를 세게 하면 큰 소리가 나고, 떨리는 정도를 작게 하면 작은 소리가 난다.

소리의 높낮이
물체의 떨리는 공간이 짧고 팽팽할수록 높은 소리가 나고, 물체의 떨리는 공간이 길고 느슨할수록 낮은 소리가 난다.

## 과학자의 눈
### 소리의 진폭과 진동수

소리의 떨림을 진동이라 한다. 물체의 소리를 컴퓨터에 입력시켜 그래프로 나타내면 진동하는 모양을 눈으로 볼 수 있다. 소리가 진동할 때 진동하는 높이의 정도를 진폭이라고 하는데 진폭이 클수록 큰 소리가 나고 진폭이 작을수록 작은 소리가 나는 것을 알 수 있다. 또한 진동하는 횟수가 많을수록 높은 소리가 나는데, 이는 진동하는 공간이 짧을수록 여러 번 왔다갔다 진동할 수 있기 때문에 진동 횟수가 많아지는 것이다.

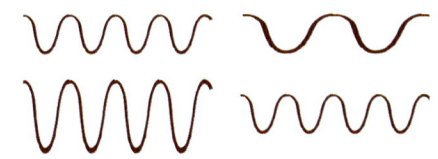

소리의 세기        소리의 높낮이

# 소리 전달하기

소리는 물체의 떨림이 전달되는 것이다. 소리를 전달할 수 있는 물체는 무엇일까?

## 142 조사 소리가 어떻게 전달되는지 알아보기

소리가 기체인 공기, 고체인 책상, 액체인 물을 통해서도 절달되는지 알아보자.

**준비물** 큰북, 북채, 양초, 수조, 물, 구슬

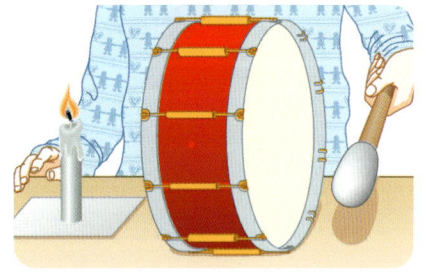

① 큰북을 두드려 소리가 나면 촛불이 어떻게 되는지 관찰한다.

**결과**

촛불이 흔들린다.

② 책상에 귀를 대고 책상을 두드리면 책상을 통해 소리가 들리는지 관찰한다.

**결과**

책상을 통해 소리가 잘 들린다.

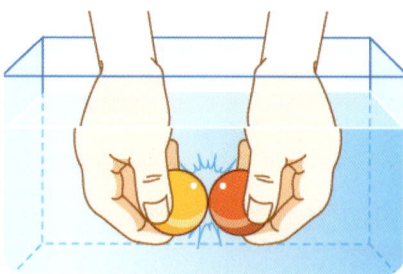

③ 물속에서 구슬을 부딪치고, 공기 중에서 소리가 들리는지 관찰한다.

**결과**

구슬 부딪치는 소리가 공기 중에서도 들린다.

**조사로 알게된 점** 북을 쳤을 때 촛불이 흔들린 것은 북의 떨림이 공기를 통해 촛불에 전달되었기 때문이다. 소리는 기체인 공기뿐만 아니라 고체인 나무, 책상, 쇠, 유리, 액체인 물 등의 물질을 통해서도 소리가 전달된다. 즉 물체의 떨림인 소리는 고체, 액체, 기체 모두를 통해서 전달된다.

### 과학자의 눈
## 소리를 전달하는 물질

소리는 물체의 떨림에 의해서 발생한다. 이 물체의 떨림은 공기, 철, 나무, 물 등의 물질 즉, 고체, 액체, 기체를 통해서 전달된다. 따라서 공기가 없는 우주나 진공 상태에서는 소리가 전달되지 않는다. 소리는 각 물질 내에서 이동하는 빠르기(속력)에 따라 전달되는 정도가 다르다. 소리가 전달되는 빠르기는 고체 → 액체 → 기체의 순서이다. 물체에서의 속력이 빠를수록 소리가 더 잘 전달된다.

소리가 들리지 않아.

| 물질의 종류 | 공기(20℃) | 물(20℃) | 강철 | 알루미늄 |
|---|---|---|---|---|
| 소리의 속력(m/s) | 343 | 1832 | 5941 | 6420 |

## 143 실험 실 전화기로 소리 멀리 전달하기

소리를 멀리까지 전달하기 위해서 실 전화기를 만들어 이야기해 보고, 실 대신 다른 것을 사용하여 실 전화기처럼 만들어 보자.

**준비물** 종이컵, 실, 누름못, 클립, 가위, 용수철, 구리선, 털실 등

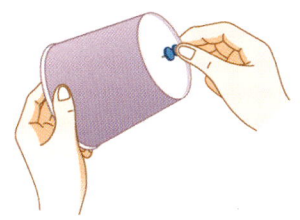

① 두 개의 종이컵 바닥에 누름 못으로 구멍을 뚫는다.

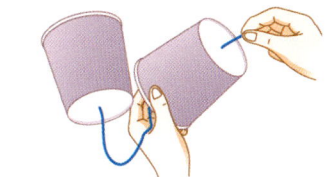

② 종이컵 바닥의 구멍에 실을 넣어두 종이컵을 연결한다.

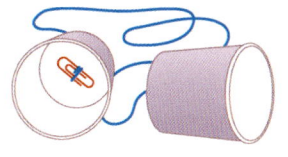

③ 종이컵을 통과한 실이 빠지지 않도록 실의 끝에 클립을 연결한다.

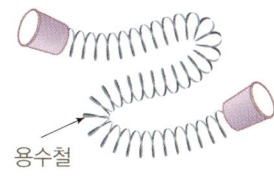

용수철

④ 실 외에 용수철, 구리선, 털실 등을 이용하여 전화기를 만들어 본다.

**실험으로 알게된 점** 실 전화기를 통해 멀리 있는 친구의 이야기를 잘 들을 수 있다. 실이 팽팽할수록 더 잘 들린다. 실 대신 용수철, 구리선, 낚싯줄 등을 사용하여 전화기를 만들어도 소리가 잘 들린다.

## 144 조사 소리 모아 듣기

우리 주위에는 심장 박동 소리, 시계 소리 등과 같이 작은 소리들이 있다. 작은 소리를 잘 들을 수 있는 도구의 특징에 대하여 알아보자.

**준비물** 청진기, 보청기, 확성기, 종이 등

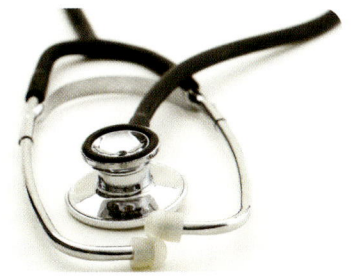

▲ 청진기

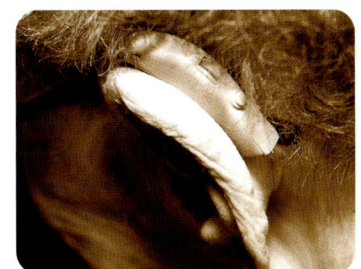

▲ 보청기

▲ 확성기

**조사로 알게된 점** 위 기구들의 공통점은 고깔 모양의 부분이 있다는 것이다. 이 고깔 모양에서 소리를 모아 주는 역할을 한다. 귀 뒤에 손을 모으고 들으면 더 잘 들리는 것도 소리를 모아 주기 때문이다. 소리를 모아서 들으면 소리를 잘 들을 수 있다. 보청기와 청진기 등의 기구로 작은 소리를 들을 수 있다.

### 〈여러 가지 간이 악기〉

| 숟가락 실로폰 | 낚시 찌통 팬파이프 | 빨대 피리 | 유리병 실로폰 | 고무줄 가야금 |
|---|---|---|---|---|
|  |  |  |  |  |
| 계량 스푼의 길이 순서대로 스탠드에 일정한 간격으로 매단 뒤 두드려 소리를 낸다. | 낚시 찌통의 길이를 다르게 하여 색 테이프로 연결한 후 입으로 불어 소리를 낸다. | 빨대의 길이를 다르게 한 후 입으로 불어 소리를 낸다. | 유리병 속 물의 높이를 달리하여 담아 막대로 두드려 소리를 낸다. | 상자에 나무젓가락을 끼우고 고무줄을 끼운 후 퉁겨서 소리를 낸다. |

# 용수철 저울

용수철 저울은 언제 사용할까? 용수철 저울의 원리를 이용하여 물체의 무게를 어떻게 측정할까?

## 145 관찰 용수철 저울 관찰하기

다양한 물체의 무게를 정확하게 재기 위하여 여러 가지 저울을 사용한다. 그 중 용수철 저울은 용수철의 성질을 사용하여 물체의 무게를 재는 기구이다. 주로 학교 과학실에서 추나 여러 가지 물체의 무게를 잴 때 사용한다. 용수철 저울을 관찰해보고, 정확한 사용법과 용수철 저울로 무게를 잴 수 있는 원리를 알아보자.

**준비물** 용수철 저울, 추

▶ **영점 조절 나사**
물체를 매달지 않은 상태에서 저울의 눈금이 '0'을 가리키도록 조절하는 나사이다. 가장 먼저 나사를 돌려 눈금을 '0'에 맞춘다.

▶ **눈금 읽기**
고리에 물체를 걸어 용수철이 늘어난 부분의 눈금을 읽는다. 이때 눈금 표시자와 눈의 높이를 같게 하여 눈금을 읽는다.

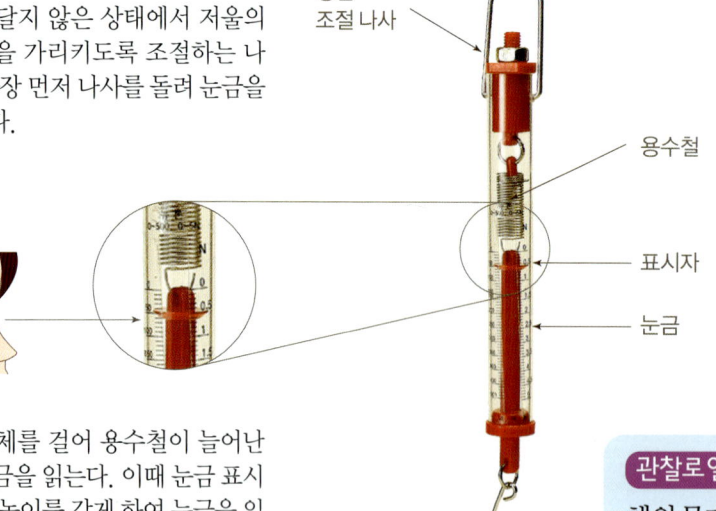

◀ **고리**
위의 것은 용수철 저울을 스탠드에 걸 때, 아래 것은 재고자 하는 물체를 매달 때 사용한다.

◀ **표시자**
용수철 끝부분에 위치하여 물체의 무게를 쉽게 눈으로 보면서 잴 수 있게 해주는 장치이다.

◀ **눈금**
물체의 무게를 나타낸다. 보통 g, kg으로 표시되어 있다.

**관찰로 알게된 점** 용수철의 성질을 이용하여 물체의 무게를 잴 수 있다. 먼저 영점 조절 나사를 돌려 표시자를 '0'에 맞춘 후 고리에 물체를 매단다. 용수철이 늘어나면서 표시자가 가리키는 눈금이 물체의 무게이다.

### 과학자의 눈
## 용수철 저울의 종류

용수철 저울은 대체로 과학실에서 추의 무게나, 학용품과 같은 여러 가지 가벼운 물체의 무게를 잴 때 사용된다. 이때 용수철의 종류에 따라 잴 수 있는 무게가 정해져 있다.

용수철 저울에 표시된 것보다 무거운 물체를 걸면, 저울의 눈금을 읽을 수 없거나 용수철이 너무 많이 늘어나 저울의 기능을 하지 못한다. 그러므로 재려고 하는 물체의 무게에 알맞은 용수철 저울을 골라 사용해야 한다.

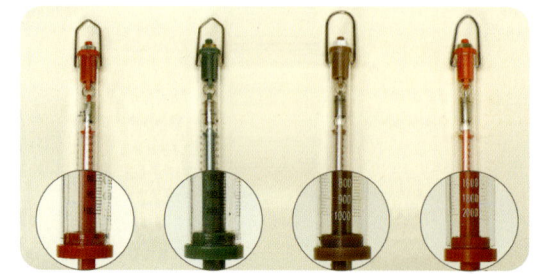

100g, 200g, 1000g, 2000g까지 잴 수 있는 여러 가지 용수철 저울

용수철 저울을 사용하여, 여러 가지 물체의 무게를 재는 방법을 알아보고, 주변에 있는 물체들의 무게를 재어보자.

**준비물** 용수철 저울, 스탠드, 여러 가지 물체

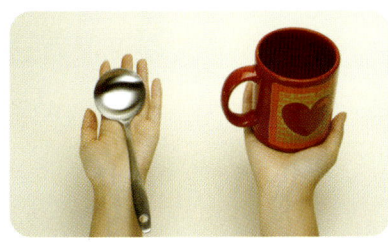

① 주변에 있는 물체의 무게를 손으로 어림해본다.

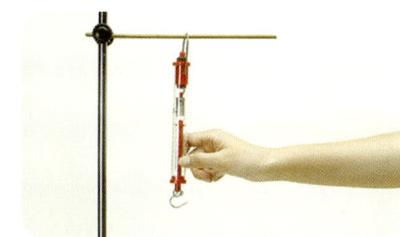

② 편평한 바닥에 스탠드를 놓고, 스탠드에 용수철 저울을 매단다.

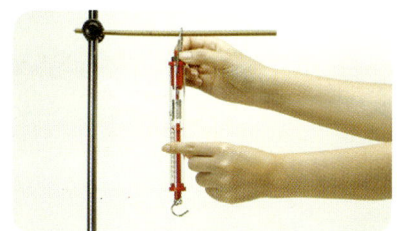

③ 용수철 저울의 영점 조절 나사를 조절하여 눈금표시자가 '0'에 오도록 한다.

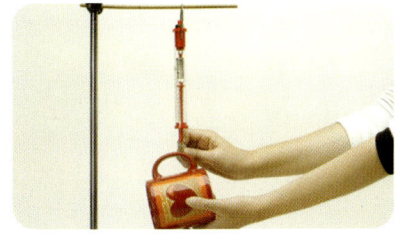

④ 용수철 저울의 아래쪽에 위치한 고리에 물체를 매단다.

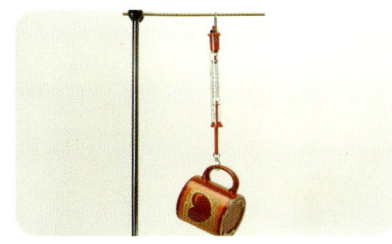

⑤ 표시자와 눈의 높이를 수평으로 맞춘 뒤 눈금을 읽고, 손으로 어림한 무게와 비교한다.

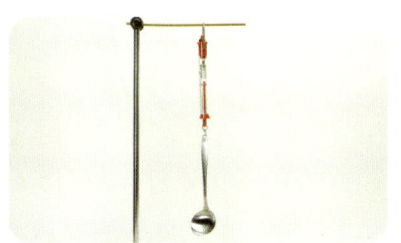

⑥ 다른 물체도 무게를 재어 비교한 후, 손으로 어림한 무게와 비교한다.

**실험으로 알게된점** 힘을 가하면 늘어나고 힘을 가하지 않으면 원래대로 돌아오는 용수철의 성질을 이용하여, 여러 가지 물체의 무게를 측정할 수 있다. 손으로 물체의 무게를 어림하여 재면 쉽고 빠르게 잴 수 있지만 정확한 무게를 알기 어렵기 때문에 저울을 사용한다.

## 과학자의 눈
## 용수철 저울의 원리

수직으로 매달린 용수철에 추를 매달면, 용수철은 늘어난다. 또, 이 용수철을 손으로 잡아당겨도 용수철이 늘어난다. 추를 달거나 손으로 잡아당기면 용수철에 아래로 잡아당기는 힘이 작용한다. 물체에 힘을 작용하면 물체는 변형한다. 힘을 더 많이 작용할수록 물체의 형태는 더 많이 변한다. 이러한 이유로 용수철을 힘을 측정하는 도구로 사용할 수 있다.

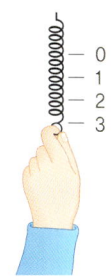

▲ 용수철에 큰 힘을 가하면 용수철이 많이 늘어나고 용수철에 작은 힘을 가하면 용수철이 적게 늘어난다.

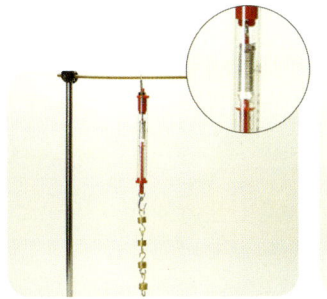

▲ 용수철은 원래의 상태로 돌아가려는 탄성력을 가지고 있으므로 용수철에 준 힘을 없애면 처음 상태로 되돌아간다.

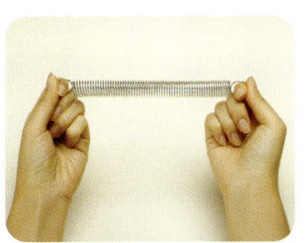
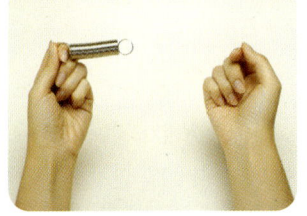

에너지·힘

모든 물체는 무게를 가지고 있다. 무게는 물체의 무겁고, 가벼운 정도를 나타내며 지구가 물체를 끌어 당기는 힘의 크기를 말한다. 이 무게의 단위는 힘의 단위인 N(뉴턴)을 사용한다. 물체의 무게가 무겁다는 것은 지구가 그 물체를 세게 끌어당긴다는 것이다. 가정용 저울을 이용하여 물체의 무게를 느껴보자.

**준비물** 가정용 저울, 우유 두 개

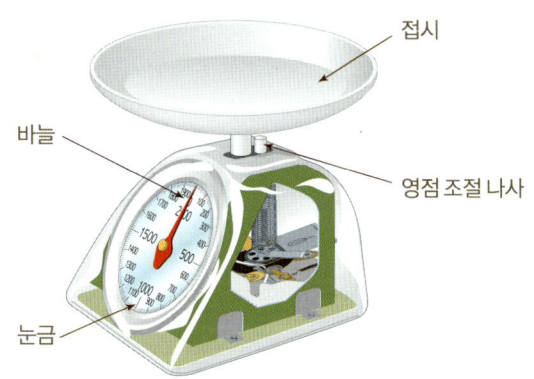

접시

바늘

영점 조절 나사

눈금

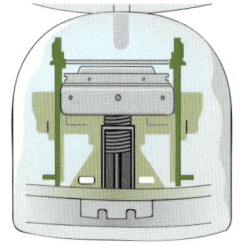
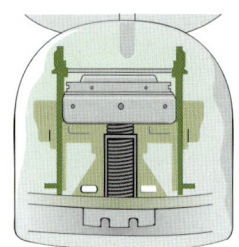

▲ 무거운 물체를 올려놓았을 때와 가벼운 물체를 올려놓았을 때 용수철의 변화

① 가정용 저울 2개를 나란히 놓고, 우유 한 개를 올렸을 때 저울의 바늘을 확인한다.

② 다른 하나의 저울을 손바닥으로 눌러 우유 한 개의 무게만큼 힘의 크기를 느껴본다.

③ 저울에 우유 두 개를 올려놓는다.

④ 같은 방법으로 저울의 바늘이 돌아가는 만큼 다른 저울을 손바닥으로 저울을 눌러본다.

**실험으로 알게된점** 저울로 물체의 무게를 측정할 때 물체가 무거울 때는 용수철이 많이 늘어나고, 저울의 바늘이 많이 돌아가는 것을 관찰할 수 있다. 또한, 우유 한 개보다 우유 두 개의 힘만큼 저울을 눌렀을 때 힘이 더 드는 것을 알 수 있다. 물체의 무게가 무거울수록 힘이 더 들고, 더 힘이 든다는 것은 지구가 물체를 더 세게 끌어당긴다는 것을 의미한다.

과학자의눈
**무게**

지구는 모든 물체를 지구 중심 쪽으로 끌어당긴다. 이는 들고 있던 물체를 놓으면 아래로 떨어지고, 위로 던져 올려도 다시 아래로 떨어진다는 사실을 통해 알 수 있다. 무게란 이렇게 지구가 물체를 끌어당기는 힘의 크기, 또는 물체의 무거운 정도를 말한다. 지구는 무거운 물체는 더 세게 끌어당기고, 가벼운 물체는 더 약하게 끌어당기고 있다. 따라서 무게를 잰다는 것은 지구가 물체를 끌어 당기고 있는 힘의 크기를 잰다는 것을 의미한다.

몸무게를 예로 들면, 지구는 몸무게가 적게 나가는 사람보다 몸무게가 많이 나가는 사람을 더 세게 끌어당기고 있다. 즉 무거운 사람일수록 지구가 끌어당기고 있는 힘의 크기가 더 크다는 것을 의미한다.

어떻게 하면 용수철의 길이가 늘어날까? 추의 개수를 늘려가면서 용수철에 매달았을 때 용수철의 늘어난 길이를 재어 보고, 추의 개수와 용수철의 늘어난 길이의 관계를 알아보자.

**준비물** 용수철, 스탠드, 두꺼운 도화지, 사인펜, 20g 짜리 추 5개, 집게 2개, 자

에너지·힘

① 스탠드에 두꺼운 도화지를 집게로 끼운다.

② 용수철을 스탠드에 걸어 놓는다.

③ 용수철에 매달 추의 무게를 확인한다.

④ 아무것도 매달지 않은 상태에서 용수철의 끝이 가리키는 곳에 눈금을 표시하고 '0'이라고 쓴다.

⑤ 용수철에 추 1개를 매달고 용수철의 끝이 가리키는 곳에 자로 눈금을 표시하고 추의 무게를 적는다.

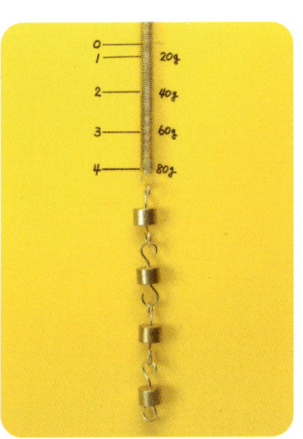

⑥ 용수철에 매다는 추의 개수를 하나씩 늘려가면서 용수철의 끝이 가리키는 곳에 눈금과 추의 무게를 표시한다.

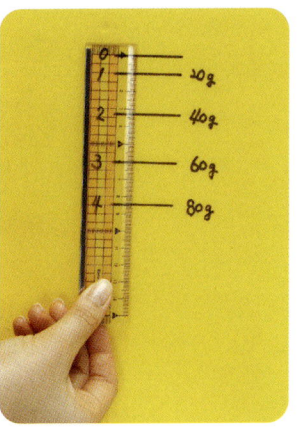

⑦ 스탠드에서 두꺼운 도화지를 뺀 후, 눈금 사이의 길이를 자로 잰다.

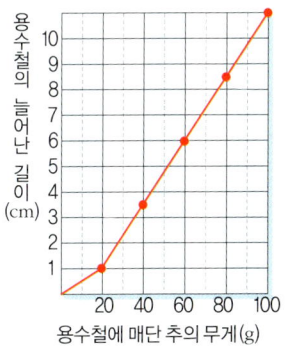

⑧ 용수철에 매단 추의 개수에 따라 늘어난 길이를 그래프에 기록한다. 추의 개수가 늘어남에 따라 용수철의 길이가 늘어난다.

**실험으로알게된점** 용수철에 매단 추의 개수, 즉 물체의 무게가 늘어남에 따라 용수철의 길이도 늘어나게 된다. 이때 물체의 무게가 2배, 3배가 되면 용수철의 늘어난 길이도 2배, 3배 늘어난다. 결과를 그래프에 기록을 할 때에는 가로축의 용수철에 매단 추의 무게와 세로축의 용수철의 늘어난 길이를 순서쌍으로 하는 점을 찍은 뒤 선으로 연결한다. 예를 들어, 20g짜리 추 1개를 매달았을 때 용수철이 1cm늘어났다면, 가로축의 선 '20'과 세로축의 선 '1'이 만나는 지점에 점을 찍는다.

용수철을 잡아당겼을 때 용수철에 매단 물체의 무게에 따라 손으로 느끼는 힘이 달라진다는 것을 알았다. 이번에는 힘의 많고 적음이 아니라, 용수철에 물체를 매달아가면서 용수철이 늘어난 길이를 측정하여 무게에 따라 용수철의 길이가 어떻게 달라지는지 알아보자.

**준비물** 종류가 같은 용수철, 스탠드, 자, 20g 짜리 추

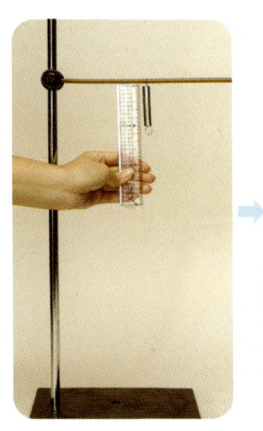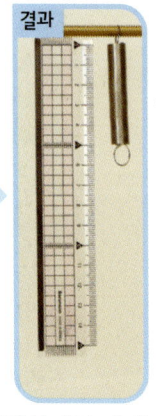

① 용수철을 스탠드에 고정시키고 이때의 길이를 자로 잰다.
▲ 용수철의 길이는 5cm이다.

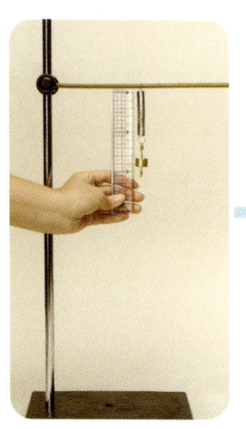
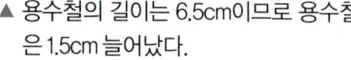

② 용수철에 20g 추를 매달고 용수철이 늘어난 길이를 자로 잰다.
▲ 용수철의 길이는 6.5cm이므로 용수철은 1.5cm 늘어났다.

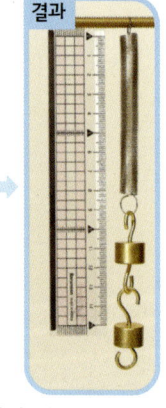

③ 용수철에 20g 추를 하나 더 매달고 용수철이 늘어난 길이를 자로 잰다.
▲ 용수철의 길이는 8cm이므로 용수철은 1.5cm 더 늘어났다.

**실험으로 알게 된 점** 무게는 용수철의 길이를 재어 봄으로써 알 수도 있는데, 힘의 크기를 느껴 보는 것과는 달리 더욱 정확하게 무게를 비교할 수 있다. 용수철의 원래 길이는 5cm이고, 20g 추를 매달았을 때는 6.5cm, 40g 추를 매달았을 때는 8cm로 늘어났다. 추를 매달때 마다 1.5cm씩 늘어난 것이다. 즉, 용수철의 원래 길이와 늘어난 길이를 비교해 보면, 추가 무거울수록 용수철의 길이가 더 많이 늘어난다는 것을 알 수 있다. 따라서 물체가 무거울수록 늘어난 길이만큼 용수철을 잡아당겨야 하므로 힘이 많이 든다.

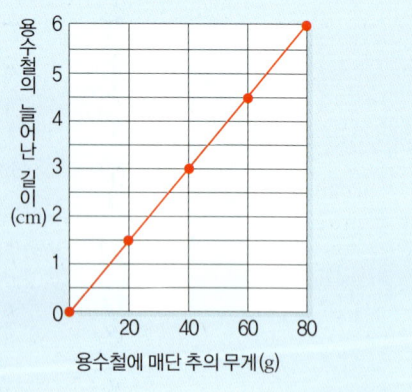

용수철의 늘어난 길이 (cm)

용수철에 매단 추의 무게(g)

**과학자의 눈**
**무게의 단위**

우리가 일상 생활에서 많이 사용하는 무게의 단위에는 g, kg 등이 있다. g은 '그램'이라고 읽고, kg 은 '킬로그램'이라고 읽으며, 1kg은 1000g이다. 따라서 kg단위는 사람의 몸무게, 쌀의 무게와 같이 무거운 것의 무게를 나타내고, g단위는 과자 한 봉지, 책, 치즈 등과 같이 작고 가벼운 것의 무게를 나타낼 때 사용한다.

과자 한 봉지 약 45g

책 한 권 약 600g

세제 약 3kg

쌀 약 5~10kg

## 추의 무게에 따른 용수철의 늘어난 길이에 대한 그래프

용수철에 매단 추의 개수를 하나씩 늘려가면서 용수철의 늘어난 길이를 그래프로 나타내면 직선 그래프가 그려져야 정상이다. 하지만, 여러 가지 이유로 완전한 직선 그래프가 그려지지 않을 수 있다. 그 원인 중 한 가지는 시중에서 판매되고 있는 용수철 자체의 성질 때문이다. 보통 판매되는 용수철들은 보통의 용수철보다 더 많이 압축된 상태로 나온다. 따라서 처음 20g짜리 추 1개를 매달았을 때와 추 2개를 매달았을 때 용수철의 늘어난 길이가 2배가 되지 않는 경우가 많다. 그래서 앞의 실험과 같은 결과가 나오기도 한다.

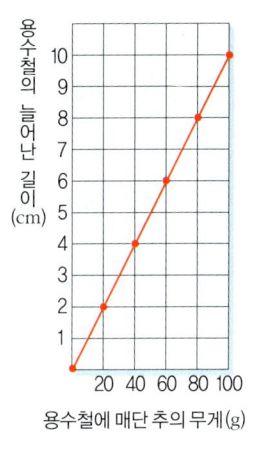

## 힘의 크기에 따라 용수철의 길이가 변하는 물체의 예

▲ 무게가 있는 물체가 올라가면 용수철이 늘어나는 트램펄린

▲ 힘을 주어 양쪽의 손잡이를 가운데로 모으면 늘어나는 완력기

▲ 사람이 앉으면 용수철의 길이가 줄어드는 자전거 안장

▲ 아기가 올라타면 가장자리의 용수철이 늘어나는 장난감 자동차

## 원래 모양으로 되돌아가려는 탄성력

용수철에 추를 매달거나 손으로 잡아당기면 용수철의 길이가 늘어난다. 반대로 용수철에 달린 추를 빼거나 잡아당기던 손을 놓으면 용수철은 원래의 상태로 돌아간다. 용수철과 같이 물체의 모양이 변형되었다가 원래 모양으로 되돌아가려는 힘을 **탄성력**이라고 한다. 이는 물질을 이루고 있는 알갱이들이 자신만의 모양을 유지하려는 성질이 있기 때문에 생기는 힘이다. 탄성력은 물질에 따라 세기가 다른데, 용수철이나 고무와 같은 물질은 탄성이 크다.

하지만 너무 세게 당기면 용수철이나 고무줄이 줄어들지 않기도 한다. 그것은 본래대로 돌아가려는 성질도 그 한계가 있기 때문이다. 그것을 **탄성 한계**라고 한다.

▲ 용수철은 탄성력을 가지고 있다.

▲ 용수철의 탄성 한계를 넘어서면 더 이상 탄성을 지니지 않는다.

# 수평 잡기

수평은 어떻게 잡을까? 수평 잡기의 원리를 이용하여 물체의 무게를 어떻게 측정할까?

 **150** 실험 　**무게가 비슷한 두 물체의 수평 잡기**

시소의 양쪽에 몸무게가 다른 두 사람이 타면, 시소는 무거운 사람 쪽으로 기울어진다. 시소가 한쪽으로만 기울어지지 않게 하기 위해 자리를 옮겨 앉기도 한다. 이렇게 어느 쪽으로도 기울어지지 않고 평형을 이루고 있는 상태를 **수평**이라고 말한다. 또, 이렇게 수평을 이루도록 하는 것을 수평 잡기라고 한다.

무게가 같거나 비슷한 두 물체를 막대에 매달아 수평을 잡아 보며, 두 물체가 어느 곳에 위치할 때 수평이 유지되는지, 또 수평 잡기의 원리는 무엇인지 알아보자.

**준비물** 굵기가 일정한 막대, 실, 동물 그림카드

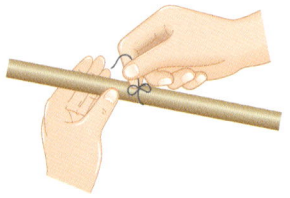

① 막대의 가운데 부분을 실로 묶는다.

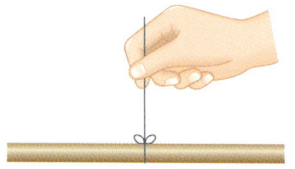

② 실을 들어 막대가 좌우 균형을 이루는지 확인한다.

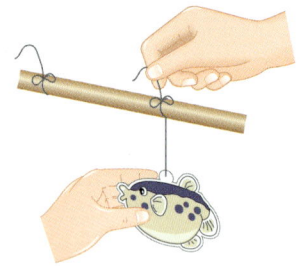

③ 막대의 양쪽에 무게가 비슷한 물체를 각각 매단다.

④ 막대의 가운데 부분에 매단 실을 들어 좌우 균형을 맞춘다.

**결과**

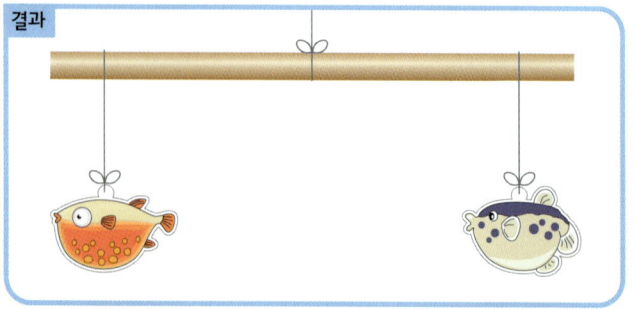

▲ 무게가 같은 두 물체를 막대의 양 끝에 각각 매달았을 때에는 수평을 이룬다.

**실험으로 알게된 점** 막대의 양쪽에 무게가 같은 두 물체를 매달 때, 실로 묶은 가운데 부분으로부터 양쪽의 거리가 같은 위치에 물체를 매달면 막대의 수평이 유지된다.

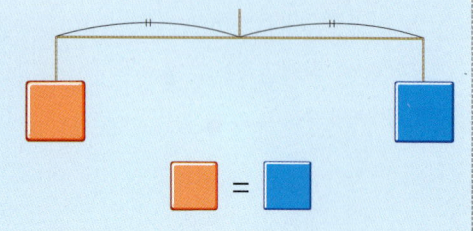

무게가 서로 다른 두 물체를 막대의 양끝에 매달았을 때, 수평을 잡기 위해서 막대의 어느 부분에 물체를 각각 매달아야 하는지 알아보자.

**준비물** 굵기가 일정한 막대, 실, 동물 그림카드

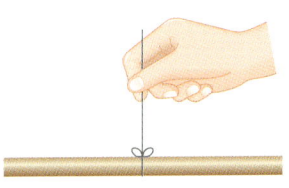

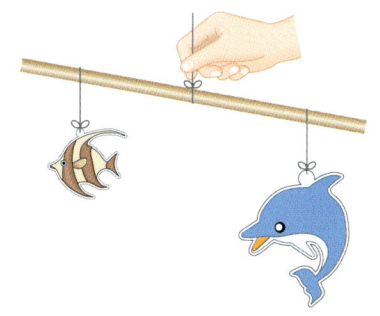

① 막대의 가운데 부분을 실로 묶고 실을 들어 막대가 좌우 균형을 이루는지 확인한다.

② 막대의 양쪽에 무게가 서로 다른 두 물체를 매단다.

③ 막대의 가운데 부분에 매단 실을 들어 막대가 수평이 되는 경우를 찾는다.

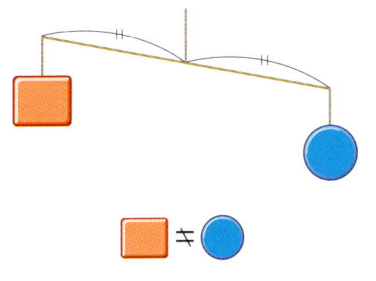

**결과**

▲ 무게가 다른 두 물체를 막대의 양 끝에 각각 매달았을 때에는 수평을 이루지 않는다.

▲ 수평을 이루기 위해 왼쪽 물체를 가운데 쪽으로 이동했더니, 오른쪽으로 더 기울었다.

▲ 왼쪽 물체를 다시 제자리로 옮기고, 오른쪽 물체를 가운데 쪽으로 점점 이동했더니 수평을 이루었다.

**실험으로알게된점** 막대에 무게가 서로 다른 두 물체를 매달 때, 실로 묶은 가운데 부분으로부터 무거운 물체까지의 거리가 가벼운 물체까지의 거리보다 더 가까워야 막대가 수평을 이룬다.

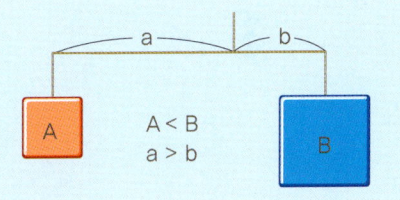

A < B
a > b

## 과학자의 눈
### 움직이는 조각, 모빌의 원리

모빌은 여러 가지 모양의 물체를 가느다란 철사나 실 따위로 매달아 균형을 이루게 한 것이다. 모빌은 수평을 이루어야 좌우 평형을 이루면서 예쁜 모양을 유지할 수 있다.

모빌이 수평이 되게 하려면 무게가 가벼운 물체는 중심에서 먼 곳에, 무게가 무거운 물체는 가벼운 물체보다 중심에서 가까운 곳에 매달아야 한다.

에너지·힘

수평을 유지하려면 양쪽에 매단 물체의 무게와 받침점으로부터 물체까지의 거리를 고려해야 한다. 양팔 저울을 이용하여 수평 잡기의 원리를 알아보자.

**준비물** 양팔 저울, 용수철, 추

① 양팔 저울을 편평한 책상 위에 놓는다.

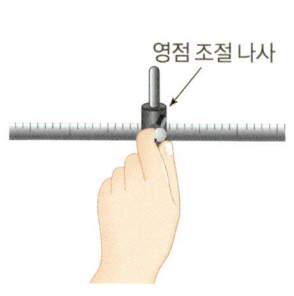

영점 조절 나사

② 양팔 저울의 가운데 받침점의 영점 조절 나사를 돌려 수평을 맞춘다.

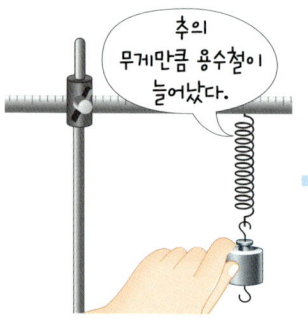

추의 무게만큼 용수철이 늘어났다.

③ 양팔 저울의 한쪽 팔에 용수철을 걸고 추를 매단다.

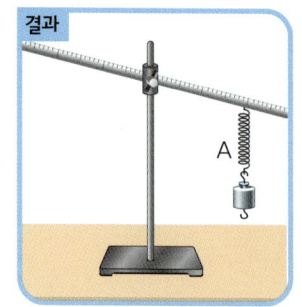

결과

A

▲ 추를 매단 용수철 쪽으로 양 팔 저울이 기울었다.

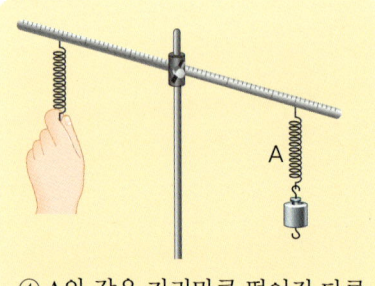

A

④ A와 같은 거리만큼 떨어진 다른 쪽 팔에 다른 용수철을 걸고, 수평이 되도록 용수철을 잡아당긴다.

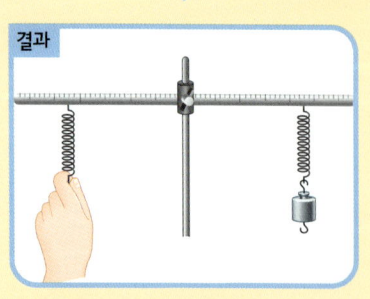

결과

▲ 양쪽이 수평이 되도록 용수철을 손으로 잡아당기면 늘어난 용수철의 길이가 같다. 또, 손에 힘이 덜 든다.

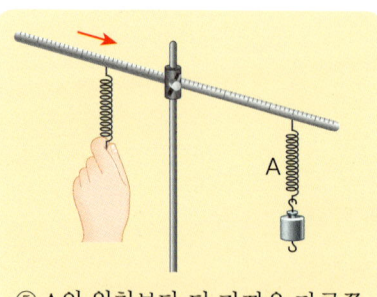

A

⑤ A의 위치보다 더 가까운 다른쪽 팔에 다른 용수철을 걸고, 수평이 되도록 용수철을 잡아당긴다.

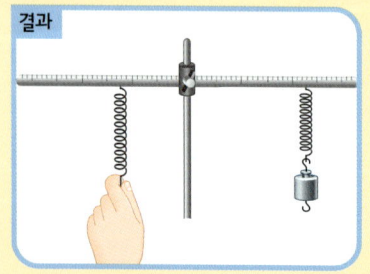

결과

▲ 양쪽이 수평이 되도록 용수철을 손으로 잡아당기면 용수철이 더 많이 늘어난다. 또, 같은 거리만큼 떨어져 있을 때보다 손에 힘이 더 많이 든다.

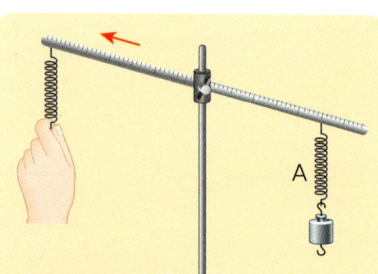

A

⑥ A의 위치보다 더 먼 다른쪽 팔에 다른 용수철을 걸고, 수평이 되도록 용수철을 잡아당긴다.

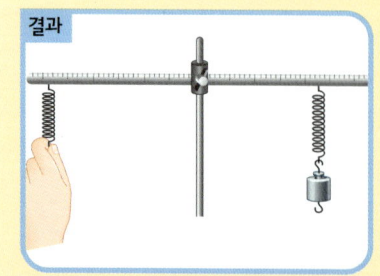

결과

▲ 양쪽이 수평이 되도록 용수철을 손으로 잡아당기면 용수철이 적게 늘어난다. 또, 같은 거리만큼 떨어져 있을 때보다 손에 힘이 더 적게 든다.

**관찰로 알게 된 점** 두 용수철이 받침점으로부터 같은 거리에 있으면 추를 매단 용수철의 늘어난 길이와 손으로 잡아당긴 용수철의 늘어난 길이가 같아 수평을 이룬다. 손으로 잡아당기는 용수철이 받침점에 가까울수록 수평을 만드는 데 더 큰 힘이 들고, 받침점에서 멀수록 수평을 만드는 데 더 작은 힘이 든다.

널빤지와 받침대, 나무 블록을 이용하여 간이 시소를 만들어보고, 수평 잡기의 원리를 알아보자. 삼각기둥 모양의 받침대를 널빤지의 가운데 아래에 놓아 수평을 유지하게 한 후, 널빤지의 양쪽에 나무 블록을 올려놓아 수평을 잡아 보자. 또, 나무 블록의 개수와 위치를 달리하여 수평을 잡아보자.

**준비물** 널빤지, 삼각기둥 모양 받침대, 크기와 무게가 같은 나무 블록 여러 개

에너지·힘

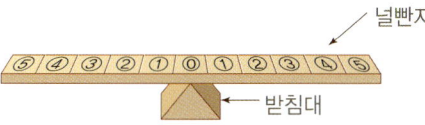

① 널빤지의 가운데 아래에 받침대를 놓아 수평을 유지하게 한다.

② 받침대로부터 같은 거리에 같은 개수의 나무 블록을 올리면 수평이 된다.

③ 받침대로부터 같은 거리이지만 개수를 다르게 하여 나무 블록을 올리면 무거운 쪽으로 기울어진다. 이때 널빤지가 수평이 되는 방법을 찾는다.

**결과**

▲ 나무 블록을 더 많이 올린 쪽을 받침대 가까이 놓으면 수평이 된다. 또는 받침점을 무거운 쪽으로 이동해도 수평을 잡을 수 있다.

**실험으로알게된점** 같은 무게의 나무 블록은 받침점으로부터 같은 거리에 놓여야 수평이 된다. 다른 무게의 나무 블록은 무거운 나무 블록이 받침점으로부터 더 가까운 곳에 놓여야 수평이 된다. 우리가 놀이터에서 시소를 탈 때에도 몸무게가 많이 나가는 친구가 적게 나가는 친구보다 시소의 앞에 앉는데, 이것도 같은 이유이다.

## 과학자의 눈
### 무게 비교

코끼리와 생쥐가 시소를 타면 어느 쪽으로 기울어질까? 몸무게가 서로 다른 두 사람이 시소의 받침점으로부터 같은 위치에 앉으면 무거운 사람 쪽으로 시소가 기울어진다. 그러므로 수평을 이루게 하려면 무거운 사람이 받침대 쪽에, 가벼운 사람이 받침대부터 멀리 앉아야 한다.

또, 수평을 이루었다고 해서 두 물체의 무게가 같은 것이 아니다. 반드시 받침점으로부터의 거리를 눈여겨봐야 한다.

▲ 수평을 이루었지만 사과가 앞쪽에 있으므로 사과가 더 무겁다.

▲ 수평을 이루었지만 받침점이 사과 가까이에 놓여있으므로 사과가 더 무겁다.

▲ 같은 거리에 놓였지만 배 쪽으로 기울었으므로 배가 더 무겁다.

수평 잡기의 원리를 이용하여 무게를 재는 저울 중에는 윗접시 저울이 있다. 윗접시 저울을 어떻게 사용하는지 사용 방법을 알아보고, 여러 가지 물체의 무게를 재어보자.

**준비물** 윗접시 저울, 분동, 집게, 물체

바늘 : 수평 여부를 알 수 있다.

이 곳에 분동을 올린다.

영점 조절 나사

이 곳에 무게를 재고자 하는 물체를 올린다.

분동 : 윗접시 저울이나 양팔 저울에서 무게의 기준으로 사용하는 추이다. 100g, 50g, 10g, 0.5g, 0.1g 등으로 종류가 다양하다.

윗접시 저울              분동

① 윗접시 저울을 편평한 책상 위에 놓고, 양쪽 끝에 있는 영점 조절 나사를 움직여 바늘이 가운데 오도록 한다.

② 무게를 측정하려는 물체를 한쪽(왼쪽) 접시에 올려놓는다.

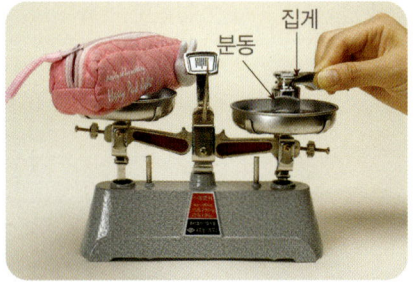

집게    분동

③ 물체의 무게를 어림하여 다른 쪽(오른쪽)접시에 집게로 분동을 올리면서 바늘이 중심을 가리키는지 확인한다.

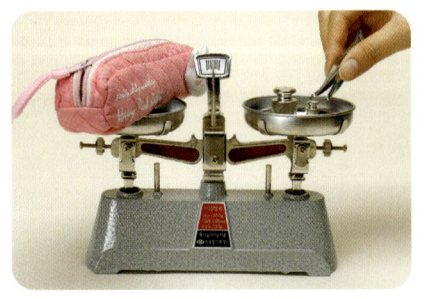

④ 바늘이 중심을 가리키지 않으면 분동의 종류를 달리해 올렸다 내렸다를 반복해 가면서 바늘이 중심을 가리키도록 한다.

⑤ 바늘이 중심을 가리킬 때 분동에 쓰인 숫자를 모두 더한 후, g(그램) 단위를 붙여 읽는다.

▲ 분동의 총 무게는 60g이므로 필통의 무게는 60g이다. 분동의 무게가 곧 물체의 무게이다.

**실험으로알게된점** 윗접시 저울의 한쪽에는 물체를, 다른 한쪽에는 분동을 올려놓고 바늘이 중심이 올 때의 분동의 무게를 모두 더한다. 분동을 올릴 때는 꼭 집게를 사용하고, 큰 분동을 먼저 올리고, 가장 작은 분동은 나중에 무게를 정확히 잴 때 올린다. 윗접시 저울은 양팔의 길이가 같으므로, 분동의 무게가 곧 물체의 무게이다. 이와 같이 윗접시 저울은 수평 잡기의 원리를 이용하여 물체의 무게를 측정한다.

## 과학자의 눈
### 수평 잡기를 이용한 저울

윗접시 저울

양팔 저울

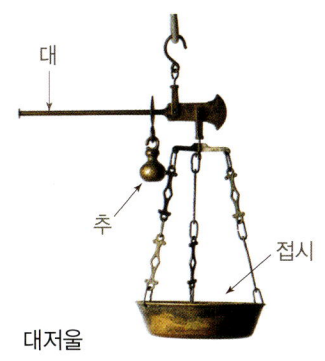

대저울

▲ 윗접시 저울과 양팔 저울은 양쪽의 접시가 받침점으로부터 같은 거리에 있다. 따라서 수평을 이룰 때, 양쪽의 무게가 같다. 한쪽 접시에는 물체를, 다른 쪽 접시에는 분동(추)을 올려놓아 수평이 이루어지는 때에 분동(추)의 무게를 재어 물체의 무게를 측정한다.

▲ 대저울의 대에는 눈금이 새겨져 있고, 대의 끝에는 접시가, 대의 중간에는 추가 매달려 있다. 먼저 접시에 무게를 측정하고자 하는 물체를 올린다. 그리고 추의 위치를 옮겨 대가 수평을 이룰 때, 추의 무게와 대의 눈금을 따져 무게를 측정한다.

### 용수철을 이용한 저울

무거운 물체를 매달수록 용수철이 더 많이 늘어나는 성질을 이용하여 무게를 측정한다. 저울에 물체를 올리면 힘을 받아 용수철이 늘어나고, 톱니바퀴가 돌아가면서 눈금으로 무게를 표시해 준다. 물건을 내리면 용수철이 다시 원상태로 돌아가 줄어들고, 눈금은 원래대로 '0'을 가리킨다.

체중계

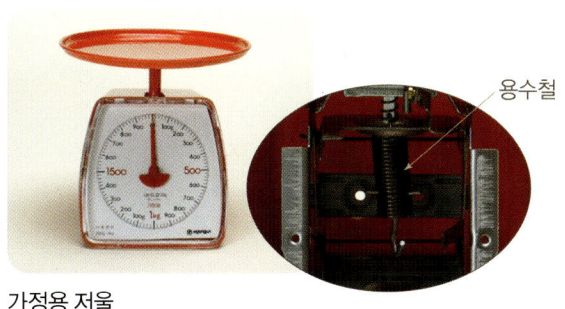

가정용 저울

### 전자 저울

과학 기술의 발달로 정밀한 전자 저울이 개발되어 사용되고 있다. 전자 저울 안에는 미세한 센서가 들어 있어 저울 위에 올려놓은 물건의 무게를 감지하여 그것을 숫자로 나타내 준다.

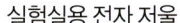

실험실용 전자 저울

가정용 전자 저울

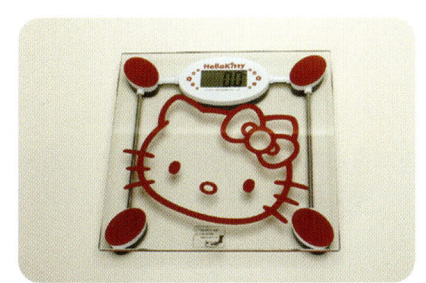

전자 체중계

수평 잡기나 용수철 등 저울의 원리와 성질을 이용하여 나만의 간이 저울을 만들어보자. 어떤 원리를 이용할 것인지, 눈금은 어떻게 매길 것인지, 어떤 물체를 기준 물체로 삼을 것인지 등을 생각해보자.

**준비물** 자, 용수철, 실이나 끈, 일회용 접시, 투명한 긴 통, 흰색 테이프, 클립, 가위, 무게가 같은 추, 펜

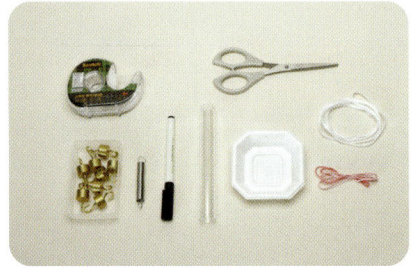

① 나만의 저울을 만들기 위한 준비물을 준비한다.

② 용수철에 실을 매단다.

③ 실의 한쪽 끝에 접시를 매단다.

④ 투명한 통에 흰색 테이프를 붙인다.

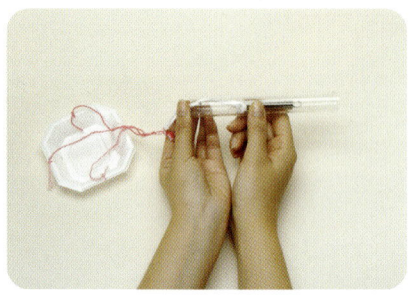

⑤ 투명한 통에 용수철을 집어 넣는다.

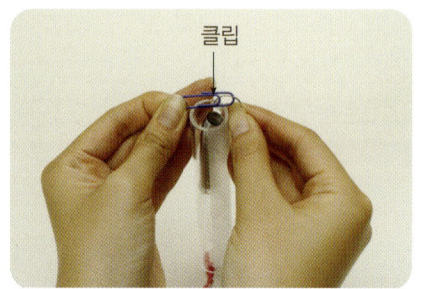

⑥ 용수철의 한쪽 끝을 클립을 이용해 투명한 통에 고정시킨다.

⑦ 기준 물체를 이용하여 눈금을 매긴 후 물체의 무게를 잰다.

**실험으로 알게 된 점** 용수철의 성질이나 수평 잡기의 원리를 이용하여 나만의 저울을 만들어 물체의 무게를 잴 수 있다.
수평 잡기의 원리를 이용한 저울은 자, 집게, 실, 우유팩, 스탠드, 고무찰흙을 이용하여 양팔 저울과 비슷하게 만든다.

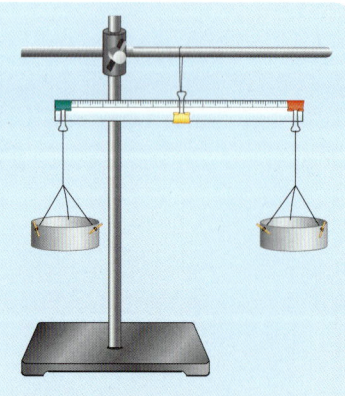

**과학자의 눈**
## 기준 물체

용수철 저울이나 윗접시 저울로 무게를 잴 때 사용하는 추나 분동은 무게를 나타낼 수 있는 일종의 **기준 물체**이다. 추나 분동이 아니더라도 클립이나 바둑돌처럼 무게가 일정하고, 무게나 크기가 접시에 올려놓을 수 있을 정도라면 기준 물체로 사용할 수 있다. 하지만 모양이 다른 돌멩이나 크기가 다른 단추 등은 기준 물체로 적합하지 않다.

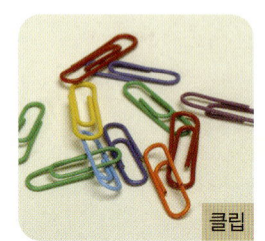

클립

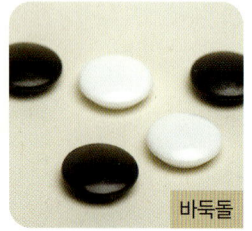

바둑돌

# 수평의 원리, 무게 중심

굵기, 재료, 모양이 일정한 물체는 한가운데를 받치면 수평이 된다. 반면 굵기와 재료, 모양이 일정하지 않은 물체는 가운데를 받치면 무거운 쪽으로 기울어지는데, 이때 무거운 쪽을 받치면 수평이 된다. 왜 그럴까?

## 무게 중심이란?

물체의 어떤 곳을 매달거나 받쳤을 때 수평으로 균형을 이루는 점이 있다. 그 점을 '무게 중심'이라고 한다. 무게 중심은 양쪽의 무게가 같아지는 지점이 아니라 양쪽이 균형을 이루는 점이라는 표현이 더 정확하다. 무게 중심을 받치면 우리는 물체 전체를 떠받칠 수 있다. 또한 오른쪽 그림처럼 물체의 무게 중심을 지나는 직선을 받침대로 받치면 물체는 수평이 된다.

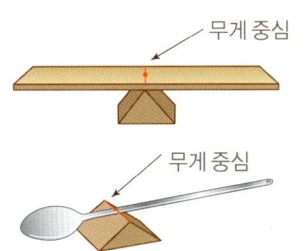

▲ 무게 중심과 수평 잡기

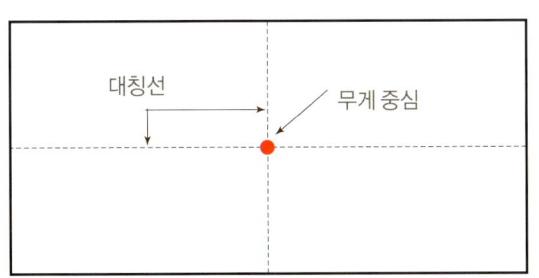

▲ 대칭인 물체의 무게 중심은 2개의 대칭선이 만나는 곳에 있다. 종이, 자와 같이 대칭인 물체는 이런 방법으로 무게 중심을 찾을 수 있다.

① 실에 추를 매단다.

② 한 점에 실을 매달아 들고 실을 따라 직선을 긋는다.

③ 다른 점에 실을 매달아 들고 실을 따라 직선을 긋는다.

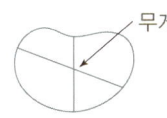

④ 두 직선이 만나는 점이 물체의 무게 중심이다.

▲ 비대칭인 물체의 무게 중심은 실에 추를 매달아 연직선을 2개 그어 두 직선이 만나는 곳을 찾는 방법으로 알 수 있다.

## 무게 중심과 물체의 균형

이탈리아의 도시 피사에는 신기한 건물 중 하나로 손꼽히는 '피사의 사탑'이 있다. 1174년 건축되기 시작한 이 탑은 1층이 완성되자마자 기울기 시작했다. 그 이유는 이 곳이 해안 지대의 모래와 점토로 이루어져 있어 탑의 무게를 이기지 못해 가라앉았기 때문이다. 우여곡절 끝에 다시 건축을 시작해 1360년 완공되었지만 지금도 매년 남쪽으로 1mm씩 기울고 있다고 한다. 그럼에도 아직까지 쓰러지지 않는 이유는 무게 중심 때문이다.

물체는 무게 중심이 받침면 위에 있다면 넘어지지 않는다. 그러나 무게 중심이 받침면을 벗어나게 되면 물체는 넘어진다. 만약 탑의 무게 중심의 연장선이 사탑의 받침면을 벗어나게 되면, 피사의 사탑은 쓰러지고 말 것이다.

# 빛

빛이 없다면 우리 생활은 어떻게 달라질까? 또 빛이 있을 때에만 만들어지는 그림자는 빛의 어떤 성질 때문에 생기는 것일까?

## 156 조사  빛이 없을 때 일어나는 일 알아보기

햇빛이 있는 낮이나, 햇빛이 없는 밤이라도 전등이나 불빛이 있다면 물체를 볼 수 있다. 하지만 빛이 전혀 없다면 어떤 일이 일어날까? 한 시간 동안 세상에 모든 빛이 사라진다면 어떤 일이 일어날지 상상해보고, 빛의 중요성을 알아보자.

▲ 빛이 없으면 책을 읽을 수 없다.

▲ 신호등이 꺼지면 교통 사고가 날 것이다.

▲ 빛이 없으면 추위를 느낀다.

**조사로 알게 된 점** 빛이 없으면 책을 읽을 수도 없고 TV를 볼 수도 없으며, 앞이 보이지 않아 물체에 계속 부딪히게 될 것이다. 또, 사진조차 찍을 수 없는 등 불편한 점이 헤아릴 수 없을 만큼 많다. 눈으로 물체를 보기 위해서뿐만 아니라 생활을 하기 위해서는 반드시 빛이 필요하다.

### 과학자의 눈
### 빛에 의해 물체를 보는 과정

우리가 TV 화면을 볼 수 있는 것은 TV에서 나오는 빛이 우리 눈으로 들어오기 때문이다. 또 눈을 편안하게 만들어 주는 초록색의 나무를 볼 수 있는 것은 나무에서 반사된 빛이 우리 눈에 들어오기 때문이다. 이처럼 물체를 보기 위해서는 빛이 반드시 필요하다. 이때 빛이 물체에 부딪혔다가 다시 튕겨나오는 것을 **반사**라고 한다.

▲ 우리는 빛에 의해 TV, 나무 등의 사물을 볼 수 있다.

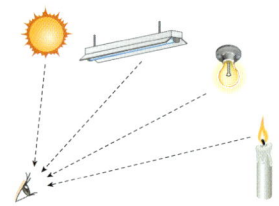
◀ 스스로 빛을 내는 물체에서 나오는 빛이 물체에 부딪혀 반사된 후 우리 눈에 들어오면 눈이 빛을 느껴서 그 물체를 볼 수 있다.

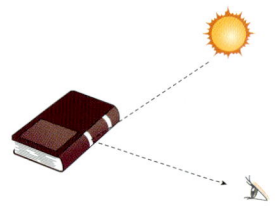
◀ 스스로 빛을 내지 못하는 물체는 물체의 표면에서 빛이 부딪혀 반사된 후 그 빛이 우리 눈에 들어와서 물체를 볼 수 있다.

우리 주변에는 스스로 빛을 내는 물체들이 많이 있다. 이 물체들을 광원이라고 한다. 광원에는 어떤 것들이 있는지 알아보고, 광원인 것과 광원이 아닌 것을 구분해보자.

에너지·빛

교실 안

▲ 교실에서 광원인 것에는 형광등, 스탠드, 컴퓨터 모니터, 난로 등이 있고, 광원이 아닌 것에는 칠판, 책상, 의자, 책, 필통, 유리창 등이 있다.

교실 밖

▲ 교실 밖에서 광원인 것에는 태양, 신호등, 네온사인, 휴대폰 화면, 자동차 불빛, 비행기 표시등 등이 있고, 광원이 아닌 것에는 달, 나무, 돌멩이 등이 있다.

**조사로 알게된점** 빛을 내는 물체를 **광원**이라고 한다. 광원 중에는 태양, 형광등, TV, 컴퓨터 모니터 등과 같이 물체의 온도가 높아지기 때문에 스스로 빛을 내는 것이 있고, 신호등이나 휴대폰 화면처럼 온도가 높아지지 않아도 빛을 내는 것이 있다. 광원이 아닌 물체는 스스로 빛을 내지 못하기 때문에 그 물체를 보기 위해서는 주변에 광원이 반드시 있어야 한다.

**과학자의 눈**
**달의 빛**

달은 스스로 빛을 낼 수 없다. 그런데 밤중에 보면 왜 빛을 내는 것처럼 밝게 보이는 것일까? 달이 밝게 보이는 것은 태양에서 나온 빛이 달 표면에서 반사되어 지구로 오기 때문이다. 반대로 달에서 지구를 보면 달빛 대신 지구에서 반사된 빛을 볼 수 있을 것이다.

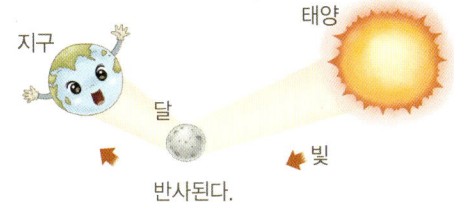

## 눈에 보이는 빛과 보이지 않는 빛

빛은 우리 눈에 보이는 빛과 보이지 않는 빛으로 구분할 수 있다. 우리가 햇빛, 형광등, 백열등, 촛불의 모습을 볼 수 있는 것은 그 물체들이 눈으로 볼 수 있는 빛을 내기 때문이다. 우리 눈으로 볼 수 있는 빛의 영역을 '볼 수 있는 빛'이라는 뜻의 **가시광선**이라고 한다. 태양빛을 프리즘에 통과시키면 무지개 색깔의 띠가 생기는데, 이것은 가시광선이 7가지 색깔로 이루어져 있기 때문이다. 가시광선의 빨간색 바깥쪽에는 적외선이, 보라색 바깥쪽에는 자외선이 있다. 적외선이나 자외선은 우리 눈에 보이지 않는 빛이다. 따라서 특수한 장치를 통해서만 볼 수 있다. 그 외에 라디오파나 X-ray도 우리 눈에 보이지 않는 빛이다.

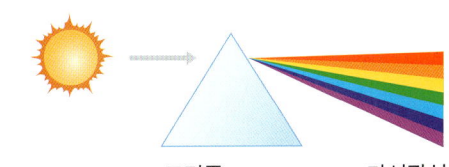

▲ 태양빛을 프리즘에 통과시키면 무지개 색깔의 가시광선이 보인다.

바늘구멍과 같은 작은 구멍을 통하여 물체를 보면 어떻게 보일까? 바늘구멍 사진기를 이용하여 물체를 관찰해 보고 실제의 모습과 어떻게 다른지 알아보자.

준비물 바늘구멍 사진기, 여러 가지 물체, 백열전구(스탠드형)

## 바늘구멍 사진기로 물체 관찰하기

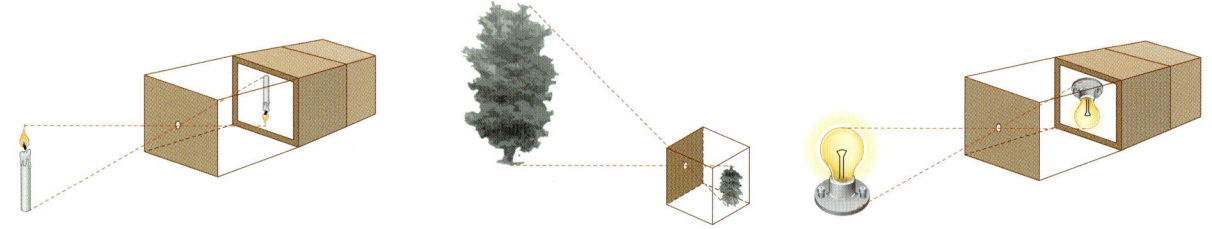

▲ 바늘구멍 사진기의 스크린에 생긴 물체의 모습은 실제 모습의 상하좌우가 뒤집혀서 보인다.

## 바늘구멍 사진기의 원리

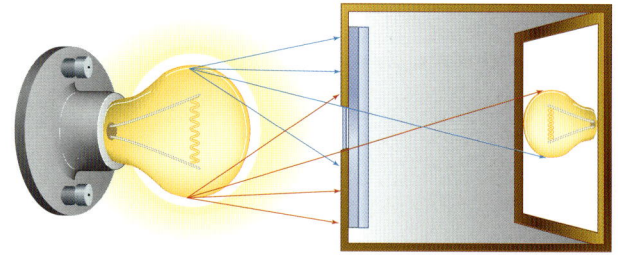

◀ 백열전구의 각 점에서 출발한 빛은 사방으로 직진한다. 이 빛들 중에서 바늘구멍을 통과한 빛만 스크린에 도달하게 된다. 물체의 위쪽에서 출발한 빛은 스크린의 아래쪽에 도달하고, 왼쪽에서 출발한 빛은 오른쪽에 도달한다. 따라서 기름종이에 생긴 물체의 모습은 실제 물체의 좌우와 위아래가 바뀌어 보인다. 즉, 빛이 직진하기 때문에 물체의 상하좌우가 바뀌어 보이는 것이다.

## 바늘구멍의 크기가 크다면?

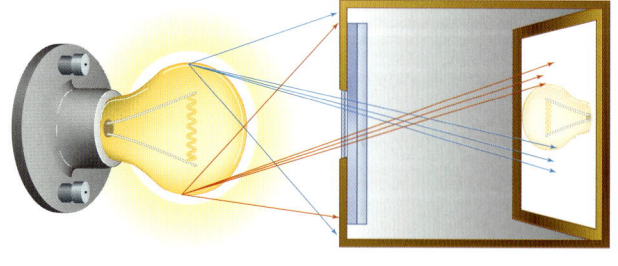

▲ 바늘구멍의 크기가 커지면 백열전구의 한 점에서 출발한 빛들이 스크린의 여러 지점에 도달하게 되므로 물체가 흐리게 보인다.

## 바늘구멍이 2개라면?

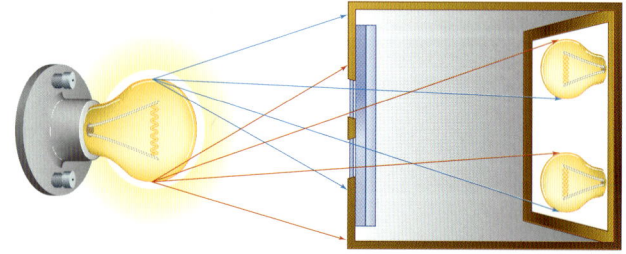

▲ 바늘구멍이 2개면 백열전구의 한 점에서 출발한 빛들이 2개의 구멍을 각각 통과하여 스크린에 백열전구의 모습이 2개로 보인다.

관찰로알게된점 백열전구의 각 지점에서 출발한 빛은 사방으로 직진하여 뻗어 나온다. 이 빛들 중에서 바늘구멍을 통과하는 것만 스크린에 도달하여 물체의 모습을 나타낸다. 따라서 바늘구멍 사진기로 보이는 물체의 모습은 실제 모습의 상하좌우가 바뀌어 보인다. 즉, 바늘구멍 사진기에서 물체의 모습이 상하좌우가 바뀌어 보이는 것은 빛이 직진하기 때문에 나타나는 현상이다.

빛은 항상 공기 중에서 직진한다. 빛은 투명한 물체를 통과하여 직진하지만, 불투명한 물체를 만났을 때에는 통과하지 못하여 그림자를 만든다. 그렇다면 빛이 나아가는 모습을 직접 살펴볼 수는 없을까? 수조에 향을 피운 후 판지로 수조의 윗부분을 막고 레이저 빛을 보내면서 빛이 나아가는 모습을 관찰해보자. 레이저 빛을 보내는 방향을 달리할 때, 빛의 모습은 어떠한지도 관찰해보자. 또, 머리빗 사이로 빛이 나아가는 모습도 관찰해보자.

**준비물** 수조, 향, 점화기, 레이저 포인터, 판지, 머리빗, 광원

> 향을 피우면 빛이 향 입자와 부딪쳐 사방으로 튕겨 나가므로 빛의 나아감을 잘 관찰할 수 있다.

에너지 · 빛

## 레이저 빛이 나아가는 모습

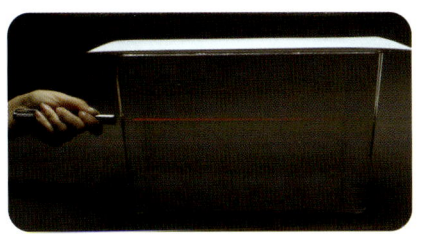

▲ 레이저 빛을 똑바로 보냈을 때
레이저 빛이 수조의 옆면으로 곧게 나아간다.

▲ 레이저 빛을 비스듬히 보냈을 때
레이저 빛이 아래쪽 비스듬한 방향으로 곧게 나아간다.

## 빗 사이로 빛이 나아가는 모습

머리빗

▲ 머리빗에 빛이 비칠 때
머리빗의 빗살 사이로 빛이 곧게 나아간다.

그림자    물체(장애물)

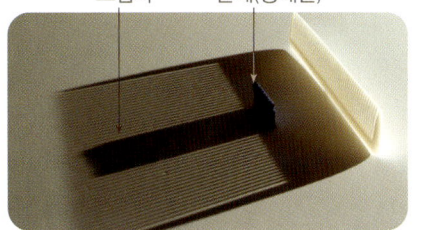

▲ 빛이 비치는 머리빗에 물체가 놓여 있을 때
머리빗의 빗살 사이로 빛이 곧게 나아가다가 장애물 부분에서는 빛이 막혀서 더 이상 나아가지 못하고 그림자가 생긴다.

**실험으로 알게 된 점** 빛은 어떤 방향으로든 곧게 나아간다. 수조에 향을 피우면 빛이 향 입자와 부딪쳐 사방으로 튕겨나가기 때문에 빛이 나아가는 것을 잘 볼 수 있다. 또, 빛이 비치는 창가에 머리빗을 세워 놓고, 빛이 머리빗의 빗살 사이로 지나갈 수 있게 해도 빛이 나아가는 모습을 볼 수 있다. 이때 빛이 곧게 지나가는 중간에 물체를 놓으면 빛이 물체에 막혀 더 이상 진행하지 못하므로 그림자가 만들어진다. 즉, 그림자는 빛이 곧게 나아가는 성질 때문에 생긴다. 따라서 이 실험으로 빛이 곧게 나아간다는 사실을 확인할 수 있다.

## 과학자의 눈
### 일상생활 속에서 볼 수 있는 빛이 나아가는 모습

구름 사이에서 새어 나오는 햇빛

암막 사이로 들어오는 빛

등대에서 나오는 불빛

열린 방문 틈 사이로 새어 나오는 불빛

# 거울

거울로 사용하기에 적합한 물체는 어떤 특징이 있을까? 물체가 거울에 비치는 모습은 어떨까?

## 160 실험  거울에 부딪친 빛의 방향 관찰하기

치과 의사가 치경을 이용하여 치아 구석구석을 진료할 수 있는 것은 무엇 때문일까? 거울 실험을 통해서 그 까닭을 알아보자.

**준비물** 큰 거울, 손전등

### 거울 실험

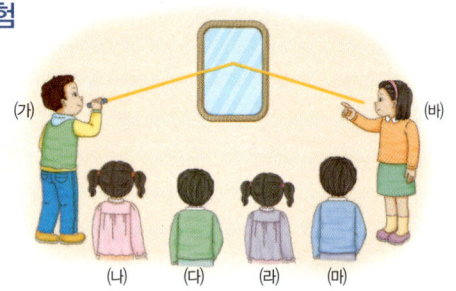

① 6명의 학생이 벽에 걸린 큰 거울을 중심으로 반원 형태로 선다.
② 손전등을 들고 있는 학생이 얼굴 높이에서 거울을 향하여 손전등을 켠다.
③ 손전등 빛이 보이는 학생이 빛의 진행 방향을 설명한다.
④ 손전등을 들고 있는 학생을 바꾸어 같은 방법으로 실험한다.

◀ (가) 학생이 손전등을 들고 있을 때, (바) 학생만 손전등 빛을 볼 수 있고 (나), (다), (라), (마) 학생은 볼 수 없다. (바) 학생이 손전등을 직접 쳐다보지 않았는데도 손전등 빛을 볼 수 있는 까닭은 (가) 학생이 들고 있는 손전등에서 나온 빛이 거울 표면에서 반사되었기 때문이다. 이와 같이 거울 표면에 빛이 도달했다가 다른 방향으로 나아가는 것을 빛의 반사라고 한다.

### 빛의 반사를 이용한 예

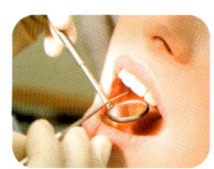  

치과에서 사용하는 치경    자동차 후면경    길 모퉁이의 볼록 거울    편의점 감시경

### 거울로 빛 전달하기

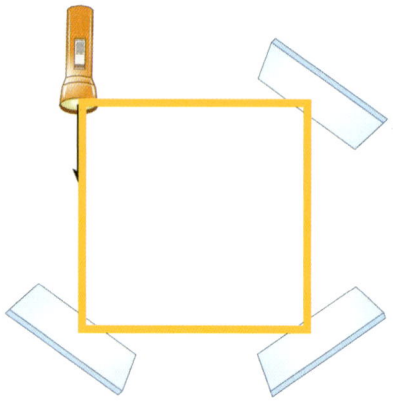

▲ 빛이 나아가는 곳에 거울을 두면 빛이 거울에 부딪쳐 방향이 바뀌어 나간다. 거울의 방향을 바꾸면 반사되는 방향이 바뀌어 빛의 진행 방향을 바꿀 수 있다.

### 거울에 비친 모습과 실제 모습 비교하기

① 거울 앞에서 오른손을 올리고, 거울 속의 내가 든 손의 방향을 관찰한다.
② 이번에는 왼손을 올리고, 거울 속의 내가 든 손의 방향을 관찰한다.

◀ 거울 속의 내 모습을 관찰하면 실제의 나와 모습은 똑같지만 앞뒤가 바뀌어 있음을 관찰할 수 있다. 이것은 내 눈이 거울에서 반사되어 되돌아오는 빛을 관찰하기 때문이다.

**실험으로 알게 된 점** 거울 실험에서 (바) 학생이 손전등을 직접 쳐다보지 않았음에도 불구하고 손전등 빛을 볼 수 있는 까닭은 손전등에서 나온 빛이 거울 표면에서 반사되었기 때문이다. 이와 같은 빛의 반사는 치과의 치경, 자동차의 후면경, 잠수함의 잠망경 등 우리 생활 곳곳에서 이용된다.

## 161 조사  여러 가지 물체에 모습 비추어 보기

우리 주변에서 어떤 물체가 다른 물체의 모습을 잘 비추는지 관찰해 보자.

| 물체가<br>잘 비추는 것 | <br>냄비 뚜껑의 바깥쪽 | <br>잔잔한 물 | <br>구겨지지 않은 알루미늄 은박지 |
|---|---|---|---|
| 물체가 잘 비추지<br>못하는 것 | <br>냄비 뚜껑의 안쪽 | <br>출렁이는 물 | <br>구겨진 알루미늄 은박지 |

〈물체를 잘 비추는 표면과 물체를 잘 비추지 않는 표면에 닿은 빛〉

| 표면이 매끄러운<br>물체에<br>닿은 빛 | 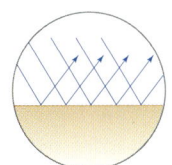 | 표면이 매끄러운 물체에<br>닿은 빛은 일정한 방향으로<br>반사된다. |
|---|---|---|
| 표면이 매끄럽지<br>않은 물체에<br>닿은 빛 | 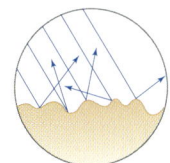 | 표면이 매끄럽지 않은 물체에<br>닿은 빛은 방향이 제 각각으로<br>반사된다. |

**조사로알게된점** 잘 비추는 것들은 표면이 매끄럽다. 표면이 매끄러운 물체는 빛을 일정한 방향으로 반사시키기 때문에 주변의 모습을 잘 비추고, 표면이 매끄럽지 않은 물체는 빛을 제 각각 다른 방향으로 반사시키기 때문에 주변의 모습을 잘 비추지 못한다.

## 162 실험  거울에 비친 모습 관찰하기

두 개의 거울 사이의 각을 좁히면서 거울에 비친 물체의 모습을 관찰해 보자.

**준비물** 거울, 건전지

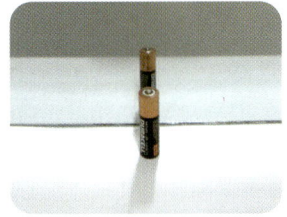
거울 사이의 각이 180° 일 때

거울 사이의 각이 90° 일 때

거울 사이의 각이 60° 일 때

거울 사이의 각이 45° 일 때

**실험으로알게된점** 거울 사이의 각이 좁을 수록 거울에 비친 물체의 크기는 변함이 없지만 물체의 수가 많아진다. 이것은 한쪽 거울에 만들어진 물체의 다른 모습이 다른 거울에 비쳐 모습이 만들어지기 때문이다.

# 그림자

그림자에도 밝고 어두운 부분이 있을까? 있다면 왜 나타날까? 또 그림자의 크기와 위치는 왜 달라질까?

 **163** 조사 **빛을 가리는 이유와 방법 알아보기**

빛은 우리 생활에서 꼭 필요하지만 빛을 가려야 하는 때도 생긴다. 어떤 경우에 빛을 가리는지 그 이유와 방법을 알아보자.

▲ 양산
햇빛이 얼굴에 직접 닿는 것을 막아 주어 얼굴이 타지 않게 한다.

▲ 인삼 재배
인삼은 강한 빛을 받으면 잘 자라지 않기 때문에 빛을 막아 준다.

▲ 자동차 햇빛 가리개
햇빛을 막아주어 차안의 온도가 높아지는 것을 막아준다.

▲ 암막 커튼
실내로 빛이 들어오는 것을 완전히 막아 주어 실내를 어둡게 만들어 준다.

▲ 창문의 햇빛 가리개
실내로 햇빛이 들어오는 양을 조절하여 실내의 밝기를 조절할 수 있다.

▲ 모자
햇빛이 얼굴에 직접 닿는 것을 막아 주어 얼굴이 타지 않게 하고 눈부심을 막아 준다.

▲ 갈색 유리병
병 속에 들어 있는 물체는 볼 수 있게 하면서 빛에 의해 물체의 성질이 변하는 것을 막아 준다.

▲ 선글라스
색깔이 있는 유리를 이용하여 햇빛이 눈에 들어오는 양을 줄여 주어 눈부심을 막아 준다.

**조사로 알게된 점** 빛을 가리는 이유는 매우 다양하다. 햇빛을 가려서 온도가 높아지는 것을 막거나 강한 빛으로부터 눈이나 피부를 보호하기 위해 빛을 가리는 경우도 있다. 그 외에도 약품의 성질이 변하지 않게 하기 위해 빛을 차단하거나 식물이 마르는 것을 막기 위해 빛을 일부 차단하기도 한다. 빛을 막는 방법에는 빛을 완전히 차단하는 방법과 빛의 일부만을 가리는 방법이 있다.

내 모습을 그림자로 보았을 때 실제보다 키가 커 보이는 경우도 있고 키가 작아 보이는 경우도 있다. 또 나의 모습은 입체적이지만 그림자는 항상 평면적이다. 그렇기 때문에 그림자만 보아서는 어떤 물체인지 예상은 할 수 있지만 정확히 알아 맞히기는 쉽지 않다. 전등과 흰색 천 사이에 물체를 놓고 물체의 그림자를 볼 수 있게 만든 그림자 관찰 장치를 사용하여 그림자를 보고 물체를 알아맞혀 보자.

**준비물** 전등, 스크린, 받침대, 여러 가지 물체

에너지 · 그림자

▲ 가운데 부분이 검은 색이 아닌 것으로 보아 투명한 병일 것이다. (○)

▲ 동그란 것으로 보아 접시일 것이다. (×)

▲ 손잡이가 달린 컵 모양이므로 사용한 물체는 컵일 것이다. (○)

▲ 동그란 것으로 보아 공일 것이다. (×)

투명한 병

공

손잡이가 달린 컵

종이컵

**실험으로알게된점** 빛이 나아가다가 물체를 만나면 빛이 통과하지 못해서 그림자가 생긴다. 따라서 그림자를 보면 물체의 모습이 어떠한지 추리할 수 있다. 그러나 빛의 방향과 물체가 놓인 방향에 따라서 같은 물체라 하더라도 그림자의 모양은 다양하게 나타난다. 따라서 그림자 모양만으로 어떤 물체인지 정확하게 알아내기가 어렵다.

**과학자의 눈**
## 물체가 놓인 방향에 따라 달라지는 그림자

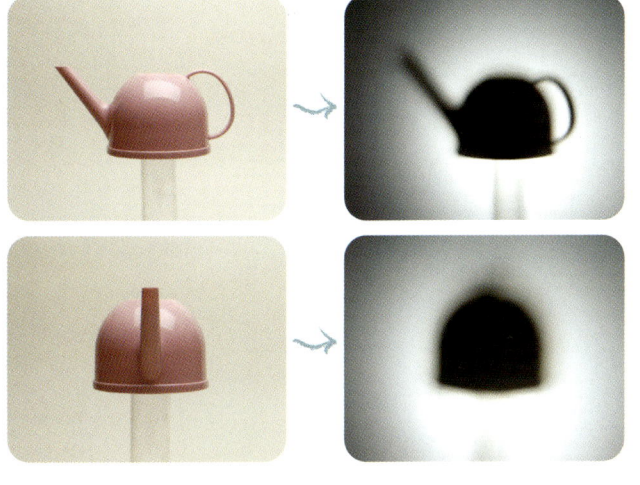

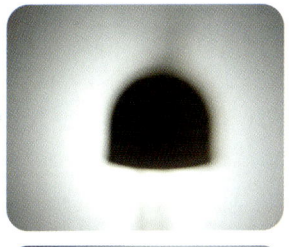

길을 걷다 보면 내 그림자는 내 키보다 훨씬 짧을 수도 있고, 아주 길 수도 있다. 무엇에 따라 그림자의 크기가 달라지는지 알아보기 위해 흰 종이에 스티로폼 공을 놓은 뒤, 햇빛 아래와 전등불 아래에서의 그림자를 관찰해보자.

**준비물** 흰색 스티로폼 공, 흰 종이, 전등

◀ 햇빛 아래 놓았을 때 그림자의 크기가 작고, 선명하다.

◀ 전등불 아래 놓았을 때 그림자의 크기가 크고, 경계가 흐려서 선명하지 않다.

**관찰로 알게 된 점** 햇빛 아래 놓은 스티로폼 공의 그림자는 매우 선명하며 크기가 작다. 반면 전등불 아래에서는 햇빛 아래에서보다 그림자가 더 크게 생기며 그림자 가장자리의 경계가 흐리다. 이러한 차이는 태양으로부터 오는 빛과 전등불에서 나가는 빛의 차이에 의한 것이다. 태양으로부터 오는 빛은 나란하게 진행하며 매우 작은 점과 같은 광원이기 때문에 선명한 그림자를 만들고, 전등불에서 나가는 빛은 사방으로 흩어지기 때문에 그림자의 크기가 햇빛에 의한 그림자보다 크다. 또, 전구의 여기저기에서 출발한 빛이 각각 그림자를 만들기 때문에 그림자가 선명하지 않고 흐려진다.

**과학자의 눈**

## 그림자는 왜 생길까?

빛은 광원에서 나와 사방으로 곧게 퍼져 나간다. 이를 빛이 직진한다고 말한다. 빛은 광원에서 나와 직진하다가 투명한 물체를 만나면 물체를 통과하고, 불투명한 물체를 만나면 통과하지 못한다. 따라서 물체의 반대편에는 빛이 도달하지 못하게 된다. 이때 물체의 반대편에 빛이 도달하지 못해 생기는 것이 그림자이다. 즉 그림자는 빛이 직진하기 때문에 생기는 것이다. 만약 빛이 직진하지 않는다면 물체의 뒤쪽에도 빛이 도달하여 그림자가 생기지 않을 것이다.

▲ 옆쪽에서 빛을 비췄을 때

같은 물체라 하더라도 빛을 비추는 방향에 따라 그림자가 다르게 보인다. 즉, 빛의 방향에 따라 그림자의 모양이 달라질 수 있다. 벽 앞에 친구를 세워 두고 빛을 비추면 벽에 생긴 친구의 그림자가 다르게 보인다. 앞쪽이나 뒤쪽에서 빛을 비추면 동그란 머리 모양과 몸 전체의 윤곽만 나타나지만, 옆쪽에서 빛을 비추면 머리, 코, 입과 같은 윤곽이 나타나고, 아래쪽에서 위로 빛을 비추면 머리, 어깨가 크고 다리가 길게 보인다. 그리고 빛을 옆쪽에서 대각선으로 비추면 실제 모양보다 뚱뚱하게 보이게 된다.

## 그림자는 항상 검은색일까?

손전등을 빨간색 셀로판지로 감싸고 공을 비추면 검은색 공 그림자 한 개가 생긴다. 그런데 초록색 셀로판지로 감싼 손전등을 그 옆에 비스듬히 비추면 공 그림자가 2개 생긴다. 이때 초록색 빛을 통과하지 못한 그림자는 빨간색 빛만 받아 빨간색 그림자가 되고, 빨간색 빛을 통과하지 못한 그림자는 초록색 빛만 받아 초록색 그림자가 된다. 그리고 빨간색과 초록색 빛을 함께 받은 부분은 노란색이 된다. 빛을 내는 물체, 즉 광원의 색깔에 따라 색깔 있는 그림자를 만들 수 있다.

집에 있는 어항은 투명해서 그 속의 물고기들이 잘 보인다. 하지만 커튼은 불투명해서 유리 창 바깥의 풍경이 보이지 않는다. 우리 생활에서 어떤 경우에 투명한 물체를 사용하고, 어떤 경우에 불투명한 물체를 사용하는지 알아보자. 또, 각각 어떤 특징이 있는지도 알아보자.

▶ **투명한 물체**
  유리창, 장식장의 유리문, 어항, 벽시계의 유리, 안경의 렌즈, 어항 속 물 등은 투명한 물질로 이루어져 있다.
  투명한 물질은 그 속의 물체를 알 수 있게 하고, 햇빛을 들어올 수 있게 한다.

◀ **불투명한 물체**
  냉장고 문, 벽, 커튼, 탁자, 옷 등은 불투명한 물질로 이루어져 있다.
  불투명한 물질은 햇빛을 막아 그 속의 물체를 보호하고, 햇빛을 막아 주며, 속이 들여다보이지 않게 해 준다.

**조사로 알게 된 점** 빛이 비추었을 때 빛을 통과시키는 물질을 **투명한 물질**이라고 하고, 그렇지 않은 물질을 **불투명한 물질**이라고 한다. 유리, 물, 비닐과 같은 투명한 물질은 빛을 통과시키는 특징을 가지고 있기 때문에 빛을 들어오게 하거나 안 또는 밖을 보이게 하기 위해 사용한다. 나무, 종이, 천과 같은 불투명한 물질은 빛을 통과시키지 않기 때문에 빛을 막거나 안 또는 밖이 보이지 않게 하기 위해서 사용한다.

**과학자의 눈**

## 투명한 물체는 모두 무색?

물체를 통해 다른 사물이 잘 보이면 투명한 물체, 다른 사물이 잘 보이지 않으면 불투명한 물체다. 그렇다면 투명한 물체는 유리나 물과 같이 모두 무색일까? 색깔 셀로판지를 통해 사물을 보면 반대편에 있는 물체가 잘 보이는 것으로 보아 색깔 셀로판지는 투명한 물체라고 할 수 있다. 또 투명한 물체가 모두 무색인 것은 아니라는 것을 알 수 있다. 단, 색깔이 있는 투명한 물체를 통해서 물체를 보면 원래의 색과는 다른 색으로 보인다는 차이가 있다.

▲ 색깔 셀로판지로 물체를 보면 다른 색으로 보인다.

## 투명 인간이 존재할 수 있을까?

투명 인간이 등장하는 영화나 소설을 보면, 투명 인간이 다른 사람에게 보이지 않는다는 점을 이용하여 여러 가지 일들을 하는 것을 볼 수 있다.

하지만 과학적으로 볼 때 투명 인간은 가능하지 않다. 물체를 보기 위해서는 물체의 상이 눈 안의 망막에 맺혀야만 한다. 그러나 우리 몸의 모든 것이 투명하다면 망막에 상이 맺히지 않고 그냥 지나쳐 버리게 된다. 또 수정체가 볼록 렌즈의 역할을 하여 상을 만드는데, 온몸이 투명하면 수정체가 볼록 렌즈의 역할을 할 수 없다. 따라서 투명 인간은 앞을 볼 수가 없게 된다. 또, 몸이 투명하더라도 음식을 먹으면 음식물이 소화되는 과정은 다른 사람의 눈에 보이게 된다. 따라서 몸이 투명하더라도 눈이 보이지 않아 움직이지 못하거나 몸 속을 지나가는 음식물들에 의해 다른 사람들에게 들키게 될 것이다.

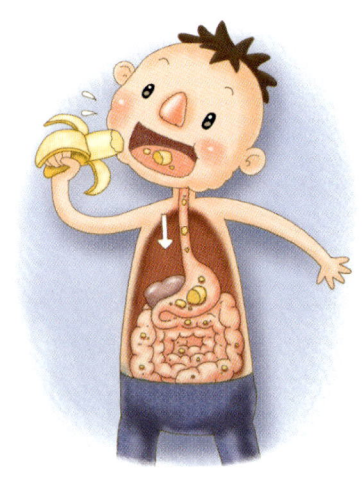

그림자는 보통 검은색이지만 자세히 보면 그 밝기가 모두 다르다. 오른쪽 사진에서도 검은 그림자뿐만 아니라 흐린 그림자를 볼 수 있다.
아래 렘브란트의 '자화상' 그림을 보고 그 속에 있는 그림자를 관찰하여 빛의 방향이 어디인지 살펴보고, 그림자의 밝고 어두운 정도를 알아보자.

검은 그림자

흐린 그림자

빛을 받아 가장 밝은 부분

약간 어두운 부분
중간 정도 어두운 부분

가장 어두운 부분

◀ 그림의 오른쪽 부분이 대체로 어두운 것으로 보아 빛은 그 반대편인 왼쪽에서 비추고 있다는 것을 알 수 있다. 왼쪽 이마 부분은 빛을 많이 받아 가장 밝고, 오른쪽 얼굴 부분은 다소 어둡다. 이처럼 얼굴 각 부분에 생긴 그늘의 진하기가 다르다. 즉, 물체에 빛을 비추었을 때 밝고 어두운 부분이 그저 두 단계로 생기는 것이 아니라 다양한 단계로 생긴다는 것을 알 수 있다.

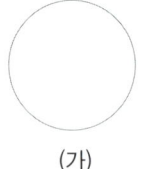　　

(가)　　　(나)　　　(다)

◀ (가)와 같이 물체의 윤곽선만 그리거나, (나)와 같이 명암을 2단계로 표시했을 때에 비해, (다)와 같이 물체에 생기는 밝고 어두운 정도를 여러 단계로 나타내면 더욱 실감나게 보인다. 또한 그림자 역시 밝고 어두운 정도를 2단계로만 나타나는 것이 아님을 알 수 있다.

> **관찰로 알게된점** 그림자의 밝기는 모두 다르다. 그림 속에서 그림자의 밝고 어두운 정도가 잘 표현이 되면 입체적일 뿐만 아니라 더욱 실감나게 보인다.

## 과학자의 눈
### 빛과 어둠의 마술사, 렘브란트

17세기 최대의 화가로 손꼽히며 레오나르도 다빈치와 함께 유럽 회화 역사상 가장 훌륭한 화가로 알려진 렘브란트는 네덜란드 출신의 화가이다. 그는 그림 속에서 빛과 어둠을 창조했고, 빛의 효과에 있어서는 색채 및 명암의 대조를 강조하는 그림을 그렸다. 이러한 결과로 그는 '근대적 명암의 시조'란 이름을 듣게 되었다. 작품으로 〈자화상〉, 〈마리아의 죽음〉, 〈성 가족〉 등 많은 걸작을 남겼다.

▲ 렘브란트의 1656년 작, 〈요셉의 아이들을 축복하는 야곱〉

그림자 연극을 보면 연극 속 인물들이 커졌다 작아졌다 한다. 어떻게 하면 될까? 물체를 이리저리 움직여 그림자 크기를 내 마음대로 바꾸어보자.

준비물 전등, 종이인형, 풀, 스크린, 인형 받침대

### 스크린과 전등은 고정시키고, 인형의 위치를 달리했을 때

① 스크린, 종이인형, 전등의 순서대로 놓고 전등을 켠다.

② 종이인형을 전등 쪽으로 가까이 가져가면, 그림자가 커진다.

③ 종이인형을 전등에서 멀리하면, 그림자가 작아진다.

### 스크린과 인형은 고정시키고, 전등의 위치를 달리했을 때

① 스크린, 종이인형, 전등의 순서대로 놓고 전등을 켠다.

② 전등을 인형에 가까이하면, 그림자의 크기가 커진다.

③ 전등을 인형에서 멀리하면, 그림자의 크기가 작아진다.

실험으로 알게된 점 스크린은 고정시키고, 인형 또는 전등의 위치를 달리하였을 때 스크린에 생긴 인형 그림자의 크기가 커지거나 작아졌다 한다. 전등과 인형 사이의 거리가 가까우면 그림자의 크기가 커지고, 전등과 인형 사이의 거리가 멀어지면 그림자의 크기가 작아진다. 즉, 물체와 광원 사이의 거리가 물체의 그림자 크기에 영향을 준다는 사실을 알 수 있다.

과학자의 눈
### 하나의 물체에 여러 개의 그림자 만들기

그림자는 항상 한 개만 생기는 것이 아니다. 하나의 물체에도 여러 개의 그림자가 생긴 것을 본 적이 있을 것이다. 광원을 여러 개 사용하면 하나의 물체에 여러 개의 그림자를 동시에 나타나게 할 수 있다. 즉, 광원을 2개 쓰면 그림자도 2개가 생기며, 3개 쓰면 3개의 그림자가 생긴다.

광원

◀ 광원이 2개일 때 그림자가 2개 생긴다.

그림자의 길이는 길어질 수도 있고, 짧아질 수도 있다. 또 나의 앞에 생길 수도 있고, 뒤에 생길 수도 있다. 왜 이런 현상이 생기는지 하루 동안 그림자의 길이를 관찰해보자.

아침　　점심　　저녁

▲ 때에 따라 나무 그림자의 길이와 방향이 다르다. 낮게 해가 뜬 아침과 저녁에는 그림자가 길고 크다. 해가 높이 뜬 점심에는 그림자가 짧다. 그림자의 위치는 모두 해를 등지고 있다.

태양의 고도가 높을 때　　태양의 고도가 낮을 때

▲ 태양의 고도가 높은 한낮에는 그림자의 길이가 짧고, 태양의 고도가 낮은 아침이나 저녁에는 그림자의 길이가 길다.

**관찰로 알게된 점** 나무와 친구의 그림자를 관찰해보면, 태양의 위치가 변함에 따라 그림자의 길이와 방향이 달라진다는 것을 알 수 있다. 즉, 그림자의 길이와 방향은 태양의 움직임과 관련이 있다.

광원의 위치에 따라 그림자의 길이와 방향이 달라진다. 그림자의 끝과 물체의 끝을 이어서 연장하면 광원의 위치를 알 수 있다. 이것은 빛이 곧게 나아가는 성질(빛의 직진)을 가지고 있기 때문이다. 광원이 보이지 않을 때, 그림자의 길이와 방향을 이용하여 광원을 찾아보자.

**준비물** 손전등, 요구르트 병

광원의 위치

▲ 엄마 그림자의 끝과 엄마의 머리 끝을 이어서 연장한 선과 아이 그림자의 끝과 아이의 머리 끝을 이어서 연장한 선이 만나는 점이 광원의 위치이다.

▲ 광원의 고도가 높으면 그림자의 길이가 짧아진다.　▲ 광원의 고도가 낮으면 그림자의 길이가 길어진다.

**관찰로 알게된 점** 광원의 위치에 따라 그림자의 길이와 방향이 변한다는 것을 알 수 있다. 이는 빛이 직진하는 성질 때문에 나타나는 현상이다. 빛의 이러한 성질을 이용하여 광원의 위치를 알 수 없는 경우, 그림자의 끝과 물체의 끝을 이어서 연장하면 광원의 위치를 추리할 수 있다.

# 무한 속도에 도전한다! 광통신

옛날에는 파발, 봉화, 북소리를 이용하여 급한 소식을 전했기 때문에 소식이 전달되는 데 빨라도 1~2일 정도는 걸렸다. 하지만 오늘날에는 휴대폰, 인터넷, 인공위성 등의 다양한 정보통신기기가 발달하여 세계 어느 곳의 소식도 실시간으로 알 수 있게 되었다.

정보 통신 기술이 발달되어 온 모습은 휴대폰의 변화만 살펴봐도 쉽게 알 수 있다.

처음의 휴대폰은 크기도 크고 전화 통화 기능만 가지고 있었지만 시간이 지나면서 문자를 주고받는 기능이 추가되었다. 또한 최근에는 얼굴을 보며 통화하는 영상통화, DMB를 통한 TV시청 뿐만 아니라 사진 촬영, 음악 감상 등 다양한 기능을 갖추게 되었다. 이와 같이 인터넷을 통해 정보를 주고 받고 휴대폰으로 TV를 시청하며 휴대폰으로 찍은 사진을 친구의 휴대폰으로 보낼 수 있는 것은 바로 광통신 때문이다. 광통신이란 두 겹의 유리로 이루어진 광섬유를 통해 빛 신호를 주고받는 통신 방법이다.

예전에는 전기줄 안에 들어 있는 구리선을 통해 전기 신호로 정보를 주고 받았지만, 요즘에는 빛을 이용한 광통신이 발달하여 많은 양의 정보를 빠른 시간 안에 주고 받는 것이 가능해졌다.

광통신 방법을 자세히 살펴보면 정보를 보내는 장치(송신 단말기)에서 전기 신호를 빛 신호로 바꾼 후 광섬유를 통해 정보를 보낸다. 그러면 정보를 받는 장치(수신 단말기)에서는 빛 신호를 다시 전기 신호로 바꾸어 원하는 정보를 얻게 된다.

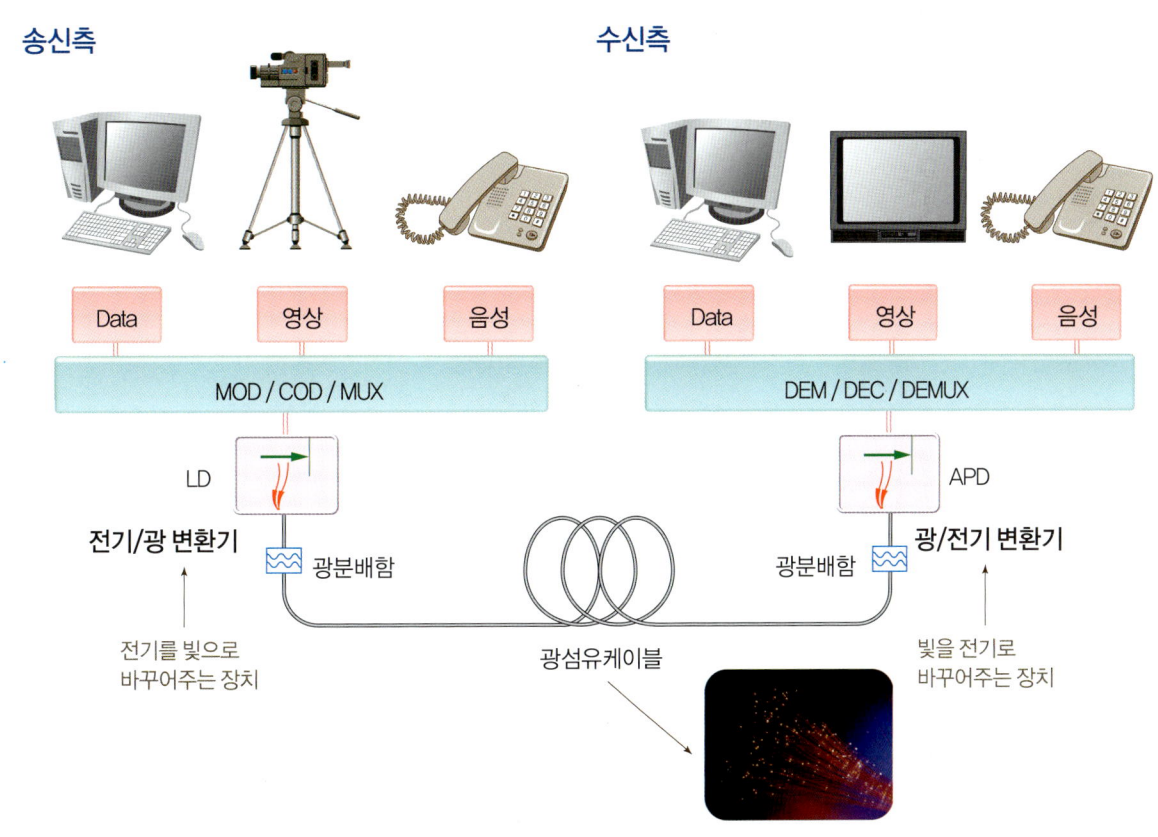

에너지 · 그림자

# 용어 찾아보기

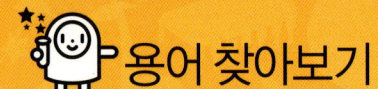

| 학년 | 대단원 | 중단원 | 탐구 번호 | 탐구 활동 |
|---|---|---|---|---|
| 3-1 | 1. 우리생활과 물질 | 1. 물체와 물질 | 82 | 물체를 이루고 있는 재료 알아보기 |
| | | | 83 | 자전거를 이루는 물체들의 물질 알아보기 |
| | | | 84 | 물체 분류하기 |
| | | 2. 물질의 성질과 쓰임새 | 85 | 물질의 단단한 정도 알아보기 |
| | | | 86 | 물질의 유연한 정도와 물에 뜨는 정도 알아보기 |
| | | | 87 | 한가지 물질이 다양한 용도로 사용되는 경우 조사하기 |
| | | | 88 | 쓰임새는 같으나 다른 물질로 만든 경우 조사하기 |
| | | | 89 | 내가 고안한 물체를 만들거나 그리기 |
| | | 3. 물질의 상태 | 90 | 고체의 특징 알아보기 |
| | | | 91 | 가루 물질의 상태 알아보기 |
| | | | 92 | 다양한 모양의 그릇에 물 부어 보기 |
| | | | 93 | 공기가 있음을 알아보기 |
| | | | 94 | 아트 풍선 만들기 |
| | | | 95 | 물질의 상태에 따라 분류하기 |
| | 2. 자석의 이용 | 1. 자석과 물체 | 124 | 자석에 여러 가지 물체 붙여보기 |
| | | | 125 | 자석이 물체를 통과하는 힘 알아보기 |
| | | | 126 | 자석의 극 찾기1 |
| | | | 127 | 자석의 극 찾기2 |
| | | 2. 자석과 자석 | 128 | 극의 종류 알아보기 |
| | | | 129 | 극의 종류가 몇 가지인지 알아보기 |
| | | | 130 | 자석이 가리키는 방향 알아보기1 |
| | | | 131 | 자석이 가리키는 방향 알아보기2 |
| | | | 132 | 극 사이에 말고 당기는 힘 알아보기1 |
| | | | 133 | 극 사이에 말고 당기는 힘 알아보기2 |
| | | | 134 | 못으로 자석 만들기 |
| | | | 135 | 자화된 물체를 이용해 나침반 만들기 |
| | | 3. 자석과 생활 | 136 | 생활 속의 자석 찾기 |
| | | | 137 | 자석으로 기록한 정보의 모습 관찰하기 |
| | | | 138 | 자석을 이용한 장난감 만들기 |

| 학년 | 대단원 | 중단원 | 탐구 번호 | 탐구 활동 |
|---|---|---|---|---|
| | 3. 동물의 한살이 | 1. 배추흰나비의 한살이 | 1 | 한살이 관찰 계획 세우기 |
| | | | 2 | 배추흰나비의 알 채집 및 먹이 조사 |
| | | | 3 | 배추흰나비 사육장 꾸미기 |
| | | | 4 | 알과 애벌레 관찰하기 |
| | | | 5 | 애벌레가 자라는 모습 관찰하기 |
| | | | 6 | 번데기가 되는 모습 관찰하기 |
| | | | 7 | 애벌레와 번데기 비교하기 |
| | | | 8 | 성충이 되는 모습 관찰하기 |
| | | | 9 | 배추흰나비의 한살이 관찰하기 |
| | | | 10 | 여러 가지 곤충의 한살이 |
| | | 2. 여러 가지 동물의 한살이 | 11 | 개의 한살이 관찰하기 |
| | | | 12 | 고슴도치의 한살이 관찰하기 |
| | | | 13 | 닭의 한살이 관찰하기 |
| | | | 14 | 개구리의 한살이 관찰하기 |
| | 4. 지표의 변화 | 1. 소중한 자원, 흙 | 45 | 비 오는 날의 운동장 변화 알아보기 |
| | | | 46 | 화단 흙과 운동장 흙 비교하기 |
| | | | 47 | 흙의 물빠짐 알아보기 |
| | | | 48 | 흙의 부식물의 양 알아보기 |
| | | | 49 | 바위가 흙이 되는 과정 알아보기1 |
| | | | 50 | 바위가 흙이 되는 과정 알아보기2 |
| | | 2. 변화하는 땅 | 51 | 흐르는 물에 의한 지표의 변화 알아보기 |
| | | | 52 | 강 주변의 모습 알아보기 |
| | | | 53 | 파도에 의한 땅의 모습 변화 알아보기 |

| 학년 | 대단원 | 중단원 | 탐구 번호 | 탐구 활동 |
|---|---|---|---|---|
| 4-1 | 1. 무게 재기 | 1. 용수철로 무게 재기 | 145 | 용수철 저울 관찰하기 |
| | | | 146 | 용수철 저울로 무게 재기 |
| | | | 147 | 가정용 저울로 무게 느껴보기 |
| | | | 148 | 용수철의 늘어난 길이와 무게 사이의 관계 알아보기 |
| | | | 149 | 무게에 따른 용수철의 늘어난 길이 측정하기 |
| | | 2. 수평 잡기로 무게 재기 | 150 | 무게가 비슷한 두 물체의 수평 잡기 |
| | | | 151 | 무게가 다른 두 물체의 수평 잡기 |
| | | | 152 | 양팔 저울로 수평 잡기 |
| | | | 153 | 널빤지로 수평 잡기 |
| | | | 154 | 윗접시 저울로 무게 재기 |
| | | 3. 내가 만든 저울로 무게 재기 | 155 | 나만의 저울 만들기 |
| | 2. 화산과 지진 | 1. 분출하는 화산 | 67 | 화산 분출물 관찰하기 |
| | | | 68 | 화산 모양 관찰하기 |
| | | | 69 | 화산 모형 만들기 |
| | | | 70 | 화강암과 현무암 관찰하기 |
| | | | 71 | 화산 활동이 주는 영향 조사하기 |
| | | 2. 흔들리는 땅 | 72 | 지층의 휘어짐과 끊어짐 알아보기 |
| | | | 73 | 지진 관련 기사 모으기 |
| | | | 74 | 지진이 자주 발생하는 지역 조사하기 |
| | | | 75 | 지진을 기록하는 기계 만들기 |
| | | | 76 | 지진의 피해와 지진 발생 시 대처 방법 익히기 |
| | 3. 식물의 한살이 | 1. 씨앗의 싹 트기 | 24 | 식물의 한살이 관찰 계획 세우기 |
| | | | 25 | 여러 가지 씨앗의 생김새 관찰하기 |
| | | | 26 | 씨앗이 싹트는 데 물이 미치는 영향 알아보기 |
| | | | 27 | 씨앗이 싹트는 데 온도가 미치는 영향 알아보기 |
| | | | 28 | 씨앗이 싹트는 과정 알아보기 |
| | | 2. 식물의 자람 | 29 | 씨앗 심기 |
| | | | 30 | 잎과 줄기의 자람 관찰 방법 조사하기 |
| | | | 31 | 잎과줄기가 자라는 모습 관찰하기 |
| | | | 32 | 식물이 자라는 데 필요한 조건 알아보기 |
| | | | 33 | 꽃과 열매의 자람 관찰하기 |
| | | 3. 여러 가지 식물의 한살이 | 34 | 한해살이 식물과 여러해살이 식물의 한살이 비교하기 |
| | 4. 혼합물의 분리 | 1. 생활 속의 혼합물 | 103 | 과일 샐러드 만들기 |
| | | | 104 | 우리 주위의 혼합물 조사하기 |
| | | 2. 혼합물을 분리하는 여러 가지 방법 | 105 | 콩, 쌀, 좁쌀의 혼합물 관찰하기 |
| | | | 106 | 콩, 쌀, 좁쌀의 혼합물 분리하기 |
| | | | 107 | 흙탕물 분리하기 |
| | | | 108 | 모래와 철 가루의 혼합물 분리하기 |
| | | | 109 | 물 위에 뜬 식용유 분리하기 |
| | | | 110 | 바닷물에서 소금 얻기 |
| | | | 111 | 여러 가지 혼합물 분리하기 |
| | | | 112 | 두부 만들기 |

| 학년 | 대단원 | 중단원 | 탐구 번호 | 탐구 활동 |
|---|---|---|---|---|
| 4-2 | 1. 식물의 생활 | 1. 식물의 생김새 | 35 | 학교 주변에 자라는 식물의 이름과 특징 알아보기 |
| | | | 36 | 잎이 줄기에 달린 형태 비교하기 |
| | | | 37 | 나무 줄기의 겉모양 비교하기 |
| | | | 38 | 뿌리 모양 관찰하기 |
| | | | 39 | 꽃 관찰하기 |
| | | | 40 | 씨앗 관찰하기 |
| | | 2. 식물이 사는 곳 | 41 | 풀과 나무 비교하기 |
| | | | 42 | 옥잠화와 부레옥잠의 생김새 비교하기 |
| | | | 43 | 연못이나 강가에 사는 식물 관찰하기 |
| | | | 44 | 선인장 줄기의 단면 관찰하기 |
| | 2. 물의 상태 변화 | 1. 물과 우리 생활 | 113 | 물의 세 가지 상태 알아보기 |
| | | | 114 | 양치질할 때 사용하는 수돗물의 양 측정하기 |
| | | 2. 물과 얼음 | 115 | 물과 얼음 관찰하기 |
| | | | 116 | 물이 얼 때의 무게와 부피 변화 관찰하기 |
| | | | 117 | 생활 속에서 물이 얼 때의 부피 변화 관찰하기 |
| | | | 118 | 얼음이 녹을 때의 무게와 부피 변화 관찰하기 |
| | | 3. 물과 수증기 | 119 | 물이 증발할 때의 변화 관찰하기 |
| | | | 120 | 물이 끓을 때의 변화 관찰하기 |
| | | | 121 | 수증기가 응결할 때의 변화 관찰하기 |
| | | | 122 | 생활 속의 응결 현상 조사하기 |
| | | | 123 | 물의 순환 과정 조사하기 |
| | 3. 거울과 그림자 | 1. 빛 | 156 | 빛이 없을 때 일어나는 일 알아보기 |
| | | | 157 | 주변에서 광원과 광원이 아닌 것 구분하기 |
| | | | 158 | 바늘 구멍 사진기로 물체 관찰하기 |
| | | | 159 | 빛이 나아가는 모습 관찰하기 |
| | | 2. 거울 | 160 | 거울에 부딪친 빛의 방향 관찰하기 |
| | | | 161 | 여러 가지 물체에 모습 비추어 보기 |
| | | | 162 | 거울에 비친 모습 관찰하기 |
| | | 3. 그림자 | 163 | 빛을 가리는 이유와 방법 알아보기 |
| | | | 164 | 그림자를 보고 물체 알아맞히기 |
| | | | 165 | 그림자의 크기 관찰하기 |
| | | | 166 | 투명한 물체와 불투명한 물체 알아보기 |
| | | | 167 | 그림자의 밝기 관찰하기 |
| | | | 168 | 그림자의 크기 바꾸기 |
| | | | 169 | 그림자가 만들어지는 과정 알아보기 |
| | | | 170 | 광원의 위치 알아내기 |
| | 4. 지구와 달 | 1. 우리의 지구 | 77 | 지구와 달 퍼즐 맞추기 |
| | | | 78 | 지구의 모양 관찰하기 |
| | | | 79 | 지구의 표면 관찰하기 |
| | | | 80 | 지구를 둘러싼 공기 느껴보기 |
| | | 2. 지구와 달 | 81 | 달의 모습 관찰하기 |